网络视听应用型系列教材

视听新媒体应用技术

Application Technology of New Audio-Visual Media

王 博 贲小龙 张小南 ◀ 著

中国传媒大学 出版社

·北京·

图书在版编目（CIP）数据

视听新媒体应用技术/王博,贲小龙,张小南著.--北京:中国传媒大学出版社,
2024.6.

ISBN 978-7-5657-3663-6

Ⅰ.TP37

中国国家版本馆 CIP 数据核字第 20242Y88R6 号

视听新媒体应用技术

SHITING XINMEITI YINGYONG JISHU

著　　者	王　博　贲小龙　张小南
责任编辑	于水莲
特约编辑	郑　鸣
封面设计	拓美设计
责任印制	李志鹏

出版发行	中国传媒大学出版社
社　　址	北京市朝阳区定福庄东街 1 号　　　邮　编　100024
电　　话	86-10-65450528　65450532　　　传　真　65779405
网　　址	http://cucp.cuc.edu.cn
经　　销	全国新华书店

印　　刷	唐山玺诚印务有限公司
开　　本	787mm×1092mm　　1/16
印　　张	20
字　　数	419 千字
版　　次	2024 年 6 月第 1 版
印　　次	2024 年 6 月第 1 次印刷

书　　号	ISBN 978-7-5657-3663-6/TP·3663　　　定　价　75.00 元

本社法律顾问：北京嘉润律师事务所　郭建平

序　言

在这个日新月异的时代,技术的进步不断重塑着我们的生活与工作方式,尤其是在媒体领域中,新媒体技术的兴起已经彻底改变了信息的传播方式和人们的沟通模式。视听新媒体已渗透到我们生活的方方面面,从日常娱乐消遣的短视频平台、直播服务,到专业领域内的远程教育、在线会议,再到新闻传播、广告营销等多元应用场景,其影响力和价值日益凸显。视听新媒体以其生动直观的表现形态,打破了传统媒体的时间与空间界限,以全新的交流形式影响着人们的生活方式和信息获取习惯。

正是在这样的背景下,《视听新媒体应用技术》这本书应时而生,向我们展示了视听新媒体技术的最新发展趋势、应用实践以及未来的发展潜力。本书不仅是一份对当下及未来视听新媒体技术发展的深度剖析,更是对媒体技术从业者、研究者以及广大科技爱好者的一份实践指南与理论参考。

本书通过十章精心编排的内容,旨在为读者全面解读这一领域的核心技术与应用实践。从融媒体技术的基本概念出发,逐步深入视音频内容的数字化过程,再到视听内容的采集、编辑加工、存储管理,以及传输和发布播出的技术细节,为读者提供了一个全面而系统的视听新媒体技术知识框架。不仅如此,本书还介绍了大数据、云计算、虚拟影像技术,以及人工智能在内容生成中的应用,展现了媒体行业的前沿技术和未来趋势。

很荣幸能够为《视听新媒体应用技术》撰写序言,在阅读本书的过程中,我认为本书力求理论与实践相结合,从视听内容的制作、编辑到新媒体平台的运营、管理,再到交互体验的设计与优化等多角度全面展示了视听新媒体技术如何在实际工作中发挥出巨大的价值和影响力。同时,本书还特别强调了创新思维和实践能力的培养,鼓励读者在掌握技术的同时,不断探索和尝试新的应用场景和创作形式。本书将引导读者理解视听新媒体背后的科技力量,掌握其核心应用技术,从而更好地应对这个瞬息万变的数字化时代所带来的挑战与机遇。我相信,这种开放和创新的态度,将为读者在未来的学术研究或职业生涯中培养出不可或缺的竞争力。

《视听新媒体应用技术》是一本适合高等院校的教材,也是自学者和专业人士提升技术能力和行业洞察力的工具书。作为一部系统梳理视听新媒体应用技术的专业书籍,本书不仅能使广大学子和科研工作者提升专业素养,也为业界人士提供了战略规划与业务拓展的有力参考,希望每一位读者都能从中汲取知识的力量。在这个新媒体技术日益成为主流的时代,我相信本书的出版将为推动视听新媒体技术的应用与发展做出重要贡献。

敬请各位读者细心品读,愿此书能为您开启一场视听新媒体技术的知识之旅,引领您探索新媒体时代无尽的技术蓝海。

中国电影电视技术学会秘书长 韩 强

目 录

第1章 视听新媒体技术概述

1.1 视听新媒体技术发展

1.1.1 什么是媒体

(1)媒体的概念

"媒体"是一个有广泛内涵的概念,其中包括了各种物质承载形式和信息传递方式,涉及人类的意识形态。在这个生机勃勃的地球上,存在各种类型的媒体。

动物界的各种生物通过各种方式来进行信息传递,例如蝙蝠通过超声波传递信息、候鸟通过飞行迁徙传递信息、蚂蚁通过触角传递信息、蛇通过气味感知传递信息,以及鲨鱼通过血腥味获取信息。这些信息传递方式与动物的生存和繁衍息息相关。

与此相比,人类擅长使用语言作为信息传递的工具。公元前490年,希波战争中的一位通信兵跑了42195米,回到雅典宣布国家胜利,但最后不幸因疲劳过度而去世。他只是一个信息的中介,一旦传递完信息就消失了。这引发了人们对于媒体的认识改变,人们开始意识到媒体受制于社会环境,而且媒体还能够迅速而有效地传递物质和心理层面的信息。

总的来说,媒体是传播信息的桥梁,个人之间的信息传递常常需要通过各种媒介来实现。比如,人与人之间的口头交流需要运用语言这种交际工具来传达信息。而面向大众的媒体,如报纸、广播、电视等,是人类用来传递和获取信息的工具、渠道、技术手段。通过这些媒体,人们可以更广泛地传播和接收各种信息,使信息的传递更加高效和便捷。

(2)数字媒体

数字技术是一种利用计算机将不同类型信息转化为二进制形式的技术,通过"0"和"1"进行加工、传输、存储、编码和还原。因此,数字媒体是一种利用数字技术在信息传播过程中实现操作的媒体形式。

2005 年 12 月 26 日,国家"863 计划"计算机软硬件技术主题专家组发布了《2005 中国数字媒体技术发展白皮书》,重新定义了"数字媒体"的概念。白皮书明确指出, 数字媒体是数字化的内容作品,以现代网络为主要传播载体,通过完善的服务体系,分 发到终端和用户进行消费的全过程。这一定义强调了数字媒体的内容形式,并且明确 地排除了诸如光盘等介质媒体的内容。

从应用的角度来看,数字媒体主要以信息科学和数字技术为核心,基于大众传播 理论,以现代艺术为指引,将信息传播技术融入文化、艺术、商业、教育和管理等多个领 域。数字媒体涵盖了图像、文字、音频、视频等多种形式,其传播方式和内容都通过数 字化来实现。作为最新的信息传播载体,数字媒体已经成为延续语言、文字和电子技 术之后的一种全新的信息技术。

(3) 多媒体

多媒体技术的发展和进步是智能媒体领域的基础。多媒体技术将多种形式的媒 体元素汇集在一起,实现了计算机系统中的人机交互式信息交流和传播媒体的功能。 这种技术不仅包括文字、声音、图像等多种形式的媒体,还涉及了数据压缩、解压缩技 术,超大规模集成电路、芯片技术,大容量储存技术,网络通信技术,系统软件技术以及 互联网信息技术等多个方面。通过多媒体技术,人们可以更加方便地获取和分享信 息,提高了媒体传播的效率。多媒体技术的持续发展将进一步推动智能媒体的创新和 进步,为人们的生活和工作带来更多的便利和乐趣。

(4) 传统媒体

传统媒体是指那些在数字化时代之前已经存在很长时间的传媒形式,如报纸、电 视、广播和杂志等。这些媒体曾是人们获取新闻和信息的主要途径。

报纸一直是最常用的传统媒体之一。报纸会刊登本地新闻和国际新闻。报纸通 过描绘新闻事件的细节,向公众传递准确的新闻信息。然而,随着技术的进步,互联网 的普及使人们获取新闻的方式发生了巨大变化。

电视是另一种传统媒体,它向公众提供了视听的双重信息流。电视可以通过新 闻、纪录片、电视剧等形式传播信息。电视新闻的报道通常较广泛,能够提供新闻事件 的画面、音频、文字描绘,使观众更容易理解和吸收。然而,由于电视节目的时效性限 制,观众可能无法及时了解最新的新闻。

广播和电视一样,通过传播音频信息来传递新闻和其他信息。广播节目一般涵盖 新闻、音乐、评论、体育等各种主题,并定期更新。与其他传统媒体相比,广播可以随时 随地收听,无须依赖电视或互联网信号。然而,由于无法提供画面和图像,广播新闻的 呈现方式略显有限。

杂志也是传统媒体形式之一。它们通常针对特定的受众群体,有特定的主题,如时尚、健康、家居等。杂志以印刷品的形式发行,并定期更新。杂志通常提供更深入详尽的内容,其阅读时间比报纸更长。然而,随着数字化时代的到来,许多杂志也开始提供在线版本,以便更好地满足读者的需求。

尽管我们正处在数字媒体盛行的时代,然而传统媒体仍然扮演着不可忽视的角色。虽然人们可以通过网络获取各种各样的信息,但传统媒体仍然是人们获取新闻、进行娱乐、接受教育和其他信息的重要渠道。

传统媒体有其独特的优势。纸质媒体具有可靠性和权威性,许多人仍然习惯于阅读纸质报纸或杂志。此外,传统媒体在一些地区和特定人群中仍然占据主导地位,这使它们在信息传播方面具有不可替代的位置。随着数字化时代的崛起和迅猛发展,传统媒体也迎来了新的突破。纸质媒体正在向数字媒体转型,这使人们更加便利地获取新闻和信息。如今,越来越多的人选择通过网络来获取他们所需的内容,这种转变不仅使人可以随时随地获取信息,还给人提供了更多的选择和个性化的服务。

总而言之,虽然数字媒体正在不断发展,但传统媒体仍然扮演着非常重要的角色。不论是纸质媒体还是数字媒体,它们都在满足人们获取信息的需求中发挥着重要作用。随着技术的进步,传统媒体也在不断创新和改进,以适应时代的变化。无论是传统媒体还是数字媒体,它们的共同目标都是为人们提供准确、及时和有价值的信息。

1.1.2　媒体融合趋势

(1) 媒体融合成为国家战略

以习近平同志为核心的党中央高度重视媒体融合发展。在推进媒体融合方面,2014 年 8 月 18 日,中央全面深化改革领导小组通过了《关于推动传统媒体和新兴媒体融合发展的指导意见》。此外,时任中宣部部长刘奇葆在《人民日报》上发表了一系列署名文章,其中包括 2014 年 4 月 23 日和 2017 年 1 月 11 日的两篇文章,分别题为《加快推动传统媒体和新兴媒体融合发展》和《推进媒体深度融合　打造新型主流媒体》。如今,移动新闻客户端的用户数量已达到 5 亿人,渗透率为 47.2%,人均单日使用时长达到 35.1 分钟。

当前,随着互联网信息技术和大众传媒的快速发展,媒体融合已成为国家的新战略。在信息化和数字化的进程中,科技和媒体逐渐融合,推动了各个媒体行业的迅猛发展。媒体融合被视为推动传媒行业发展的新引擎,已被列为国家战略。

媒体融合涉及众多行业和领域,包括互联网、人工智能、大数据、虚拟现实、增强现实等,并已覆盖新闻、广告、影视、音乐、出版、文化传播等多个领域。各行各业也积极探索新的发展路径,例如,一些传媒机构开始将传统媒体与新媒体结合,增加媒体的互动性,满足用户的个性化需求,提升用户体验,增加用户黏性。

总之,媒体融合已成为新时代传媒行业发展的必然趋势。它不仅需要相关行业的深度垂直整合,还需要各个行业之间的横向协同,共同推动媒体融合发展,促进国家的数字经济建设。如今,国家已经开始提倡媒体融合,并制定了具体的政策措施,为推进媒体融合创造良好环境。传统的电视、广播、报纸等信息传播渠道已无法满足当今用户的需求,媒体融合发展势在必行。

(2)媒体融合步骤

随着互联网技术的迅猛发展,媒体融合在各个领域都展现出了巨大的潜力。特别是在新闻领域,媒体融合的应用更是引人注目。通过技术手段,媒体融合将不同媒介形态的内容整合在一起,创造出了全新的媒体形态和业态,这在传媒业中得到了广泛的运用。媒体融合的步骤可以概括为媒体资源选择和整合、媒体内容的制作和编辑、媒介传播和推广以及媒体运营和管理。

首先,在媒体融合的第一步,选择和整合媒体资源是至关重要的。选择媒体资源时,需要考虑媒体产品的定位和目标,确保选择的资源符合媒体的需求。而在整合过程中,则需要考虑资源的互补性和相容性,以及能否实现资源有机的整合。

其次,在完成媒体资源的选择和整合后,需要对媒体内容进行制作和编辑。制作和编辑的过程需要根据媒体的特点和目标受众进行优化。在媒体融合中,针对不同的媒介形态和用户需求进行制作和编辑,以实现传播的最佳效果。

再次,是媒介传播和推广,这也是媒体融合中极为重要的一环。传播和推广需要结合媒体的特点和目标受众进行选择,并且需要不断地监测和评估传播效果,及时对传播策略进行调整和改进。

最后,媒体运营和管理是媒体融合的最终目标,也是媒体企业可持续发展的根本所在。在进行媒体运营和管理时,我们必须综合考虑市场需求、金融需求以及人才需求等多方面的因素,以确保媒体企业能够稳步发展并在竞争激烈的市场中立于不败之地。

总之,随着媒体融合的不断发展,我们将会看到更多的创新和突破,媒体的多元化和综合化趋势也将不可避免地被加强和深化。媒体融合的步骤虽然有些复杂,但只要能够正确把握这四个步骤,就能够实现媒体融合的目标,最终形成全媒体生态圈。

1.2 融媒体理论与技术环境探索

1.2.1 新媒体

新媒体是一种全新的媒体形式,它运用数字技术和网络技术,通过互联网、宽带局域网、无线通信网和卫星等多种渠道,以及电脑、手机、数字电视机等各种智能终端,向用户提供信息和娱乐服务。相较于传统媒体,新媒体拓宽了信息传播的方式,为用户带来更多元化的内容体验。同时,新媒体也是一种革新,不仅在技术层面,还在形式和理念上持续进行创新。新媒体的核心价值在于对理念进行革新。因此,新媒体被称为"第五媒体",是未来媒体发展的趋势和方向。在新媒体时代,人们可以随时随地获取所需信息,并与其他用户进行互动和分享。这种互动性和共享性的特点,使新媒体成为信息时代的重要组成部分,不断塑造着人们的生活方式和社会结构。随着科技的不断进步和用户需求的变化,新媒体必将继续创新和发展,为人们带来更丰富多彩的媒体体验。

(1)新媒体对视听传达的影响

1)图像风格的影响

目前,手机、平板电脑和台式电脑是新媒体的主要终端设备。由于手机和平板电脑便于携带,因此在人们的日常生活中更为常用。然而,由于手机和平板电脑的屏幕尺寸有限,为了适应相对较小的视觉范围并吸引受众的注意力,需要变化设计作品的图像风格。所有视觉元素都应该更加"清晰",形状更清晰,色彩对比更明显,这样才能确保受众更容易接收到视觉作品传达的信息。

因此,随着实际拍摄素材的减少,电脑矢量图风格的素材不可避免地将成为未来设计图形发展的主流趋势。经验丰富的设计师们深知,当实际拍摄素材被缩小至一定程度时,会使受众对图像内容和细节的判断力产生影响,这与我们对图像"清晰"的要求相矛盾。相比之下,经过提炼的电脑矢量图风格素材更加简洁、明确,并且更适合小尺寸终端设备的视觉需求,也能够更好地传递信息。

不可否认的是,现代新媒体主要受众是年轻人,因此电脑矢量图风格的素材造型更具时尚感,更符合年轻人的审美习惯。然而,我们也不能忽视老年人,对于老年人来说,图像的"清晰度"至关重要。随着时代的发展,我们应该始终关注受众的需求,并及时更新我们的设计原则。

2)图像类型的影响

在当下的新媒体时代,动态图像元素在视觉传达设计中的重要性日益凸显。对比静态图像元素,动态图像元素能够更好地吸引受众的目光,有效地传递出更多信息,并在传达的过程中赋予受众更生动和直观的体验。在目前的技术条件下,动态图像元素在视觉传达设计以及在新媒体平台中的应用已不受任何限制。

我们可以清楚地看到,动态图像元素已经广泛应用于网页设计、手机界面设计以及广告设计领域。同时,随着电子书的出现,动态图像元素在书籍设计中的运用空间也得到了进一步拓展。此外,发展动态标志和导视系统也成了企业尝试去实践的新颖方向。展望未来,随着制作材料技术的突破和成本的降低,我们有理由相信动态图像元素会广泛应用于包装设计中。

3）信息传播量的影响

在传统的视觉传达设计中，为了提高所传递的信息，只有扩大展示区域、增加展示时间。但是，广告空间、报纸版面以及电影和电视荧屏的时长，珍贵并且有限。信息传播成本高、效率低一直是一个难以解决的问题。但在新媒体环境下，信息展示的面积、长度和时间仅限于储存容量。在目前的技术条件下，数字信息的储存能力几乎无穷无尽，其费用也在可以接受的范围内。

4）信息传达方式的影响

在信息传递方面，视觉传播设计更注重交互。传统媒体具有单向性，但新媒体则更加注重信息的交互。将交互体验融入视觉传达设计中，可以产生更好的信息传播效果。传统的单向传播虽然也能使观众产生一定的互动行为，但更多的是一种心理上的互动；而新媒体则能为观众提供更直接和强烈的互动体验，使观众更愿意接受和配合。实际上，新媒体的交互性可以被看作一种"游戏"，这种形式的互动更容易引起观众的兴趣。

以广告设计为例，一张普通的海报贴在墙上，可能会被路过的人忽略。但通过新媒体技术，当海报感应到有人路过时，其内容也会随之改变，这样就起到了很好的提示作用。就像在浏览网页时，鼠标滑过图标会有形象的变化，向观众发出一个信息："我在这里，你看到了我！"苹果的广告就是一个很好的例子，在柏林的一家苹果商店外挂着一张海报，上面是一张黑色剪影，一个人手里拿着一台白色的 iPad。在明亮的背景下，当人们路过时，剪影中的人也开始翩翩起舞，直到人们离开。这样的海报不仅能让人记住，还能传递出品牌的信息。

而在互联网广告设计中，互动性更加突出。网络广告的第一步就是要引起受众的注意。当受众进入广告页面后，他们可以根据自己的习惯和关注点，自由地选择关于广告产品的外观、功能、客户评价等不同信息，以便更好地了解产品。这样不仅可以提高信息的获取效率，还可以在短时间内使受众从更多的角度了解到更多的商品，从而更好地帮助他们做出理智的消费选择。这种交互让人们感到自己能够控制信息，从而更有安全感和满足感。这种交互体验普遍得到人们的欢迎和喜爱，因此，在视觉传播设计中，更多地注重交互已成为一种潮流趋势。

5）信息展示空间的影响

在新媒体中，信息展示的空间从二维平面扩展到三维。在传统媒体中，信息以平面形式呈现，无论是纸质媒体还是电子屏幕，都是二维的。尽管产品包装和广告灯箱在视觉上有立体感，但它们仍然是基于二维平面来向受众展示的。然而，随着全息投影技术的发展，新媒体能够真正地以立体的方式展示信息，受众不需要佩戴立体眼镜，也不需要其他辅助设备，而是可以用裸眼从各个角度观察物体。相比于传统媒体，新媒体运用全息影像技术可以更真实地展示信息，吸引受众的注意力，受众的观看方式也变得更加自由。同时，新媒体为视觉传达设计师提供了更广阔的设计空间。随着科技的不断进步，全息影像的展示将变得更加便利。我们不难想象，未来在受众使用具备多点触控功能的屏幕设备浏览信息时，只需轻轻点击感兴趣的产品信息，该设备中的微型投影器即可将产品信息以全息影像的形式投射到受众眼前，为受众带来独特、直观、真实和新颖的体验。

（2）新媒体时代的信息特征

1）数字化

在新媒体时代，信息的一个显著特点是数字化程度更高，并且数字化后的信息可以通过计算机进行处理。从 20 世纪 90 年代开始，随着计算机技术的发展，人们不仅成功地解决了语言文字的数字化问题，还成功地征服了更为复杂的声音数字化体系。以往在表现和记录人类物质和精神世界方面有明显界限的数字、文字、声音、图画和影像等各种信息传播方式，都可以被计算机的二进制语言进行数字化处理，因此它们已经融为一体。随着当代社会的迅速数字化，许多名词都被赋予了"数字化"的新定义，例如：数字化图书馆、数字化博物馆、数字化摄影、数字化电影、数字化电视，乃至数字化城市。数字时代最显著的特征就是一切都以数字信息为基础。在经济全球化的今天，数字化程度已经成为世界各国关注的重点，尤其是发达国家都希望在数字化程度的竞争中取得领先地位。开放、兼容和共享是数字化的基本特征。可以说，计算机的出现是人类手工书写以来最大的一次进步，因为计算机可以将信息进行数字化，并能够存储和传输数字化的信息。

2）即时性

即时传播和实时发布是当代信息传播的重要特点之一。即时传播意味着信息可以在瞬间传播到世界各地，这要归功于 5G 技术带来的巨大变革。即时传播充分利用了信息瞬时传播的特性，使信息的传递几乎没有时间间隔。人们可以更方便地查找和浏览信息、上传照片、发送和接收电子邮件等。相比之下，传统媒体中信息的发布是以天为单位计算的，而互联网上的资讯则以分钟为单位计算。借助数字技术的广泛应用，信息的时效性更加凸显。然而，在当今社会，信息传播的速度很快，常常是人们在还未预备好做出决策或接收信息之前，信息已经传递完毕。

在新媒体时代，传统媒体已经失去了时效性的竞争优势，而新媒体成为人们获取信息的主要途径。尽管很多人抱怨网络传输速度缓慢，但与传统媒体相比，网络的信息传递速度依然非常快。当报纸、杂志还在印刷，广播和电视节目还在后期制作时，网络上的新闻已经出现在人们的生活中。互联网的即时性使新信息能够及时呈现在网站上,吸引那些经常访问该网站的用户关注。相较于传统媒体的信息发布,网络上的信息更加动态化,新事件能够及时被更新和追踪,形成一种信息社群传播的模式。从观众的角度来看,他们能够获得更多的信息;从设计师的角度来看,他们必须不断提供最新的设计作品。

3)海量性

在数字化时代的快速发展下,互联网成了信息传播的重要平台。传统媒体限制了信息的传播范围和内容,而互联网则提供了一个无限的信息库。不论是文本、图像、声音还是视频,都可以以统一的数字化形式在互联网上进行传输。通过超链接的方式,各种丰富多样的资料可以向各个方向发布,使网站的形象传播特点展现出"信息多"的特色。

然而,随着数字化时代的到来,海量信息带来了巨大的优势。通过对这些信息的收集、整理、共享和挖掘,可以为大量的人提供帮助,从而推动新知识的生成和新价值的创造。然而,随着数字技术的不断发展,特别是网络和通信技术对信息传播的影响,大量信息涌入的同时也带来了一系列问题。人们很难找到并使用真正有效的信息,信息超载现象已经超过了人们所能接受和消化的极限。面对信息的快速产生和传播,我们需要更加有效地管理和利用这些信息,以避免信息过载对我们的认知和判断造成影响。

4)广泛性

数字化技术的广泛应用突破了传统视觉传播的限制,拓展了信息传播的范围和方式。数字化时代以发行量和收视率为重点,呈现出全覆盖式的传播模式,凸显了数字化时代的特色。

进入数字化时代后,社会生活变得更加丰富多彩,人们对信息的需求量也越来越大。科技的进步和新媒体的出现为观众提供了更多获取信息的途径。传统媒体在传递信息时存在时空局限性,限制了信息传递的效果。然而,在数字化时代,互联网等网络媒介的全球化特点成为其主要特征。人们可以通过互联网随时随地获取全球范围内的信息,无论是新闻、娱乐还是科技信息,都可以轻松获得。全球化的传播模式使信息能够更加迅速地传播,也为人们的知识获取和交流提供了更为便捷的方式。

5)超越性

利用大众传媒,数字时代的信息交流可以跨越时间和空间,实现快速、海量和广泛的信息传递。在数字网络和通信技术的结合下,人们可以运用数字化技术来超越地理距离,真实地感知远处的人或物,人们可以通过语言和行为的交流与他人互动,可以观察物体的形状和颜色,可以听到声音,甚至可以嗅到气味和触摸到柔软的物体。虽然这些信息都是数字化的,但它们却通过人类感官参与,呈现出真实的认知效果。

随着大众传媒采用越来越先进的数字化技术,资讯传播的速度不断加快,跨越时间和空间的能力也不断增强。这种进步使人们能够更加便利地获取各种信息,并且可以在不受时间和空间限制的情况下进行各种互动和交流,进一步促进了社会的发展。

1.2.2　融媒体

融媒体是一种集成传统媒体和新媒体优势的全新媒体概念。它通过整合各种媒介资源,提升自身在多媒体领域的竞争力。这种方法通过协调人力、内容和宣传三个方面,实现资源共享、内容互融、宣传互融和利益共享的目标。融媒体以发展为前提,以提升优势为手段,为广大观众提供高质量、多样化的信息服务,并为人民的生活创造更大的价值。

1.2.3　全媒体

"全媒体"是指以文字、声音、图像、动画、网页等多种媒体形式传播媒体信息的方式。它包括广播、电视、音像、电影、出版、报纸、杂志、网站等不同媒介形态,通过综合利用广电网络、电信网络和互联网络来进行信息传播,即所谓的三网融合,致力于实现用户通过电视、电脑、手机等多种终端设备都能够接收并融合信息的目标,从而达到三屏合一的效果。

这一发展趋势使任何人在任何时间、任何地点,无论使用何种终端设备,都能够轻松获取所需的各类信息资源,为人们提供了更加便捷、灵活的信息获取方式,使信息的普及和传播更加广泛和迅速,为社会的发展和个人的需求提供了更加全面的支持和满足。用户可以在电视、电脑、手机等终端上,在任何时间和地点获取所需的信息。

"全媒体"追求全方位的覆盖,使用最全面的技术手段,应用多种媒介载体,达到多种传播效果。它超越了"跨媒体"的概念,是一种更加经济的方式,以最少的投入、最优的传播途径,取得最大的传播效果。

1.2.4　媒体技术环境分析

近年来,随着新一代信息技术和互联网的快速发展,广电产业发生了一系列深刻的变化,面临着巨大的挑战,但新技术也为广电产业提供了重要的机会。

(1)超高清

视频技术经历了从模拟向数字标清、数字高清的演进,如今已进入超高清时代。目前,4K 终端已基本普及,中央广播电视总台、北京台、上海台、广东台、广州台、深圳台等 4K 超高清电视频道已开通。同时,8K 技术也在采、编、播、监、传等多个环节取得了关键突破。

超高清技术与 5G 技术、人工智能、虚拟现实等新一代信息技术深度融合,催生了大量新场景、新应用、新模式。其中以 5G 技术为代表,其大规模部署为超高清视频直播、在线点播、云端编辑、实时渲染等大流量业务提供了可靠的技术支持。

基于 5G 网络,4K/8K 制播技术已经得到成熟应用。超高清电视节目的拍摄、传输、在线编辑剪辑和直播发布等环节都经过了技术验证。特别是 5G 和 8K 的结合,已经取得多项成果。举例来说,在 2020 年的"两会"期间,新华社利用 5G+8K+卫星直播技术,实现了五地联播。而在 2021 年的央视春节联欢晚会中,央视与四大电信公司合作,在北京、上海、深圳、成都、海口等十个城市、三十余台 8K 大屏幕和 8K 电视上同步播放了 8K 超高清电视信号的春晚。2022 年北京冬奥会上,电视台也进行了 5G+8K 的直播。可以说,5G+4K/8K 技术将重新定义高清电视的制作和播出体系。

(2)IP 化

超高清视音频 IP 化传输技术的发展为超高清制播系统提供了除传统 SDI 技术路线(SD1 单线或 4 线)之外的选择。IP 化技术为超高清制播向基于通用 IT 架构、软件定义系统和云化部署提供了可行的技术路径,为制播平台技术架构的全面升级打下了基础。

通过 IP 化技术的引入,超高清制播能够充分利用通用 IT 架构的优势,实现高效的数据传输和处理,提升制播平台的性能和可靠性。同时,采用软件定义系统可以灵活地配置和管理制播设备,提高资源利用率和系统灵活性。另外,云化部署可以使制播平台实现资源的集中管理和共享,降低成本,提高扩展能力和灵活性。总之,IP 化技术为超高清制播提供了全新的技术手段,可以使制播平台更加先进、高效和可靠。

IP 化的制播技术平台可以充分利用虚拟化、云计算和 SDN 等网络技术,对系统架构进行优化,将数据网络与信号网络融合,实现资源共享,加强协同管控,提高工作效率。

(3)网络直播与视频连线

在新冠疫情冲击下,互联网直播的需求空前增长,各种事件以不同的在线直播形式呈现,推动了直播技术、质量、模式和规模的演化。尤其是 5G 技术的应用,使 4K/8K 超高清、VR 全景、多视角和自由视角/子弹时刻等极致直播观看体验得以呈现,这也大大激发了观众的兴趣。

与此同时,网络直播也成为广电总局的新流量阵地。直播业务已经发展成多种形态,包括针对不同人群的栏目线上直播、原产地商品推荐、名人带货等。

(4)人工智能

人工智能技术在广电产业链中已广泛应用,它在采、编、播、审、存、发等全业务流程中发挥着重要作用。随着人工智能技术的不断发展,广电行业向着"A+广电"的发展趋势迈进已成为必然。

在广播电视媒体的内容生产和传播中，智能语音、智能主播、智能标签、智能编辑、智能写稿、智能搜索、智能广告、智能审核、智能推荐、智能转码等人工智能相关技术已经成功融入业务链的各个环节中。这些技术通过语音识别、文字识别、图像识别、人脸识别等功能，对广播电视节目进行智能处理。通过多维度的智能解析，可以精准到每一帧来进行数据标记与信息标记，从而实现了"帧搜索"的目标。这种新的思路为深层次挖掘宝贵的历史影像资源提供了可能。

人工智能技术在广电产业链中的应用推动了广播电视的发展和内容生产的创新。未来，人工智能技术将继续深化与广电媒体的融合，为广电产业的升级和发展带来更多机遇和挑战。

(5)混合多云架构

云计算、5G/IP 化传输等技术为超高清制播服务平台带来了一种全新的多云混合架构。特别是在广电融媒化、快速高频"采编发"的要求下，超清视频所需的数据量巨大，移动和碎片化的工作方式更是推动了混合云的普及。

为了实现平台内部高质量视频节目制作，私有云数据中心需要对多个云计算平台的业务数据进行永久存储和统一管理。移动边界云和分支机构边界云以高品质视频流生产为基础，并且可以根据需求灵活扩充，而公有云的数据中心则以融合媒体业务为核心。

混合云架构应用的共同特点是其丰富多样的业务形式，具有较大的业务灵活性和高交付效率。它能够在不同地点、不同终端和不同场景之间实现有效协同合作。

(6)元宇宙

元宇宙是一个由多个虚拟世界构成的网络空间，用户可以在其中创造，交流，分享内容、服务和价值。这个复杂且多元的虚拟生态系统由各种不同的虚拟世界相互关联构成，形成了一个独特的集合体。在元宇宙中，用户可以进行类似于真实世界的探索、创作和游戏体验，虽然一切都是虚拟的。

目前，元宇宙在虚拟现实、人工智能、区块链和 3D 打印等技术领域取得了巨大进步，吸引了众多企业和机构进行投资和研究。虚拟现实技术给人提供了更真实的体验，使人与人之间的互动更加自然和便捷；通过人工智能技术，角色的动作和反应可以更逼真；区块链技术确保了交易的安全和公平，使元宇宙的交易更加透明和高效。同时，3D 打印技术使用户可以根据个人喜好创作自己喜欢的物品，在虚拟世界中建造属于自己的虚拟房屋，大大提升了使用者的自由度，发挥了他们的创造力。

元宇宙不仅可以用于交流和娱乐，还可以应用于教育和商业领域。例如，可以在元宇宙中建立虚拟商场，用户可以购买所需物品，并观察物品的实际效果。虚拟办公可以为员工提供独特的工作体验，让他们在多个环境下工作，并与全球企业进行交流和合作。此外,元宇宙还可以举办各种社交活动,如派对、游戏竞赛等。

元宇宙还可以成为一个集教育、文化和娱乐于一体的数字生活空间。在这里,用户可以了解历史、文化和地理信息,并参与丰富的活动。例如,用户可以参与元宇宙中的文化交流,学习各国文化,还可以参与考古发掘,体验不同时代的氛围。

未来的元宇宙将成为互联网发展的重要场景和方向,会有很长的发展历程和巨大的发展潜力。未来的元宇宙呈现出多样化的形态,满足人们不同方面的需求。

2021年,元宇宙已成为年度热门话题,是"整合多种新技术而产生的现实世界的镜像"。其中,XR扩展现实技术、数字孪生、区块链和人工智能是元宇宙的基础技术。XR技术创造了沉浸式的、真实感和虚拟感互动的环境。数字孪生将真实世界映射到虚拟世界中,让我们可以在元宇宙中看到自己的影子。区块链技术赋能媒体数据存储,在分布式账本上实时生成记录。人工智能技术赋能元宇宙内容的产生,以满足不断增长的需求。

元宇宙的本质是创造更高层次的视听体验,与影视产业有着紧密的联系。广电拥有丰富的内容资源和商业模式,为其积极投身元宇宙新技术和新业态提供了良好的基础。

(7)区块链数字版权保护

经过多年的制作和积累,广电行业拥有了一批极为宝贵的数字资源,然而由于缺乏有效保护,这些资源的价值遭受了损失。我们通过应用区块链技术,可以更加有效地对广电数字资产进行版权保护。区块链是一种非中心化的分布式账本数据库,它按时间顺序将数据块连接在一起,并利用哈希加密的方法,有效防止了数据被人篡改,确保了电子数据的正确性和完整性,是一种天然的知识产权保护方法。在数字版权保护方面,区块链技术具有以下优点:

①保证了著作权注册的安全性和可信性,确保了区块链的不可恢复性和不可篡改性,具有较高的数据可信性。

②著作权登记的时间很短(分钟级),费用也很低(数十元)。

③通过区块链,可以记录数字产品的使用情况和交易情况,实现对版权使用情况的追踪,为维护主体权利提供了强有力的管理工具。

④侵权行为的侦测和取证具有较高的可信度,为获得法律上的证据提供了强有力的技术支持。

(8)大数据

大数据在广电行业已经有多年的应用历史。线索热点收集、节目传播分析、用户画像分析等是一些大数据技术的常见应用领域。应用大数据技术还可以在其他方面辅助电视台的业务进行发展。举例来说,通过大数据技术分析各类企业对广告投放的偏好,可以更好地进行节目策划。此外,在广播电视部门向政府部门提供新闻报道服务时,舆论监测的专业性和权威性至关重要。借助大数据,可以更好地促进广电和互联网新媒体的融合,构建智慧广电新模式。

1.3　全媒体传播与内容分发

1.3.1　网络电视台

结合宽带互联网、移动通信网等新兴信息网络,可以构建一个多终端、立体化的传播平台,成为一种新型的广播电视播出平台。该网络电视台在电脑端页面上呈现多样化的形态,如图 1-1 所示。

图 1-1　中传网络电视台首页截图

1.3.2　IPTV 和互联网电视

交互式网络电视(IPTV),是通过可管理和可控的安全传输的有线 IP 网络提供基于电视终端的多媒体服务,并传输可交互的视频。在中国,IPTV 集成播控总平台由中国网络电视台负责建设,而北京 IPTV 集成播控分平台则由中国网络电视台和北京电视台联合建设。所有内容经过这两个级别的播控平台集成后,再接入北京联通的 IPTV 传输网络,最终传送到千家万户。

网络电视或 OTT(Over The Top)电视,是一种基于 IP 协议的媒体形式,通过互联网传播视听业务并在电视上播放。它具有可管可控的特征,使用户能够更好地管理和控制观看体验。

图 1-2　IPTV

图 1-3　OTT 电视

实现客厅电视的智能化、互联网化有两个选择：

①在电视上加个"盒子"，可供选择的产品有天猫魔盒、小米盒子、乐视盒子、华数彩虹、百视通、PPTV 等。这些盒子可以通过连接网络，提供丰富的应用和内容，让电视拥有更多功能。

②直接将电视升级换代为互联网电视，可供选择的产品有小米电视、乐视 TV、TV+、酷开、天猫魔屏等。这些互联网电视已经内置了丰富的应用和内容，无须额外的盒子，直接连接网络即可享受各种在线视频。而且，互联网电视还可以与其他智能设备进行联动，例如手机、平板电脑，可以实现远程控制和投屏功能。

1.3.3　手机电视

(1) 什么是手机电视？

手机作为视听终端，以移动网络为传输平台的新型信息传播方式代表着移动通信与电视技术的融合，创造了全新的传媒形式。这种传播方式由多个主体承担，包括电信运营商，如中国移动和中国联通，它们不仅提供移动网络服务，还成为信息传播的重要参与者。视频内容服务商也在这一趋势中扮演重要角色，如爱奇艺、腾讯和优酷等平台，通过提供丰富多样的视频内容，为用户提供便捷的视听体验。广电机构如央视、各大省台卫视等也积极投身其中，通过手机及移动网络的普及，发展新的移动传媒内容。

传输网络包括广播电视网络和移动通信网络。这些网络能够传输多种信息和内容，例如广播电视节目、各类视频内容以及用户创作的音视频。

手机作为视听终端的优势还体现在其移动性和便携性上。手机作为一种小巧灵活的媒体设备，方便携带，能够实时接收最新的信息，这是它最为突出的特点。相比传统的电视、电脑等大型设备，手机更轻便，更易携带，用户可以随时把它带在身边，随时随地享受音视频内容的乐趣。

图 1-4　手机电视的传播主体

此外,手机具有庞大而广泛的使用群体。手机的普及率远高于电脑和电视机,手机上网引发了通信和传播领域的革命,标志着移动互联网时代的到来。

手机还具有个性化的多向互动特点。手机的个性化表现在用户可以自由选择观看内容这一方面。而多向互动则是指用户能够充分参与电视节目的传播过程,实现多方面的交流和互动。

总而言之,以手机为视听终端、以移动网络为平台的新型信息传播方式,为用户提供了便捷、个性化和灵活的视听体验。电信运营商、视频内容服务商和广电机构等不同主体的合作和互动,将进一步推动移动通信与电视技术的融合发展,为用户创造更多娱乐享受。

(2)手机电视节目特点

1)节目类型特点

① 新闻、娱乐节目占九成

② 对硬件设施要求较低

③ 本身就是一种娱乐方式

2)节目时长

受手机屏幕尺寸大小、显示清晰度、电池续航能力等因素影响。

3)节目形式

用户对于手机有主导权,手机电视制作商和运营商要对用户进行"画像"。

4)内容受众

不区别对待,用户可以采用点播模式满足自己的特殊偏好。

1.3.4　移动电视

移动电视被称为"第六媒体",这种媒体能够播放和接收电视节目。近年来,移动电视迅速发展,已逐渐成为人们娱乐、购物和信息获取等方面的重要渠道。移动电视为人们提供更清晰、更生动的视听效果,还实现了个性化的广告投放和内容推荐。它的出现丰富了人们的视听体验,并为广告商和内容提供商带来了更多机会。

(1)补充

移动电视作为一种新兴的媒体形式,是传统电视的补充。不仅在内容呈现方面新颖,移动电视还拥有收看时间和收看地点灵活的特点,从而进一步丰富了用户的观看体验。

(2)竞争

移动电视的出现对原有媒体的发展和经营造成了一定的影响。首先,移动电视的出现改变了受众的收视习惯。传统的电视节目通常在特定的时间段播出,观众只能根据节目表进行收看。然而,移动电视打破了观众在收看节目的时间和空间上的限制。其次,广告投放也因移动电视的普及而发生了变化。移动电视为广告商提供了更精确的广告投放机会。广告商可以根据用户的兴趣和行为习惯进行精准定位,将广告投放给目标受众,提高广告的有效性和转化率。这种个性化的广告投放方式给广告商带来了更多机会。

1.3.5　楼宇电视

楼宇电视是一种新型的媒体形式,它是传统电视媒体的变种,通常安装在高档写字楼、商场、高级公寓、影院、餐厅、大型超市等公共场所。楼宇电视的显示屏作为视频终端,不仅能够播放商业广告,还可以播放电视节目、政府信息公告等内容。这种新型媒体形式的出现,使广告和其他

图1-5　经常在电梯间看到的楼宇电视

信息的传达更加准确和有效。商家可以通过楼宇电视直接向目标受众传递广告,提高品牌曝光度和销售效果。政府部门也可以通过楼宇电视发布各类公告和信息,实现公众对各项事务的及时了解和参与。总体而言,楼宇电视在满足商业需求的同时,为公众提供了更多的资讯和娱乐选择,成为现代社会不可或缺的一部分。

楼宇电视的传播特点：

①受众特点：大众化、地域化、精准定向

②内容特点：单一性、重复性、有限资源

③传播形式特点：强制性、单向

1.3.6　微博、微信

(1)微博

微博(Micro-blog)是一种社交媒体平台，用户可以在其上分享、传播和获取广泛应用的用户关系信息。通过关系机制，微博实现了用户之间短时间内的实时信息分享和传播。用户可以通过多种通信方式如 Web、Wap、mail、App、IM、SMS 以及各种移动终端如 PC 端、手机等，方便地以文字、图片、视频等多媒体形式即时分享自己的信息，并与其他用户进行互动交流。

图 1-6　微博功能展示

2018 年 3 月 20 日，国家互联网信息办公室发布实施了《微博客信息服务管理规定》。该规定共包括 18 条内容，涵盖微博用户的主体责任、实名认证、分级管理、辟谣机制、行业自律、社会监督以及管理等方面。

根据规定，各级党政机关、企事业单位、人民团体、新闻传媒等组织机构有责任对其在网络平台上注册的实名认证账号所发布的消息和跟帖进行管理。微博客服务提供商也应提供必要的支持，如管理授权等，以帮助这些组织机构履行管理职责。此外，微博用户在发布信息时需遵守相关规定并承担相应的责任，而微博客服务提供商也有责任进行用户的分级管理，建立和执行辟谣机制，以及维护社会秩序和公共利益的需求。

综上所述，《微博客信息服务管理规定》的发布实施旨在进一步规范网络信息传播，加强对微博用户的管理，并保障社会秩序。各级组织机构和微博客服务提供商都应积极履行自己的责任，共同构建良好的网络信息环境。

（2）微信

微信是由腾讯于 2011 年 1 月 21 日发布的一款免费面向用户的社交软件。它支持跨通信运营商、跨操作系统平台，在互联网上自由地发送语音、视频、图片、文本等信息，并且提供了"摇一摇""朋友圈""公众平台""语音笔记"等基于地理位置的社交插件。

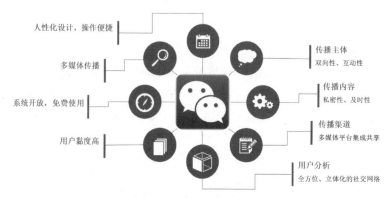

图 1-7　微信功能展示

国家网信办发布了《互联网群组信息服务管理规定》和《互联网用户公众账号信息服务管理规定》，并正式实施。为了规范群组的网络行为和信息发布，用户必须遵守相关的法律法规，进行文明互动和理性表达。同时，用户也要注意不传播违法信息，不从事非法经营活动，包括擅自发行销售彩票、销售香烟、代购医疗物品等。

1.3.7　手机新闻客户端

（1）什么是移动新闻客户端（App）

移动新闻客户端是一种全媒体、数字化媒介，依赖于移动互联网资源。它利用文字、图片、影像和声音等多种语言符号来传递新闻信息。这些新闻信息存储在服务器上，并通过智能手机作为主要接收设备进行传输。这种方式使用户能够随时随地获取最新的新闻内容。移动新闻客户端的兴起极大地方便了人们接收和传播新闻，使新闻传播变得更加便捷、快速和多样化。

（2）新闻客户端分类

① 以四大门户网站为主的移动新闻客户端

② 聚合类新闻客户端

③ 传统媒体与移动互联网融合而部署的客户端

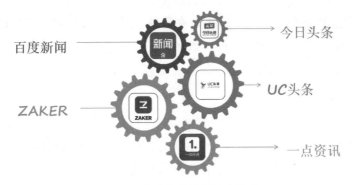

图 1-8 各式各样的新闻客户端

1.4 媒体制作技术的升级

随着数字时代的兴起,视音频制作和传播技术也在持续进步。新一代的视音频制作技术带来了更高效、更快速、更精确的制作方式,给影视行业带来了巨大的变革。

（1）拍摄技术

现代电影和电视节目制作离不开先进的摄影技术。摄影机在数字内容创作中扮演着至关重要的角色。如今,中高端摄像机的功能远超智能手机和传统专业摄像机,它们能根据不同的拍摄场景选择最适合的模式。借助可视化技术、自动控制和远程控制等新技术的支持,现代摄像机能够呈现更清晰、流畅的画面效果。近年来,随着虚拟现实技术的迅速发展,摄影手法也变得更加多样化,可以为观众呈现更具立体感和观赏性的视觉体验。

（2）播出技术

现代电视广播行业经历了传统的地面波转变为卫星、光缆和互联网形式的巨大变革。随着技术的不断发展与推广,电视节目的播出、制作与传播变得更加便利和快速。尤其是因特网播放技术的出现,使人们能够在不同的场合使用不同的装置同时收看电视节目,实现了电视无边界化的目标。

（3）传输技术

可视化技术在信息传输领域的应用日益普遍。传统的音频和视频数据传输需要经过复杂的网络节点,这不仅导致传输效率低下和成本高昂,还会对节目内容产生一定的影响。然而,现代的视音频传输技术不仅能够对数据进行压缩、存储和保护,还能有效提高数据传输的效率和安全性。

（4）制作流程

随着数字化科技的迅猛发展,各种数字化工具得到广泛应用。现代影视作品的创作不仅依赖高超的摄制技巧,还需要思想和技术上的革新。数字技术和计算机技术的运用为影视创作带来了巨大便利。例如,在剪辑、特效制作、声音处理和影像合成等方面,数字技术发挥着不可或缺的作用。数字化工具的使用不仅提高了创作效率,也为创作者们创造了更广阔的空间。

(5)存储技术

数字数据的保护和管理对于大量存储媒体文件来说非常重要。通过云存储技术,我们能够解决高流量媒体的天然存储相关问题,从而有效保证媒体存储的安全性和可扩展性。此外,一些大型数字化媒体管理平台也提供了对媒体文件的存储和管理功能。利用数字分发和数字存储设备,我们能够可靠且有效地保存和保护媒体资源。这些方法为用户长期保存和维护数字资料提供了可靠且行之有效的解决方案。

总的来说,在电影电视节目制作方面,随着视音频技术的不断进步,影视创作者获得了更多丰富的创意和实践机会。未来,随着人工智能、大数据分析等新技术的不断发展,电视广播行业将迎来新的变革。在这个变革的过程中,我们需要更加开放、勇于创新,积极地学习和探索,以便在数字化的世界中不断提升自己,创作出更优秀的作品。

图 1-9 视音频新技术

1.4.1 拍摄装备的升级

(1)常见拍摄工具

在这个数字化时代,摄像设备已经越来越普及。不同的设备都有不同的特点和功能,同时也有各自的优缺点。以下是一些常见的摄像设备。

首先,传统摄像机是最广泛使用的一种录像装置。它们在电影、电视和新闻报道等领域经常被采用,这是因为它们拥有出色的图像质量和强大的功能。此外,传统摄像机还具备个性化设置选项,可以根据用户的需求进行自定义调整。然而,与其他录像设备相比,传统摄像机通常更加笨重,价格更昂贵,且需要一定的专业知识方能熟练操作。

其次,智能手机正在逐渐成为日益普及的视频拍摄设备。随着智能手机的普及,其照相和录像功能也变得越来越强大。智能手机可以轻松记录影像,并拍摄高质量的视频,有时甚至可以与专业摄影机媲美。此外,智能手机的明显优势是十分轻便,可以随时随地使用。然而,与其他设备相比,智能手机的镜头性能相对有限,容易受到手持震动等因素的影响。

再次,无人机已成为一种全新的拍摄工具,为视频制作提供了独特的视角。无人机的出现打破了拍摄地点的限制,使拍摄角度多样化,拍摄范围不断扩大,包括自然景观、城市风光、体育赛事等各种场景。此外,无人机还可以很好地捕捉那些容易受到惊扰的小动物等元素。然而,无人机的运行要求非常高,而且使用成本也相对较高。

最后,运动摄像机是一种非常实用的设备,尤其适合户外活动。它是记录滑雪、滑板、攀岩、飞行等极限户外运动和冒险运动的理想选择。这种摄像机非常坚固耐用,能够经受住意外跌落、淋雨以及其他恶劣环境的考验,非常适合体育摄影。然而,与其他摄影机相比,由于其体积较小,故成像质量较低。

总体而言,每种摄像器材都具有独特的功能和特点。因此,在选择摄影器材时,需要仔细地考虑和权衡。

便携型摄录一体机　　　广播级肩扛式ENG摄像机

小型摄影机　　　大型电影摄影机

图 1-10　摄影机示例

(2)拍摄画面的升级

视频的拍摄技术不断进步,从标清(SD)到高清(HD)再到超高清(UHD)的发展过程中,画面质量逐渐提升。然而,随着画面质量的提升,所需的数据量也在不断增加。相较于标清画面,高清画面的单帧数据量增加了 5 倍左右;而超高清画面的单帧数据量则是高清画面的 4 倍。这意味着,为了呈现更好的画质,视频文件的体积也变得更大。数据量的增加不仅要求更大的存储空间,还对网络传输速度提出了更高的要求。随着技术的不断发展,我们可以期待画质更高、数据量更大的视频拍摄技术出现。

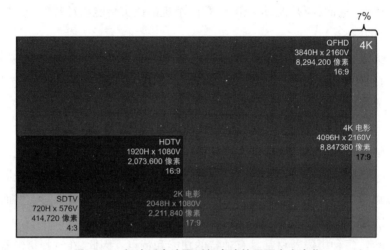

图 1-11　标清到高清再到超高清的画面大小变化

1.4.2　存储容量的增长

随着拍摄画面的进步和发展,视听内容的存储需求也不断增加。现代摄影和录像技术的快速发展使我们能够以更高的分辨率和帧率捕捉画面,带来更生动逼真的观赏体验。然而,这也意味着我们需要更多的存储空间来存储这些高质量的视听内容。

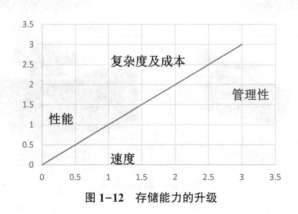

图 1-12　存储能力的升级

1.4.3　播出终端的变迁

视频播出终端正朝着两极化的趋势发展。一方面,普通视频正在快速向小屏幕终端,如手机、Pad 等移动设备发展。这些便携设备让人们能够随时随地观看视频内容,因此越来越受欢迎。人们喜欢在地铁、公交车上或休闲时刻使用手机或 Pad 观看视频。另一方面,超高清视频正逐渐向大屏幕终端如影院、户外大屏幕等方面发展。这些大屏设备能够提供更震撼的视觉效果,使观众的观影体验更有真实感和沉浸感。人们愿意花更多的时间和金钱去电影院观影,或在户外大屏幕上观看重要的比赛、演唱会。与此同时,家用电视机的使用量逐渐减少。家庭电视机曾经是人们观看视频的主要终端,但随着移动设备和大屏幕终端的普及,人们对家用电视机的需求逐渐减少。不过,家用电视机仍然在一些特定场景中发挥着重要作用,比如家庭聚会、一家人观看电视剧等。

1.4.4　制作流程的改进

(1) 视听内容制作流程

优化后的内容如下:

①采:首先进行前期拍摄工作,获得制作节目所需的视听素材,包括各种场景、人物、动作等。

②编:接下来是后期编辑环节,对拍摄回来的素材进行剪辑和包装。通过运用特效、字幕、声音合成等技术手段,使节目更加生动、有趣、吸引人。

③播:素材编辑完成后,节目内容可以通过多种方式呈现给观众。可以选择直播或录播后播放,为观众提供良好的观赏体验。

④传:为了把节目内容传输给观众,需要通过卫星、宽带、光纤等介质,在制作和播出系统内或系统间进行传送。这样,确保观众能够顺利收看到节目。

⑤存:为了妥善保存视听内容资料和素材,需进行视听内容的数字化保存,以确保素材的长期保存和后续利用。

⑥管:对视听节目资料和素材进行科学有效的管理和再利用,是非常重要的一环。通过合理的管理和再利用,可以提高节目的效益和生产效率,同时也能够节约资源和减少成本。

以上流程适用于传统的电视节目生产和数字电视内容生产,也适用于基于云端的节目内容制作。无论技术如何变化,这个流程都是制作节目的基本步骤,确保节目能够高效、优质地呈现给观众。

（2）制作系统的换代

媒体制作系统经历了一场技术革命,标志性的发展包括从 2009 年的标清(SD)和高清(HD)演播室,到 2014 年的高清转播车,极大地提升了节目的制作和播出质量,并彻底改变了媒体行业的运作方式。这场换代不仅体现了技术的飞速进步,还反映了媒体行业对新技术挑战的适应、对市场需求的响应以及对观众体验的重视。

随着技术的发展,4K、8K 超高清分辨率的引入,以及虚拟现实(VR)、增强现实(AR)技术的应用,媒体行业将会为观众带来更加沉浸式和互动式的观看体验。这些技术的应用不仅使电视节目、电影、体育赛事的观看成为一种全新的体验,也为新闻报道和教育内容的呈现提供了更多可能性。

在技术进步的背后,是媒体行业对提升节目内容质量、优化用户体验和满足多样化需求的不断探索。媒体行业的技术革命不仅改变了内容的生产和分发方式,也推动了相关政策的制定和行业标准的更新,确保技术应用的健康发展。面向未来,随着人工智能、大数据等技术的进一步引入,媒体行业将为公众带来更加个性化、智能化的媒体消费体验,为公众提供更加丰富、高质量的媒体内容。

图 1-13　2009 年的标清和高清演播室

图 1-14　2014 年的高清转播车

（3）视听行业融合协作的生产体系

在当代社会,视听行业的发展正经历着一场深刻的变革。这种变革不仅体现在技术层面的飞速进步,例如 4K、8K 分辨率的普及,虚拟现实（VR）和增强现实（AR）技术的应用,还体现在生产体系的重构上。视听行业的融合协作生产体系,特别是以索尼为代表的各类媒体行业品牌,正致力于构建一个将电影、电视、网络视频、音频、动画和游戏等多种视听媒介融为一体的全新生态系统。这种生态系统不仅依托于高端技术的支持,更在于跨媒介、跨平台的整合,旨在提升内容创作的质量和效率,进而为消费者提供多元化、高质量的视听体验。

在这一融合协作的生产体系中,内容创作与技术创新相互促进,共同进步。例如,索尼不仅在电视、相机等硬件产品上不断创新,提升用户的视听体验,同时也通过 PlayStation 游戏平台、Sony Music Entertainment 音乐制作和发行,以及 Sony Pictures Entertainment 电影和电视制作等子公司,在内容创作方面进行深度开发和整合。这种跨领域的合作和资源共享有效地推动了新技术在视听内容制作中的应用,如通过 AI 技术优化内容推荐系统,以及使用 VR 技术创造沉浸式观看经验,等等。

展望未来,视听行业融合协作的生产体系将继续深化,技术与内容的融合将更加紧密。随着 5G 网络的普及和云计算技术的发展,实时高清视频传输和大规模数据处理将变得更加高效,这将进一步推动视听产品的创新和多样化。同时,面对全球化的市场需求,跨国合作和文化交流也将成为推动视听行业发展的重要力量。因此,培养具备跨学科知识和国际视野的视听行业人才对未来视听行业的持续发展至关重要。在这一过程中,高等教育机构和行业内的领军企业需要加强合作,共同构建出既能促进技术创新,又能满足文化多元需求的视听行业生态系统。

图 1-15　各类媒体行业的品牌产品构成了完善的生产体系

第2章 视音频内容数字化

2.1 视频的数字化

2.1.1 视频内容的产生

(1) 人眼的能力

1) 人的眼睛

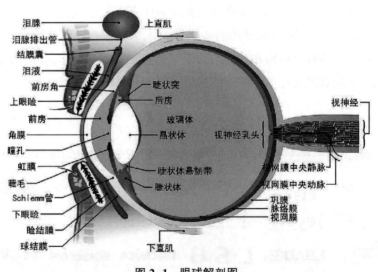

图 2-1 眼球解剖图

人眼是由眼球壁、眼内腔和内容物、视神经和视路,以及眼附属器组成的。这些结构使人眼能够通过视觉功能感知光与影像。

为了模拟人眼的视觉功能,视频采集设备如照相机、摄像机的设计也参考了人眼的结构。这些设备利用光影收集方式,类似于人眼通过眼球壁、眼内腔和内容物来感知光与影像。通过模仿人眼的构造,这些设备能够捕捉视觉信息,并将其转化为图像或视频的形式。这种技术的应用使人类能够记录并分享各种美丽的景色和重要的时刻。

2) 人眼构造与摄像机成像系统

人类的视觉系统是一个非常神奇的系统,由眼睛和大脑组成,帮助我们观察和理解外部世界。眼球是视觉系统的核心部分,包括虹膜、晶状体和视网膜等多个结构。

首先,虹膜是眼球前部最显著的一部分,也被称为"眼色"。它的主要功能是调节进入眼球的光的量。根据光线的变化,虹膜的开合度能够自动调整,使我们的眼睛能够适应不同环境下的光线强度。

其次,晶状体是眼球内最重要的结构之一,类似于摄像机的镜头。晶状体具有可变形的能力,通过改变自身的形态使我们看到不同的物体。然而,随着年龄的增长,晶状体的变形能力会逐渐减弱,这也是老年人看物体模糊的原因之一。

最后,视网膜是眼球内最关键的部分之一,也是我们视觉上感知物体的主要通道。视网膜中包含许多感光细胞,分为两种类型:锥状细胞和杆状细胞。锥状细胞用于感知明亮的光和颜色的变化,而杆状细胞则用于感知暗的光和运动的变化。这些细胞会将接收到的信号传递到大脑进行处理,使我们能够看到周围的事物。视网膜的复杂结构和功能使我们能够感知到丰富多彩的视觉世界。

人类的视觉系统是一个复杂而精巧的系统,由眼睛和大脑紧密合作,让我们能够欣赏和理解外部世界。虹膜、晶状体和视网膜等组成部分各自扮演着重要的角色,共同构建了我们的视觉体验。

摄像机的结构类似于人眼,包括镜头、图像传感器、图像处理器等电子元件。镜头就像人眼中的晶状体一样,根据拍摄距离和光线强度调节镜片形态,以捕捉到适当的图像。传感器类似于人眼的视网膜,将光线转换成数字图像,然后传输到图像处理器进行处理。图像处理器模拟人脑处理图像的方法,使摄像机能够拍摄出清晰而精确的图像。人眼通过晶状体调节光线聚焦,然后通过视网膜将光线转化为电信号,并通过视觉神经传递到大脑进行图像处理和解读。类似地,摄像机的镜头通过调节镜片形态来聚焦光线,传感器将光线转化为数字图像,并通过图像处理器进行处理,最终得到清晰而精确的图像。

通过研究人眼的结构和机制,摄像机制造商能够不断改进摄像机的成像能力,使其能够更好地模拟人眼的观察和记录能力。优化的摄像机能够捕捉到更真实、细节更丰富的图像,帮助我们更好地理解和感知这个世界。

因此,摄像机的结构与人眼相似,但在成像能力和精确度方面具有更高的水平,成为我们观察和记录外界的重要工具之一。

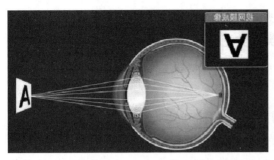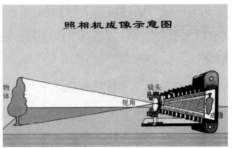

图 2-2　人眼成像原理与照相机的成像原理

(2)视觉的基本功能

1)光的强度

自然光的强度从最暗的星光到最强的太阳直射光,亮度等级单位为尼特(nit)。

星光10^{-6}　　　月光10^{-2}　　　灯光10^{2}　　　阳光10^{6}　　　阳光直射10^{9}

图 2-3　光强示意(单位:尼特)

因此自然界的实际景物光比为 $10^{15}:1$。

2)人眼的视觉能力

人眼视觉:$10^{12}:1$(相当于 40 挡光圈),无瞳孔调节时典型范围:$10^{5}:1$(相当于 16.7 挡光圈)。

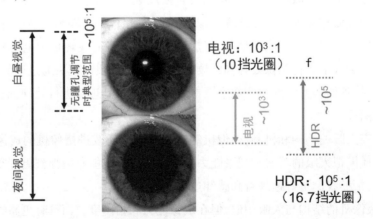

HDR:把电视的动态范围提升到与人眼瞳孔无调节时相当的程度

图 2-4　人眼能力与 HDR

此外，人的眼睛还具备其他几个重要的能力。首先是光谱感受能力与分辨能力，也就是我们能够感知和区分不同颜色的能力。通过视网膜上的感光细胞，人眼能够接收到不同波长的光线，从而识别出不同的颜色。其次是光强度感受能力与分辨能力，即我们可以感知和区分不同亮度的光线。这个能力使我们能够在明亮或昏暗的环境下看清事物的轮廓和细节。再次，人眼还具备光的空间辨别能力，也就是我们能够清晰地辨别物体的轮廓和形状。这项能力使我们能够准确地感知物体之间的距离和位置。最后，人眼还拥有光的时间辨别能力，也就是我们能够感知和辨别光线的快慢。这一能力与影视工作原理中的帧率有关，使我们能够看到一系列连续的静态图像，从而形成动画和电影的效果。

(3) 根据人眼的特点来改进的电视技术

随着科技的迅猛发展，电视技术经历了巨大的变革。从最初的黑白电视逐步演变为彩色电视，再到高清电视和超高清电视，每一次升级都为人们带来了更加出色的视觉体验和更舒适的观看感受。以下将与大家分享如何根据人眼的特点进一步改进电视技术。

在探讨这个话题之前，我们需要了解人眼的分辨力。研究表明，人眼的分辨率约为 5760×3240，也就是说，当所观察的物体像素数量达到这个级别时，人眼将无法分辨更多的像素。因此，电视技术的改进应该基于这个原理。

首先，让我们来看看标清电视。作为最早期的电视技术，标清电视的分辨率仅为 720×480，远低于人眼的分辨率。因此，在观看标清电视时，我们常常会感到模糊和颗粒感。尽管如此，当时的标清电视已经代表了重大的技术进步，因为它使人们能够在家中观看外面的世界。

其次，高清电视作为标清电视的升级版，其分辨率提高至 1920×1080。这一技术进步使观众能够更清晰地看到画面中的细节，消除了标清电视中的模糊和颗粒感。然而，高清电视仍然不完美，当所观察的物体像素数量达到人眼的分辨率时，画面可能出现马赛克或模糊现象。

图 2-5　标清电视、高清电视、超高清电视

最后，超高清电视的问世彻底解决了前述的难题。其分辨率达到了 3840×2160

甚至更高,几乎接近甚至超越了人眼的分辨极限,带来了更加真实的视觉体验。观众可以感受到细致入微的画面变化,仿佛触手可及。然而,超高清电视的兴起也带来了新的挑战。尽管它让画面更加真实,但由于分辨率过高,肉眼很难分辨微小差异,例如难以察觉的微小文字和图案。这也引发一些人产生了过高分辨率对健康有损害的质疑。

总的来说,电视技术一直在不断升级,旨在提升我们的观赏体验。然而,我们需要意识到人眼的分辨能力是有限的,不应过度追求电视分辨率的提高。相比于纠结分辨率的高低,我们应更加关注电视黑底白字和手机黑底白字之间的对比,以避免过度疲劳和眼部不适。此外,为了保持身体健康,在观看电视时应适时休息和调整体姿。

2.1.2　视频的制式

(1)帧、行、场

1)帧

电视系统所使用的图像序列是由一系列图像构成的,每一帧(Frame)被称作一幅电视图像。

2)帧率

每秒钟显示的图像幅数称为帧速率,简称帧率,单位是帧/秒(fps,frame per second)。我国电视标准规定的帧率为 25 帧/秒。

表 2-1　常见的帧率

	帧率(帧/秒)
电影	24(格)
电视(PAL)	25
电视(NTSC)	29.97(更准确的数字是 30/1.001,通常也被记作 30)

通常使用时间编码(Time Code,缩写为 TC)来识别和记录视频中的每一帧,从视频起始帧到终止帧都有一个独一无二的时间码地址相对应。根据电影和电视工程师协会(SMPTE)采用的时间码标准,该格式为"小时:分钟:秒:帧"。例如,"00:05:20:15"即表示 5 分 20 秒 15 帧。

3)行、场

为了获取或再现一幅完整的图像,需要按照特定的顺序(从左到右、从上到下)有序地将构成画面的所有像素的亮度值或电平值进行光电转换或电光转换。这个有序的过程被称为扫描。扫描主要分为行扫描和帧扫描(也称为场扫描)。行扫描是沿水平方向进行的,完成一行扫描所需的时间被称为行周期。帧扫描或场扫描是沿垂直方向进行的,完成一帧或一场扫描所需的时间被称为帧周期或场周期。

(2)逐行扫描与隔行扫描

目前,有两种视频图像扫描方法:逐行扫描和隔行扫描。逐行扫描是从上到下逐渐扫描一幅电视画面。隔行扫描是将一幅图像分为奇数场和偶数场,通过两次扫描来完成,先扫描所有奇数行,再扫描所有偶数行,最终将两场图像嵌套在一起,得到完整的图像。这种方法可以有效地减少视频信号的频带,减少闪烁感,提高视觉效果,并压缩带宽。

逐行扫描适用于计算机对图像的处理,可以呈现更好的动态画面,长时间观看也不会使眼睛疲劳。隔行扫描与相同垂直扫描频率的逐行扫描相比,数据量只有一半,因此可以有效地压缩带宽。然而,隔行扫描的缺点是在影像上下行之间的反差较大时容易出现闪烁,尤其是在画面呈现为横条纹时更容易出现闪烁。此外,当目标处于高速移动状态时,图像的边缘可能会出现锯齿状样态。

目前,国内标清、高清电视的制作和播出多采用隔行扫描的模式,这可以压缩频宽,节约成本。而在计算机上则采用逐行扫描的方式,因为它更适合图形和图像的计算机处理。超高清电视的制作与播出采用逐行扫描的方式,因为它能以更高的分辨率呈现出更好的视觉效果。

2.2　音频的数字化

2.2.1　声音的产生

声音是由同向且互相垂直的电场与磁场在空间中衍生发射的震荡粒子波。这种波以波动的形式传播,并且具有波粒二象性,被称作"声波"。它具有特定的频率、振幅和相位。当我们听到复杂的声音时,实际上是由许多不同频率、振幅和相位的正弦波组合而成。这些声波在传播过程中产生纵波,也就是说它们的振动方向与传播方向一致。当声波在空气中传播时,会引起空气微粒的振动,而这种振动的方向与声波的传播方向相同。因此,我们在日常生活中听到的声音,是通过介质在空气中由近及远传播而来的。这样的传播方式使声音能够在空气中迅速传递,让我们能够感知到来自各个方向的声音。

2.2.2　人耳的听觉特点

我们能够听到声音,是因为人耳有听觉特性,也就是我们的耳朵有对声波产生响应的能力。

（1）人耳的构造

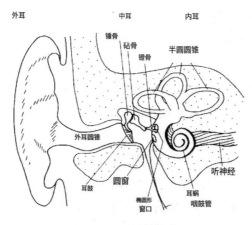

图 2-6　人耳的构造

耳内听觉构造：

①外耳：最外侧的耳廓可以收集并反射声音到外耳道，外耳道将声波传递到中耳。

②中耳：包括鼓膜和听小骨，当声波进入外耳道时，鼓膜振动并将振动传递给听小骨，听小骨是一个杠杆系统，可以将声音放大。

③内耳：包括耳蜗，耳蜗充满淋巴液，约有 4000 根神经末梢与大脑相连。当特定频率的声波刺激耳蜗时，毛细胞会使相连的神经末梢发出电脉冲，传递给大脑，产生听觉感知。

听觉的产生基于耳蜗中的毛细胞受到特定频率的声波激励时，相连的神经末梢会发出电脉冲，传递给大脑。人之所以能够区分不同频率的声音，是因为人耳具有选频特性。在基底膜上，每个点都与特定频率相对应。当某一频率的声音进入人耳时，对应的基底膜点会产生最大响应，从而使大脑做出相应的判断。

（2）响度、音调和音色

声音的判断指标可以概括为三个要素：响度、音调和音色。响度是指人耳对声音强弱的感觉，与声压相关。然而，响度与声压之间的关系并不是简单的线性比例关系，还会受到频率、波形和声音持续时间的影响。音调是人耳对声音高低的感觉，与声音的频率有关，同时也与声压级和声音持续时间相关。随着频率的增加，音调会逐渐提高，但并非线性关系。音色是我们区分具有相同响度和音调的声音的主观感受。每个人的声音和每种乐器都有独特的音色，音色主要取决于声音的频谱结构。此外，音色还会受到声音强度、持续时间等因素的影响。

（3）人耳听觉定位

人类的听觉系统具备独特的定位能力，可以准确判断声音的方向。这一能力主要依赖于双耳的协同作用。通过分析声音到达双耳的时间差、强度差和相位差等差异线索，人耳能够精确地定位声音的来源，这被称为听觉定位功能。听觉定位能力可以分为水平定位和纵向定位两种。在水平定位方面，人耳最为敏感的区域是正前方，其次是后方，而对于两侧的声音定位能力相对较差。而在纵向定位方面，整体上人耳的定位能力相对较弱，前上方的定位准确性要高于后上方。因此，在制作常规节目的立体声和环绕声时，需要更加注重声源在水平方向上的定位效果。

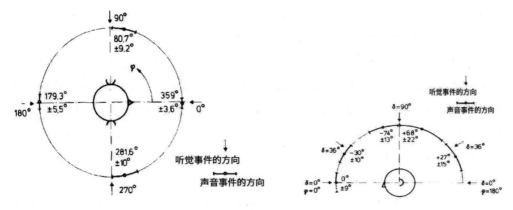

图 2-7　听觉水平和纵向定位

2.2.3　音频是什么

音频的定义是人类可听到的声音。然而，目前"音频"这个词主要被用来描述与声音相关的设备以及与之相关的处理过程。人耳能够接收的频率范围为 20Hz—20kHz。因此，音频涵盖了一系列过程，包括声音的捕捉、转换成电信号、再次转换回声音，以及声音在这一频率范围内的处理和重放，最终由人耳感知。这个过程涉及声音信号和电信号的转换。

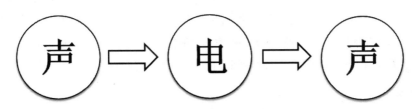

图 2-8　音频处理过程简图

2.2.4　数字化音频的发展

音频技术经历了模拟音频时代、传统数字时代再到网络数字时代的发展过程。音频技术目前仍在持续发展和进步,数字化音频的发展目标是不断提升音质,同时使音频解决方案变得更高效和便利。

模拟音频技术使用模拟电压的幅度来表示声音强弱,信号在时间上是连续的。然而,模拟音频技术存在一个关键问题,即在信号处理链路中,存在一些无法避免的因素,导致噪声无法被完全去除,从而对音质产生不可逆的损害。与此同时,模拟音频录制对设备的要求相对较高,且可处理的通道数量也受到限制。

数字音频是在数字信号的基础上发展起来的,它在时间上是离散的。数字音频技术将声音信号转化为数字信号进行处理,具体的处理方法包括将模拟信号采样、量化、编码。通过这些步骤,模拟信号被转换成由二进制数字"0"和"1"组成的数据格式,使声音变得适合计算机处理。数字音频技术涉及的数字技术主要包括采集、编码处理、存储传播等方面。数字音频技术的主要特点是大幅度减少信号数据量、提高数据处理速度、缩小设备体积、增加信号通道数量,并集成更多信号处理功能。与此同时,在编辑和复制过程中不会损失信号质量。此外,随着网络数字音频和音频人工智能的发展,数字音频技术仍有很大的发展空间。

随着网络技术和数字技术的发展,网络音频技术,即 AoIP(Audio over Internet Protocol)技术应运而生。AoIP 技术以以太网为基础,通过 IT 设备构建网络进行音频传输。它具有实时传输高质量无压缩音频流、高精度和低成本的特点。目前的网络音频传输已经实现了至少 44.1 kHz 的采样率、16 bit 以上的线性量化和毫秒级的延迟。

未来,随着网络数字音频和音频人工智能的进一步发展,数字音频技术仍然有很大的发展空间。我们可以期待更高的采样率、更高的量化位数以及更低的传输延迟。同时,音频人工智能的应用也将推动音频处理和分析的技术进一步提高,使我们能够更好地感受和享受声音。

2.2.5 数字音频互连

数字音频接口的出现是为了使数字信号在硬件设备之间传输变得更加便捷。为了实现设备之间的连接,这些接口需要同时拥有一个数据通信信道和一个共同的时钟同步系统。随着系统中数字设备的不断增多,现在通常会采用一个独立的主时钟信号来同步数据传输,而数据传输本身则采用不同的通信协议来进行。

(1) SDIF

索尼数字接口(Sony Digital InterFace,SDIF)是一种用于专业数字产品的单声道互联协议,它包括 SDIF-2 和 SDIF-3 两种接口。其中,SDIF-3 用于传送 DSD 数据。为了保证数据传输的稳定性,SDIF 协议通常使用 75Ω 非平衡同轴线缆和 BNC 接口进行数据传输。每根线缆负责传输一个通道的音频信号,以确保音频信号的高质量传输。通过使用 SDIF 协议,用户可以在专业数字产品之间实现可靠和高质量的音频数据传输。它成为音频行业中重要的互联标准之一,广泛应用于音频工作站、录音设备和音频处理设备等领域。

(2) AES3(AES/EBU)

美国音响工程协会(Audio Engineering Society,AES)制定了一种在音频系统中广泛应用的标准数字信号互联方式,通常被称为 AES3 或 AES/EBU。该互联方式采用串联连接格式,能够线性地表示数字音频数据。通过使用单根双绞线缆,该方式可以传输两个通道的、周期采用和均匀量化的音频信号。为了确保传输质量,建议将传输距离控制在 100m 以内。该互联方式常见的接口形式为卡侬口。

(3) MADI

多信道音频数字接口(Multichannel Audio Digital Interface,MADI),是由 AES(Audio Engineering Society)制定的一种多声道数字音频接口标准。MADI 采用了时分多路复用技术,可以将多个音频信号同时传输于同一根线缆中。目前,MADI 接口支持使用双绞线、同轴线缆和光纤进行传输。在使用 MADI 接口时,双绞线和同轴线缆的传输距离较短。根据 AES10 标准规定,通过单根 BNC 线缆最多可以传输 56 通道信号,传输距离不超过 50 米。而采用光纤传输则可以覆盖数千米的传输距离,同时支持传输 56/64 路信号。在光纤传输中,常见的接口类型包括 SC 和 LC。

(4) ADAT

ADAT 是由美国 Alesis 公司开发的一种标准化的数字音频接口,为高质量的音频传输提供解决方案。ADAT 采用单模光纤单向传输技术,能同时传输 8 个通道的音频信号。标准化的设计使 ADAT 成为行业内广泛使用的数字音频传输标准之一。

通过光纤传输技术,ADAT 有效地降低了信号传输中的干扰和噪声,确保音频信号高保真传输。ADAT 的 8 通道设计非常适用于多声道音频制作和录制,提供了更灵活和多样化的音频处理选择。此外,ADAT 具备良好的兼容性,可与其他设备和接口连接和集成,满足更复杂和全面的音频传输和处理需求。

ADAT 作为标准化的数字音频接口,凭借高质量的音频传输能力和多通道设计,在音频行业广泛应用。它为用户提供便捷可靠的音频传输解决方案,满足多声道音频制作和录制的需求。

(5) S/PDIF

S/PDIF(Sony/Philips Digital InterFace)是一种广泛使用的互联协议,用于传输数字音频信号。该协议使用 75Ω 同轴电缆进行传输,而不需要低阻抗的平衡线缆。然而,需要注意的是,传输距离应控制在 10 米以内,否则可能会影响信号质量。此外,S/PDIF还有光纤数字接口形式,适用于远距离传输。

然而,虽然消费级设备和专业设备在某些情况下可以直接连接,但并不推荐这样做。因为消费级设备和专业设备在电器规格和通道比特方面存在差异。一些设备可能具有通道状态选择功能,能够同时读取 AES3 和 S/PDIF 数据。这样的设备可以更灵活地适应不同的连接需求。

（6）网络音频协议

网络音频传输是当前主流的数字音频互联方式。随着 AoIP（音频通过 IP 传输）的发展,不同网络音频协议之间已经能够相互连接和通信。这种形式是目前音频系统中设备互联和信号互通最便捷、最有潜力的数字音频互联方式。后文将详细介绍相关具体内容。

图 2-9　数字音频中的物理接口（依次为卡侬、BNC、光纤、网口）

2.2.6　网络音频与传输

网络音频技术简称 AoIP（Audio over IP）是在以太网上以 IP 数据包形式实时传输高质量音频的一种音频传输技术,它依赖于网络带宽技术的发展。近年来,许多音频设备厂商纷纷推出了基于 IP 数据包的音频传输协议,这些协议利用 PTP 精准时钟协议,基于 OSI 网络层,实现了低延迟、无压缩和大容量的音频数据传输。目前,主流的网络音频传输协议包括 CobraNet、Livewire、Dante、Ravenna 和 Q-LAN 等。

（1）主流网络音频传输协议

CobraNet 是网络音频的先驱,由美国 Peak Audio 公司在 1996 年推出。它是一种综合软硬件及通信协议为一体的网络音频传输技术。CobraNet 的核心架构基于二层网络技术,并需要建立专用独立网络。然而,受限于当时的网络技术,CobraNet 的容量仅限于百兆级,并且无法与当时的其他网络音频系统实现互联互通。

Livewire 由美国 Axia Audio 公司开发,于 NAB 2003 上发布。随后推出的第二代 Livewire+产品可以完全兼容 AES67 标准。由于其出色的兼容性,Livewire+为多达 80 家软硬件制造商和集成商的 AoIP 设备提供了互通平台。

Dante 是目前应用最广泛的音频协议。澳大利亚 Audinate 公司于 2006 年推出了这一基于千兆以太网网络传输技术的具备互操作性的解决方案。Dante 的产品包括硬件模块、芯片、软件工具及开发工具。作为一种非开放的企业内部协议,Dante 主要与音频设备厂家合作支持产品的研发,提供在标准 IP 网络架构上运行高性能数字音频传输系统的解决方案。

Ravenna 是 LAWO 子公司 ALC 在 2010 年发布的一款完全公开的网络音频协议。它是按照广播电视行业需求设计的开源网络音频解决方案。Ravenna 采用 IP 层第三层网络层标准协议,几乎可以在现有网络基础设施上运行。此外,Ravenna 开放的传输标准是 AES67 的制定基础。而 AES67 在 Ravenna 基础上对采样率、数据包和数据流参数做了规定,可以认为 AES67 是特定参数的 Ravenna。

Q-LAN 是美国 QSC 公司于 2009 年为 Q-Sys 音频处理平台开发的专有网络音频协议。主要用于音视频分发、设备同步、控制和管理,并主要应用于电影、娱乐场所的固定安装和现场声音制作等领域。

(2) 网络音频协议的互通

近十年来,网络音频行业迅猛发展,不同公司推出了许多网络音频传输协议。然而,这些协议之间的互通问题限制了网络音频系统的建设和扩展。为了解决这个问题,行业组织如 AES 制定了相关规范,使不同协议的设备可以相互兼容和互联互通。目前,网络音频的信号互通主要依靠 AES67 和 SMPTE ST2110 这两个标准。AES70 是 AES67 的补充,用于 IP 传输和控制规范。

随着网络带宽技术进入千兆网时代,国际音频工程师协会于 2013 年推出了 AES67 标准。该标准是一个开放协议,用于定义 IP 网络架构下的音频交互基本内容,使更多的网络音频协议可以相互兼容。AES67 提供了同步时钟、编码传输、会话描述和连接管理等方面的操作规范。它采用精准的 PTP 时钟同步,精度可达纳秒级,可以选择主时钟或从属时钟的 PTP 从属关系。传输方式可以选择单播或组播,当使用组播方式传输音频数据流时,延时可以控制在 10ms 以内。连接管理方面,AES67 通过 SDP 和 SIP 来实现,使用发散型架构,使同一网络中的任何设备都可以选择将数据发送到其他终端。

SMPTE ST 2110 是在专用 IP 架构下的规范标准,由多个单独的专业媒体构成整个网络传输。对于视音频而言,其核心是将 SDI 信号中的视音频数据和附属数据分离传输。SMPTE ST 2110-30 是基于 AES67 制定的音频相关标准,它定义了无压缩的 PCM 数字音频格式。与 AES67 相比,它有一些区别。首先,媒体时钟偏移必须为 0 (而 AES67 是随机的)。其次,相关音频设备的 PTP 必须配置为仅从属模式,以避免让 AES67 设备成为主时钟。再次,传输方式只能是组播流形式。最后,在连接管理方面没有特别定义,允许手动连接。对于电视节目制作而言,节目信号的安全性至关重要。相较于没有数据备份方案的 AES67,SMPTE ST 2022-7 制定了无缝切换保护方案,当主备网络同时发送数据流时,一方出现问题,另一方会实时备份以确保信号传输不中断。当然,对于 AES67 来说,也可以选择其他方式进行数据的安全备份。

2.3 新媒体视觉传达设计工具特征

2.3.1 工具的无限性

在视觉传达设计领域,计算机已成为不可或缺的必备工具。如今,计算机被誉为设计的最具力量的伙伴。随着网络技术的发展,信息处理方式发生了巨大变革,从根本上改变了现代社会的运行模式。现今的视觉传达设计已不再局限于简单的绘画、书写和印刷等传统过程,而是融入了各种电子工具,甚至彻底摒弃了传统的设计媒介。通过合理排列设计元素,为页面增添更多趣味和内涵,创作出富有活力和时代特色的作品。相较过去,这些作品能更有效地展示设计师的无限创造力,并赋予设计师更多的创新潜力。

随着实用型设计软件的不断涌现,人们发现原本需要手工处理的工作如今可以通过计算机来完成,计算机处理的完成度甚至超越手工处理。目前市面上有许多可选择的软件,其中包括 Adobe 的 Photoshop 软件,专注于图片的编辑和设计、图像处理、文字编排,同时也可用于图片和图片之间的编辑。此外,还有许多其他软件大大促进了视觉传播设计的发展。传统的设计方法例如橡皮、色粉、水彩画和拼贴画等,在通过扫描设备输入计算机后,可以进行图形编辑。视觉传达设计师深刻地认识到,掌握新媒体技术后迎来了一片广阔的新天地。他们发现,新媒体技术可以在未来的设计中运用,不仅能大大节省设计时间,还能为设计带来更多可能性。设计师可以利用计算机快速提出设计方案,迅速对原稿进行修改,对色彩、纹理、字体、造型、布局等进行处理,而且这些都变得非常容易。在技术的支持下,设计师会有更多新的设计创意涌现。同时,随着计算机在设计领域的广泛应用,设计师能够以多种不同的情感形式展示作品,这使他们能够在短时间内处理大量的文字和图形信息。有时候,还会出现一些事先没有

图 2-10 **Photoshop CC2019 和 Illustrator CC2019**

预料到的效果,这不断激发着设计师的创意灵感,拓宽他们的思维,开辟视觉传达设计的新天地。

2.3.2　工具的有限性

随着新媒体技术不断进步,设计工具也在不断革新,为设计师们提供了更多创作手段。计算机技术软件和硬件设备的成熟和改进,赋予设计人员更大的自由度。过去烦琐而缓慢的手工工作,如今可以通过计算机轻松快速地完成。随着技术的革新和工具的转变,传统的手工方式逐渐被淘汰。使用者可以根据自己的需求、个性和喜好配置硬件设备,并在操作系统平台上构建符合自己意愿的工作、娱乐和学习环境。

当我们陶醉于技术带来的无尽视觉效果时,我们似乎忽略了设计的本质,盲目迷失在对于形态的玩味中。然而,我们必须认识到,尽管计算机硬件不断进步,软件功能不断增强,它仍然只是设计师的工具,一台没有设计能力的机器。我们不会拒绝使用计算机,更不会拒绝计算机所产生的设计结果。毫无疑问,通过计算机等工具,我们的设计工作效率大大提高,同时也为设计师带来了前所未有的视觉冲击力和更多的可能性。然而,无论数字时代的工具有多么奇妙,它们仍然只存在于技术层面,无法取代设计艺术的核心——人。如果设计师完全依赖计算机来完成所有的设计工作,那他对于计算机的使用就不再是积极的,而是沦为计算机的工具。这说明,计算机虽然强大,但无法替代人类的创造力。因此,在充分利用计算机的同时,我们应时刻铭记设计艺术中人类的核心地位,保持人类创造力的独特性和价值。

2.3.3　设计师与工具的互动性

现代设计师需要运用先进的设计工具,因为这些工具可以与设计师的创造力相互融合。因此,在设计工作中,设计师需要具备适应时代的思维,成为一个全面发展的设计师。我们可以将美术和设计的知识技巧比作设计师的"一只手",而自然科学技术和社会知识技能则可以看作设计师的"另外一只手"。现如今,时代的发展要求设计师必须"双手并用",仅仅依靠"赤手空拳"已经远远不够。计算机技术已经在设计中广泛应用,计算机已经成为当代设计师最有力的工具之一,它贯穿设计师整个设计思考和创作的过程。现代设计师以鼠标作为"笔",通过电脑上的"菜单"来完成设计和创造。进一步来说,设计师开始运用高科技进行管理,他们将计算机视为一个合作伙伴,与计算机共同进行思考,通过"数字—人—机"协作的新方式展开设计创作。这种方式不仅提高了设计效率,还创造了更多的可能性。设计师的职责也逐渐从单纯的设计转变为整合不同领域的知识和技能,以适应快速发展的信息时代。因此,设计师需要不断学习和更新自己的技术和思维,与先进的设计工具紧密结合,以创造出更具创新性和竞争力的作品。

毫无疑问,计算机是高效便捷的设计工具,能够完美地呈现设计师的意图,并已成为设计创造的常见工具。设计师需要以独特、合理和创新的方式表达设计意图,同时借助各种代表高科技的电子工具完成设计工作,这已成为设计行业发展的趋势。新媒体时代为我们带来了前所未有的机遇,也为视觉传达设计带来了新的机遇。计算机技术的发展为设计师提供了新型的创意工具,从而实质性地改变了设计的工作方法和表达技巧。先进的科技、设备和研究方法为设计师的视角和思维模式带来了无限的可能。因此,只有积极接受新媒体时代的挑战,从设计理念、视觉语言和技术表现方式三个方面进行创新,充分利用数字工具,才能推动新媒体时代视觉传达设计的蓬勃发展。

2.4 超高清时代的视频制作变革

超高清视频具有以下优势和特性:高分辨率、高动态范围、宽色域、高帧率。

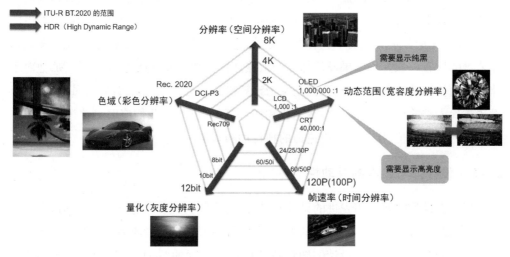

图 2-11 与活动图像质量相关的五个因素

2.4.1 高分辨率

4K 超高清被称为 QFHD(四倍全高清),因为它的像素数是高清(1920×1080)的四倍。相比高清,4K 超高清在分辨率方面有显著提升。4K 超高清通过增加像素数,图像能够呈现更多细节,并且清晰度也得到提升。然而,要实现这种提升,需要更高的存储和处理能力。

超高清技术在电视、摄影和电影制作等领域中逐渐被采用。这项技术的发展为观众带来了更为逼真和沉浸式的视觉体验,让人们能够更加真实地感受到影像的细节和质感。4K 超高清技术的应用将为观众带来更高质量的视觉享受,并推动影视产业的发展。

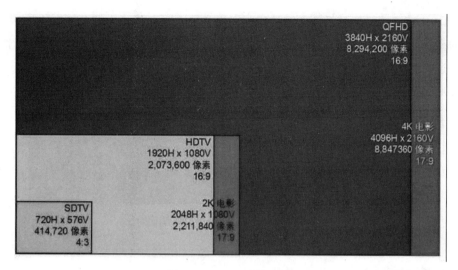

图 2-12　分辨率的增加

2.4.2　高动态范围

　　动态范围是可变化信号(例如声音或光)最大值和最小值的比值,在图像领域,动态范围则是指图像能捕捉的场景中的光亮度的范围,即图像或视频中最亮部分和最暗部分的亮度比值。在自然界中,亮度范围从最暗的星光(数量级为 10^{-6})到最亮的太阳直射光(数量级为 10^{9}),即亮度范围为 $10^{15}:1$。而正常人眼能够感知的亮度范围在 10^{-5} 到 10^{7} 之间,即亮度范围为 $10^{12}:1$。这是人眼明暗视觉适应和瞳孔调节的结果。当人眼的瞳孔不调节时,所观察到的亮度范围约为 $10^{5}:1$。

　　然而,现有的电视技术采用 CRT 显像管制定了标准动态范围(SDR),经过一系列的处理后,这个范围只有 $10^{3}:1$ 即 1000:1,远远小于人眼所能感知的亮度范围。因此,大量的亮度细节在这个过程中丢失了。

　　为了提高电视的动态范围,现在有一些新的技术和标准被开发出来,如高动态范围(HDR)技术。通过增加显示设备的亮度范围,HDR 技术能够更好地还原真实世界的亮度差异,使观众能够更加真实地感受到画面的细节和色彩。这种技术的发展为电视带来了更好的观赏体验。

图 2-13　普通拍摄与 HDR 拍摄

　　HDR 技术的目标是将画面的动态范围提升至人眼在瞳孔不调节情况下所能观察到的亮度范围,即 $10^5:1$。简而言之,它通过保留画面中高光和阴影部分的细节,避免了过曝和全黑的情况,使我们能够看到更明亮的高光部分和更丰富的阴影部分。

图 2-14　HDR 画面与普通高清画面对比

2.4.3　宽色域

　　色域是指技术系统能够产生的颜色总和。在图 2-15 中,马蹄形区域代表人眼可识别的色彩范围,即可见光谱。虚线围成的不规则区域被称为 Pointer 色域,表示自然界物体表面反射颜色的集合①。

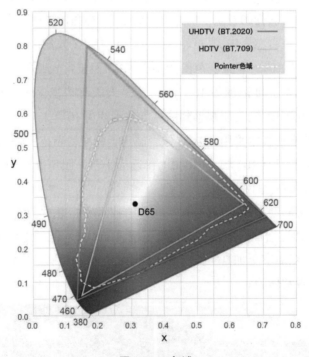

图 2-15　色域

① M.R.Pointer 于 1980 年发表"The Gamut of Real Surface Colours",其中收录了 4089 个真实物体的颜色样本。

目前,高清电视一般采用 ITU BT.709 建议书定义的色域,用黄色三角形表示。该色域占据了可见光谱的 33.5%。然而,随着技术的进步,超高清电视开始采用 ITU BT.2020 建议书定义的超高清色域,用蓝色三角形表示。该超高清色域占据了可见光谱的 63.3%,比高清色域更广。事实上,超高清色域几乎覆盖了 Pointer 色域 99.9% 的面积,几乎可以呈现出所有自然界物体表面的颜色。

更大的色域意味着更丰富的颜色和更强的颜色饱和度,能够实现更真实的色彩还原效果。

2.4.4　高帧率

所谓帧速率是视频中每秒钟所包含的帧数。人类视觉具有视觉暂留特性,当画面的帧速率超过 24 帧时,我们的眼睛会感知到连贯的动态效果。因此,较高的帧速率可以带来更加流畅的画面表现。

目前,高清电视采用的是隔行扫描技术,每秒钟 50 个半帧,即 50i。两场组成一个完整的帧,所以帧速率是每秒 25 帧。然而,隔行扫描技术即将被逐行扫描技术取代,成为超高清电视的标准。逐行扫描技术以每秒 50 个完整的帧,即 50P 的方式呈现。未来甚至有可能将帧速率提高到 100P 甚至更高。

提升帧速率有助于解决视频的运动模糊和抖动等问题,从而提升动态画面的质量。增加帧速率可以获得更清晰、流畅的运动图像。

第3章 视听内容的采集

3.1 视听内容采集方式

获取听觉和视觉内容可以分为三个方面：视频获取、音频获取和视听内容的同步获取。大多数新媒体内容采用视听内容的同步获取方式，这种方式对获取工具的要求较低且操作流程简单。相比之下，将视频和音频分开获取则需要建立独立的视频系统和音频系统。通常这种方式被用于高级制作方式，因为后期剪辑制作时需要分别对视频和音频进行处理。

3.2 视频采集

3.2.1 ENG 视频采集方式

(1) ENG 简介

ENG(Electronic News Gathering)，即电子新闻采集，是一种使用便携式摄像和录像设备收集电视新闻的方法。在 ENG 制作中，通常采用肩扛等方式携带便携式摄录机，摄影师和一名记者就能组成一个灵活的流动新闻采访小组，便于深入街头巷尾、村庄山区进行实地拍摄和采访。由于 ENG 方式具有灵活性和机动性，因此在各种节目的制作中常采用它来进行素材采集。ENG 制作方式是电视节目制作的基本方式之一。

(2) 认识 ENG 摄像机(以索尼 Z280 摄录一体机为例)

PXW-Z280 是索尼专业摄录一体机家族的杰出代表，于 2018 年发布，属于 XDCAM 产品线。相比同系列的 PMW-X280/EX280 和之前的 PMW-EX1/EX1R，PXW-Z280 继承了前代产品的许多特性和功能，并进行了重大改进。最显著的改进是，PXW-Z280 是世界上首款采用了 3 片 1/2 英寸传感器的 4K 专业摄录一体机。

无论是新闻采集、纪录片制作、活动记录还是真人秀节目，PXW-Z280 都可以胜任。它以卓越的图像质量和出色的性能为用户提供更加精准、清晰、生动的影像体验。在充足光线的室内环境或复杂多变的户外场景中,PXW-Z280 都能轻松胜任,并为用户带来令人满意的拍摄效果。

PXW-Z280 凭借先进的技术和出色的性能,在各类拍摄场景中展现出色的表现力和实用性。无论是专业摄影师还是业余爱好者,都可以轻松实现拍摄目标,并创作出令人赞叹的影像作品。

1)Z280 基本结构

Z280 的基本结构如图 3-1 所示。

图 3-1　Z280 基本结构

2）摄像机的架设

使用脚架时，需要执行以下优化步骤。首先，取下脚架上的快装板，并使用专用螺丝将其固定在摄像机底端。确保将摄像机的重心尽可能调整到快装板的中线上，以确保稳定性和平衡性。其次，将快装板卡入脚架安装凹槽中，确保稳固。最后，前后微调快装板的位置，使摄像机的前后配重平衡，以提高稳定性和平衡性。通过这些步骤，可以更好地使用脚架，并确保摄像机的拍摄效果更加出色。

3）灯光的使用

常见的 ENG 摄像使用的是新闻采访机头灯光，通常只有一个主光源。当环境光线足够时，摄像师可以不用灯光，直接利用自然光进行拍摄。但如果环境光线不足，摄像师可以选择使用机头灯或其他光源增强照明效果。在影视拍摄中，常用的灯光布光方式是三点式，即主光、逆光和轮廓光。主光是用于照亮被摄对象主体的主要光源，通常位于摄像机前方。逆光放置在被摄对象后方，创造背光效果，突出被摄对象的轮廓。轮廓光则位于被摄对象侧方，强调形状和轮廓。通过合理运用这三种灯光，摄像师能营造多种照明效果，使拍摄画面更丰富、生动。这种布光方式在影视制作中被广泛应用，增加了影片的真实感和立体感。

4）视频录制

在拍摄过程中，摄像机构图的基本原则是平稳、匀速、快捷、准确。平稳指构图保持水平，符合人们的视觉习惯；匀速指使用摄像机在推拉摇移镜头的运动过程中要保持平缓稳定的速度；快捷指在调整构图时要迅速而敏捷；准确指通过一次调整就能达到理想的景别效果。

5）声音拾取

在 ENG 拍摄中，通常会使用有线枪麦或无线腰包（小蜜蜂）进行声音采集。为了保证声音的质量，请注意音高的范围。建议将音高保持在音频电平表的三分之二以下，但不低于电平表的二分之一。这样可以确保声音的清晰度和准确性。

6）素材保存

为了高效存储和传输数据，ENG 拍摄的素材通常会保存在专门设计的高速存储卡中。为了确保素材的安全和完整性，一旦拍摄完成，必须立即备份并将其妥善归档于媒资库中。这样做不仅可以防止素材的丢失或损坏，还能方便后续的编辑和访问。因此，在 ENG 拍摄结束后，拷贝和归档工作的重要性不可忽视。

3.2.2 ESP 视频采集方式

ESP（Electronic Studio Production），是一种基于高科技设备的专业制作过程，也被称为电子演播室制作。为达到节目录制和播出的技术要求，演播室配备了高保真音响、高清晰度摄像系统、完善的灯光照明系统、自动调光系统以及录制设备和控制设备等设施。ESP 制作的视听内容质量高,特技手段丰富,通常使用讯道摄像机作为拍摄设备。

与普通便携式记录设备不同,讯道摄像机没有带仓和记录存储功能。因此,讯道摄像机拍摄的内容通常通过信号线传输到导播的切换台,然后再通过录像机录制到存储介质上。

图 3-2　ESP 制作

3.2.3　EFP 视频采集方式

(1)EFP 简介

EFP(Electronic Field Production),电子现场制作。由多讯道摄像机和音视频混合切换系统构成的箱载式现场电视节目制作系统,节目信号可被记录或传送。

EFP 是一种现场节目制作方式,它结合了多机拍摄和即时编辑的技术,是在演播室以外进行作业的电视设备的统称。它主要利用电视录像车和电视转播车到外景进行现场拍摄和制作,并且可以进行实况直播。这个系统通常包括两台以上的拍摄设备、一台以上的视频切换台、调音台、字幕机,以及灯光、话筒、轨道、脚架、摇臂、录像机等辅助设备和运输这些设备的工具等。

EFP 的特点在于多机位拍摄和即时编辑,在事件发生的现场进行直播或录播,这是每个成熟电视台都必须具备的能力。EFP 广泛应用于各种节目,如文艺节目、专题节目、体育节目。

图 3-3 EFP 制作

（2）转播系统和演播室系统的区别

1）节目形态不同

演播室：新闻播报、人物专访、节目包装、天气预报及综艺类节目的直播和制作等。
转播系统：庆典活动、新闻事件、大型综合或单项体育赛事及各类综艺节目等。

2）制作环境不同

转播系统和演播室系统在制作环境上存在明显的差异，主要体现在设备配置、系统布局等方面。

3）技术支持条件不同

电源、空调、照明、与主控之间的信号传输、与场内的信号连接等方面皆有不同。

4）系统设计不同

视音频系统设计，系统的扩展性、灵活性以及多系统大规模作战的要求方面皆有不同。

3.2.4 多讯道节目制作的基本情况

ESP 和 EFP 制作都属于多讯道节目制作的形式，两种制作方式的基本构成是很相似的，这里一起来介绍。

（1）演播室系统的构成

演播室系统一般有信号制作系统和信号制作支持系统。信号制作系统分为视频系统和音频系统。信号制作支持系统包括灯光系统、同步系统、通话系统、Tally 系统、时钟系统等。

（2）导播间的概念

导播间是与演播室相邻，协调所有制作活动的地方，同时也是导播、技术人员、音响师、灯光师等工作的地方。导播间一般有如下几个工作区域：导演区、视频技术区、音频技术区、灯光控制区、录像编辑区、字幕编辑区。

（3）多讯道节目制作设备及工作人员

①讯道：摄像师、视频工程师

②VGA 转换设备：放像操作员、视频工程师

③收录、放像设备：录、放像操作员，视频工程师

④帧同步设备：视频工程师

⑤切换台：导播、视频工程师

⑥视频矩阵：录、放像操作员，慢动作操作员，音频操作员，视频工程师

⑦字幕及包装设备：字幕负责人员、在线包装负责人员、视频工程师

⑧画面分割及显示设备：导播、视频工程师

⑨数模转换/模数转换及分配器：视频工程师

⑩同步系统、Tally 系统和 GPS 时钟系统等视频周边设备：视频工程师

⑪监视及监测设备：视频工程师

（4）视频信号制作流程

所有的视频信号源，包括摄像机、录像机、字幕机，以及特技台产生的特技画面等，都会经由切换台进行处理。导播会根据电视墙上每个设备的监视器来选择所需的画面，并通过 PGM 母线进行切换选择。同时，导播还会仔细核对字幕机所生成的标题字幕是否准确，并通过切换台的下游键将字幕叠加在画面上。最终，这些画面会进入录像机，然后记录在磁带、硬盘录像机上，或者经过延时器后直接播出。

（5）音频信号制作流程

音频系统的信号制作流程从多样的输入信号开始，涵盖了话筒输入、电脑播放信号以及其他音乐片段。这些信号首先被送入调音台，在那里它们会接受必要的处理和制作。之后，处理后的输出信号被转发至切换台或录像（音）机进行进一步的处理或直接播放。整个制作过程中，制作人员通过耳机或音箱实时监听调音台的输出，以确保制作质量。同时，对于已录制（播出）的节目，带后监听同样重要，以确保最终产品的音质能够满足标准。这一流程不仅确保了音频质量，还提供了对音频内容的精细控制，是音频制作中不可或缺的一环。详细流程将在音频采集的章节里做进一步介绍。

（6）什么是讯道摄像机？

讯道摄像机与一般摄像机最大的区别在于讯道摄像机拍摄的信号需要通过信号线传输到导播的切换台，最终录制到录像机上。在一般的 ESP 和 EFP 系统中，每一路

信号从摄像机通过综合电缆传输,然后接入 CCU,这整个信号链路被称为讯道。讯道摄像机是在这种特殊信号链路上使用的专用摄像机,不同于普通的便携式摄像机,它没有带仓。如果有磁带或插卡的摄像机,则被称为假讯道。

(7)讯道摄像机的操作规范

1)节目录制开始前

①熟悉分镜头脚本。

②戴上耳机,检查通话系统是否正常。

③检查三脚架高度是否合适,云台是否水平。

④检查电缆线是否妨碍工作,理顺、保护好电缆线。

⑤打开镜头盖,查看寻像器画面是否正常。

⑥检查变焦镜头,推拉镜头是否平滑。

⑦检查镜头的聚焦性能,能否轻松和平滑地聚焦。

⑧检查后焦是否正确。

⑨握住三脚架手柄,松开水平锁和俯仰锁。

⑩检查云台阻尼是否合适,运动是否平滑。

⑪临时离开摄像机前,一定要将水平和俯仰锁定。

2)节目录制过程中

①戴上耳机,保持与导播、视频技术的联系。

②记住自己的机位位置和拍摄区域。

③更换拍摄位置时,要重新校准镜头的变焦和聚焦。

④移动拍摄时,应使用镜头的广角端,同时注意电缆线的位置和长度。

⑤认真倾听导播对所有摄像师的指令,随时准备调整。

⑥变化构图之前要注意 Tally 灯,熄灭时方可调整。

3)节目录制结束后

①录制完毕后,询问是否可以关闭摄像机。

②锁紧摄像机云台,将机位移动至安全区域。

③整理摄像机电缆。

(8)多讯道节目制作质量的保障

人是项目团队的最基本组成部分,也是项目效率的核心保障。在演播室节目制作中,每个人都扮演着重要的角色,必须在导播的统一指挥下,主动协同开展工作。这是提高节目制作水平的关键所在,也是保证节目质量的根本。因此,要认识到人是可以主动作为的,只有团队中的每个人都充分发挥自己的能力和积极性,才能提高工作效率和节目质量。因此,导播应该始终清醒地认识到演播室节目制作中的一些要素:

①注意团队合作。

②岗位不分轻重,缺一不可。

③流水线工作,环环紧扣。

④遵循木桶短板理论,水平最低的岗位决定了整场演播室节目制作的水平。

节目制作的成功与否,取决于导播的策划能力、执行能力和协调能力。导播必须全面了解并熟练运用各种技术手段,将现场表演、灯光、音效、特效等元素融合到节目中,创造出具有视觉冲击力和感染力的作品。同时,导播还需要良好的沟通能力和团队合作意识,与编导、摄像、音效等相关部门密切合作,共同完成节目的制作。

在媒体行业,技术的发展日新月异,导播必须紧跟技术变革的步伐,不断学习和更新自己的知识,以更好地应对媒体变革的挑战。然而,技术只是一种工具,它的应用需要人的智慧和创造力。导播作为媒体制作的核心人员,必须具备深厚的专业知识和丰富的经验,以及对媒体行业发展趋势的敏锐洞察力,才能准确把握观众需求,创作出具有影响力和竞争力的节目。

导播的责任不仅是制作一档成功的节目,更重要的是通过节目传递积极的价值观和正能量,引导观众思考,促进社会的进步和发展。因此,导播在制作节目的过程中,应始终坚持专业、客观、公正的原则,不受外界任何形式的干扰和诱惑,成为观众可以信任和依赖的媒体人。只有如此,导播才能在媒体行业中发挥更大的作用,成为行业的领军人物,引领媒体乃至社会的发展。

3.2.5　个人视频采集方式

除了专业的视频采集方式外,个人的视频采集方式非专业且多种多样,市场上也有各种采集设备可供选择。一般来说,个人视频采集方式主要包括使用非专业摄像设备,如照相机、手机以及特殊的拍摄相机。在个人视频采集过程中,常见的非专业摄像机包括家庭 DV、单反相机、微单相机以及运动相机等。

图 3-4　常见的非专业摄像机

3.3 音频采集

3.3.1 音频播出系统

(1)音频系统信号流程

传统音频播出系统的信号流程可以简化如下：

①输入信号包括话筒信号、电脑播放信号和其他音乐、片段、连线等信号源,传输到调音台。

②输入信号在调音台上经过处理和制作,以满足特定的节目要求。

③处理后的输出信号被送入切换台或录像机(录音机)。

④使用监听耳机或音箱监控调音台上制作节目时的信号,确保制作的节目信号质量。

⑤进行后台监听,以确保最终播出的节目声音质量。

以下是音频系统信号流程图：

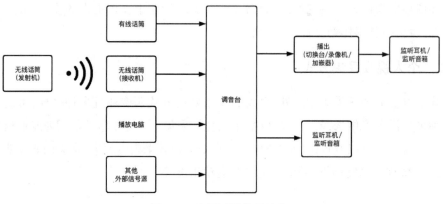

图3-5 音频系统信号流程

(2)音频系统的连接

1)音频系统常用接口

音频设备常用接口包括卡侬接口、大三芯接口、小三芯接口、大二芯接口、莲花接口、BNC接口、网线接口和光纤接口。其中,除了网线接口和光纤接口外,其他接口可以分为平衡接口和非平衡接口。平衡接口由三个针脚组成,包括正(信号端)、负(信号端)和地,主要用于平衡传输。非平衡接口只有两个针脚,包括正(信号端)和地,只能进行非平衡传输。非平衡传输将一路音频信号直接送入线路,而平衡传输则传输两路电信号,其中一路信号反相。在进入后级设备的差分放大器时,这两路信号相减,以获得双倍信号并抵消传输线路引入的噪声。因此,平衡信号具有更强的抗干扰能力。

卡侬(XLR)接口是最常见的用于专业领域传输平衡音频信号的接口,同时也是最常见的传声器接口类型,如图 3-6 所示。

图 3-6　卡侬公、母接口

三芯(TRS)接口,也是一种常见的、用于在音频设备间传输平衡信号的接口。常见的 TRS 有两种尺寸:1/4 英寸(6.3mm)、1/8 英寸(3.5mm)。其中 6.3mm TRS 主要用于专业音频设备与监听耳机,3.5mm TRS 则是最常见的普通耳机接口。

图 3-7　大三芯(6.3mm TRS)接口　　　图 3-8　小三芯(3.5mm TRS)接口

大二芯(TS)接口只能传输非平衡信号,属于非平衡接口,主要用于电吉他等乐器的连接。莲花(RCA)接口出现时间相对较早,主要用于民用设备的音频接口,它只能传输非平衡信号。BNC 接口是一种类似于 RCA 接口的同轴接口,它也只能传输非平衡信号。此外,BNC 接口还广泛应用于无线音频设备的天线连接中。

图 3-9　大二芯接口　　　图 3-10　莲花接口　　　图 3-11　BNC 接口

网线接口和光纤接口主要用于传输基于特定音频网络协议的信号。通过连接一根网线或光纤,可以同时传输数十至上百路音频信号。随着 AoIP 技术的快速发展,使用网线和光纤传输音频信号已经成为一种主流的信号传输方式。

图 3-12　网线接口和光纤接口

　　除了以上音频接口外,还有一些转换接口也经常在系统中被使用,它们的作用主要是转换接口类型以适配不同的设备接口,完成音频系统的连接。下图从左到右依次为:卡侬转大三、大三转小三、卡侬公转公、卡侬公转母。

图 3-13　音频转换接口

2)音频常用线缆

　　音频系统中常见的线缆包括:双绞屏蔽电缆、同轴线缆、网线、光纤。

　　双绞屏蔽电缆(图 3-14)是音频系统中最常用的线缆,它由两根信号线和屏蔽层组成,具有良好的抗干扰能力,一般用于传输平衡信号。同轴线缆(图 3-15)则是用来传输非平衡信号,它仅有一根信号线和一个屏蔽层。

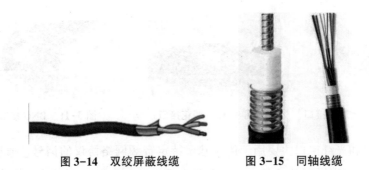

图 3-14　双绞屏蔽线缆　　　　图 3-15　同轴线缆

网线和光纤通常用于传输基于特定网络协议的音频信号。相对来说,网线的传输距离较短,一般不超过 100 米;光纤的传输距离更远。然而,普通光纤相对脆弱,容易折断。在需要长距离传输或者在不安全环境下时,可以选择铠装光纤,这种光纤外壳更坚固,能够提供更强的保护。

3.3.2　声音信号的拾取

(1)拾音设备

本节介绍的拾音设备特指传声器,即话筒。

话筒是一种声电换能器件,能将声音信号转换成电信号。在转换过程中,传声器接收声波信号后,换能机构会产生振动并将其转换为电信号输出。在多通道节目制作中,话筒可以按照两种方式进行分类。一种是按照信号传输方式区分,可以分为有线话筒和无线话筒。有线话筒通过线缆传输信号至后级设备,而无线话筒则使用无线传输方式。无线传输方式避免了长距离线缆的使用,方便且美观。然而,使用无线话筒需要考虑频率干扰等问题。另一种是按照换能方式进行分类,可以分为动圈话筒和电容话筒。动圈话筒利用电磁感应原理进行声电转换,无须额外供电;电容话筒则基于静电原理工作,需要供电才能正常工作。供电方式可以选择幻象供电或电池供电(如果话筒有电池仓)。

(2)拾音设备的使用

多讯道节目制作现场信号的获取可以使用扩声调音台。在本节中,我们将介绍话筒的基本使用方法,而不涉及现场节目拾音所使用的立体声、环绕声等拾音方式。话筒的使用是否规范直接影响声音信号的录制效果。无论是有线话筒还是无线话筒,总的原则是将话筒的正轴向位置对准声源,以获取足够多的直达声。在多讯道节目制作中,常用的有线话筒包括:手持动圈话筒、鹅颈话筒、桌面话筒、界面话筒、枪式话筒。常用的无线话筒包括:无线手持话筒、无线胸麦、无线头戴话筒。

在使用话筒时,需要注意以下几点:

①对于使用电容话筒的情况,首选要使用调音台上的 +48V 幻象供电方式来供电。

②对于带有开关的话筒,如手持和鹅颈话筒,需要保持话筒处于常开状态,由调音师来控制声音信号,而非使用者来控制。

③话筒与声源之间的距离应适当,过近或过远都会影响音质甚至影响节目效果。不同话筒在使用时有不同的推荐距离,一般在 15—25cm 范围内最合适。

④在确定话筒的拾音方向时,要考虑实际使用中声源的移动范围和角度。

⑤在试音时,应以正常音量说话,避免拍打话筒。

⑥注意是否有衣物、头发或饰品接触或摩擦到话筒,以免影响音质。

⑦在使用有线话筒时,信号线缆应注意走线的美观和隐藏,尽量减少对视频拍摄的影响。

⑧在使用无线话筒时,要注意发射器和接收器的电量,并及时更换电池。

⑨使用无线话筒时,避免用手或身体其他部位遮挡发射器的发射端,以免出现掉频现象导致录制事故(声音断续或无声)的发生。

3.3.3 放音设备

对于多讯道节目音频制作来说,最常使用的放音设备包括电脑、工作站和 CD 机等一系列可以输出音频信号的设备。这些设备主要用于播放节目制作中需要插入的小片音频信号、节目音乐以及片尾背景音乐等。为了将这些放音设备连接到音频制作系统中,通常需要使用 Y 型线(也称为 PC 线)来接入音频信号。

3.3.4 调音台

调音台是节目音频制作的核心设备,基本功能模块包括:输入/输出模块、处理模块、监听模块,后两个模块亦称为主控模块。

图 3-16　调音台

(1)调音台基本功能

1)信号的输入输出

调音台配备了多个输入输出接口,可以接入多路音频信号。模拟接口能够接入一路音频信号,而数字或网络接口则能够传输更多的音频信号,具体数量根据调音台的功能而定。输入接口用于将音频信号接入调音台进行相关处理和信号制作,而输出接口则用于将制作完成的信号输出到后级设备或用于监听等用途。

2）电平调整

信号电平的调整是为了使信号达到符合标准、适合播出的状态。调音台中的电平调整分为输入电平、推子电平和输出母线电平三个阶段。虽然这三个阶段是分别进行调整的,但它们互相影响、相互协调。任何一个阶段的电平调整都会对最终节目的音质产生影响。我们将这种调整称为合理的增益架构,它决定了音频信号的基本质量。

3）哑音和独唱

"哑唱"功能被称为"静音"操作,可以将所选声道信号从混合信号中去除。此外,还有一个名为"独唱"的功能,可单独监听某个或多个通道。值得注意的是,该功能仅对监听母线有效,不会改变混合信号的制作效果。

4）均衡处理

均衡的主要功能是通过调整声音的频率,改变音色。在输入模块上,一般采用参量式均衡,类似于模拟调音台,便于对信号进行分频段的均衡控制。常见做法是将20Hz—20kHz 的频率范围分成三段或四段进行调整,包括高频段(HF)、中高频段(MHF)、中低频段(MLF)和低频段(LF),或者将中高频段和中低频段合并为中频段。而数字调音台通常配备参数均衡,可以详细调整均衡的各种参数,即可以对整个 20Hz—20kHz 频段中的任意宽度或窄度的频带进行不同程度的提升或衰减。

5）监听

混音台上的监听功能可以实时监控混音台的输入和输出通道的信号。它包括前推(PFL)和后推(AFL)两种监控模式。通过输入模块上的前推/后推开关,可以方便地对各通道的信号进行监听,这种监控信号可以选择在插入点之前或插入点之后获取。值得注意的是,按下监听键并不会切除其他通道上的信号。

6）信号分配

音频调音台通常配备多个母线,用于信号的路由处理。每个输入通道的信号可以分别发送到相应的母线上,然后在母线上进行混合处理。常见的母线类型包括:主输出母线,如 ST、L&R、Master、Mix L&R 等(具体命名可能因品牌而异,但使用方法相同);辅助输出母线(Aux);监听母线(Monitor);总线输出母线,如 Mix、Bus 等。辅助输出母线有两种可选的信号获取方式:一种是从推子前(Pre)获取信号,此时发送到母线上的信号电平不受推子位置的影响;另一种是从推子后(Post)获取信号,此时取出的信号电平会受到推子位置的影响。总线输出母线只能通过推子后发送信号。

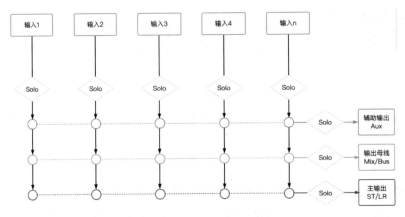

图 3-17　调音台路由示意图

（2）调音台基本操作

以下介绍的调音台基本操作,旨在引导学生通过基本混音技巧,实现更出色的节目音质效果。在进行节目混音时,最重要的原则是追求优质的听觉体验。因此,所有混音工作都应以主观的听觉感受为原则展开。

1）合理的动态范围

在多讯道节目制作中,为了保护设备并满足节目制作的需求,音频信号的电平应在一个合理的动态范围内进行调整。调整节目信号的动态范围可以通过手动控制或自动压缩来实现。手动控制是通过调音师的预测逐渐改变增益来实现动态压缩的目的。然而,对于电平变化较快的节目,手动控制往往会产生较大的误差,难以达到理想的动态压缩效果。调整节目信号动态范围的另一种方式是自动压缩。在一定程度上,压缩器可以被视为一种自动电平控制器。当压缩器检测到要处理的信号超过预定电平值时,其增益会下降;当信号低于预定电平值时,增益会保持单位不变。因此,压缩器的增益值会随着信号电平的变化而变化,这种变化的速度由压缩器的建立时间（Attack Time）和释放时间（Release Time）两个参数决定。

2）合适的均衡

在混音中,均衡主要用于修正和创造声音的变化,但使用时需要谨慎。过度地使用均衡有可能会破坏音色。

3）观众效果声（Amb）的制作

通常情况下,我们会根据大厅的环境和听觉效果的情况对观众效果声通道进行调整,以达到更佳的效果。为此,我们会添加一个高通滤波器（HPF）,将截止频率设置在 80Hz—120Hz。

此外,当现场扩声系统启动时,我们还需实时平衡观众效果声与主信号之间的电平关系。我们会及时降低观众效果通道的音量,以避免现场扩声通过观众效果通道对节目声音产生干扰。

3.3.5　音频信号的监听与录制

(1)监听音箱和监听耳机

监听音箱和监听耳机是音频系统中的一种重放设备,它们用于实时监听节目制作的音频信号。它们具有较高的监听级别,能够更准确地展现声音信号的特征和细节,因此在专业音频制作系统中是必不可少的组成部分。

音箱是一种将电信号转换成声音信号并辐射出去的转换器件。根据功率的不同,音箱可以分为有源音箱和无源音箱。在会议拍摄中,通常使用有源音箱作为监听设备,因为它能够提供更准确的声像定位,并且可以同时满足导播的指令需求。

耳机是一种小型的电声换能器件,它通过耳垫与人耳的耳廓相合,将声音直接传送到外耳道。使用耳机时,音频制作者不易受到外界干扰,并且可以避免监听信号对周围其他工作的影响。耳机的使用可以提高监听的隔离度,使音频制作者更加专注于音频信号的处理和调整。

(2)音频信号的录制

在多讯道节目制作中,信号的录制通常使用带有加嵌功能的设备,如摄像机、录像机、切换台和一体机。对于音频输入信号较多或后期制作要求较高的情况,还会使用音频工作站等设备对音频信号进行分轨录制。尽管每种录制设备的具体操作方式不同,但基本原则是一致的。首先需要设置好通道选择和录制方式,然后在校准前后级电平并进行试录以确保声音质量符合要求。在正式录制前,还需要检查硬盘容量并进行试录。录制开始前应按下录制键,在录制过程中需要有专人实时监控音频质量,以确保节目被完整地录制下来。

根据 2017 年国家新闻出版广电总局发布的行业标准《高清晰度电视节目录制规范》(GY/T 313—2017),最大真峰值电平不应超过-2dB TP,平均响度应为-24LKFS,响度容差为±2LU。如果没有配置真峰值表与响度表,应遵循节目最大峰值电平不超过-6dBFS 的规定。

3.4　视音频合成

3.4.1　加嵌与解嵌

(1)什么是加嵌

在视音频制作中,加嵌是一个重要的环节。它将不同来源的音频和视频素材合并成一个完整的作品或节目,并添加合适的字幕和音效。加嵌的作用是将不同素材组合在一起,创作出新的内容,为最终的视觉和听觉体验提供支持和加强。加嵌在视音频制作流程中起着关键作用。它包括收集素材、整合音视频素材、加入字幕和音效以及检查和调整几个步骤。

首先是收集素材。素材可以来自现场拍摄、录制、采集、下载等渠道,在选择素材时需要考虑主题、风格和时长等因素。其次是整合音视频素材。包括对视频进行剪辑、合成、编辑等操作,对音频进行处理、混音、修剪等操作,使素材成为有机的整体。再次是加入字幕和音效。字幕可以帮助观众更好地理解内容,音效可以增强作品的观感和听感,使整个作品更加丰满。最后是检查和调整。需要多次检查素材质量和效果是否满足需求,并进行颜色、音量、画面稳定等方面的调整。

随着视音频媒体内容的发展,加嵌变得越来越重要。它不仅是视听素材的整合,也是艺术创作的过程。通过对音视频素材的整合和创新,加嵌可以创造更丰富多样的内容形式,激发观众的兴趣和好奇心,具有重要的应用价值。

(2)什么是解嵌

解嵌是在音视频制作中将嵌入的字幕、水印等元素从原视频文件中分离或去除的操作。这是制作过程中非常重要的一步,以便后续的编辑和处理工作。

嵌入字幕或水印的目的是确保视频的版权安全和信息传递。但在制作过程中,如果需要对视频进行修剪、剪辑、合成等操作,这些嵌入的元素会给后续工作带来很多麻烦。因此,通过解嵌的方式将这些元素去除或分离出来,可以方便后续的编辑处理。

具体而言,解嵌主要包括查看、检测和处理三个步骤。首先,需要查看视频中所有嵌入元素,并确定目标元素进行解嵌。其次,通过软件工具对目标元素进行检测,包括位置、大小、颜色、字体等属性。最后,根据检测结果进行处理,将目标元素从原视频中分离或去除。这将获得一个无嵌入元素的纯净视频,便于后续的编辑和处理操作。

解嵌在视音频制作中十分关键,若处理不当将给后续工作带来困扰。因此,在解嵌操作时需谨慎,遵循正确的操作流程和原则。同时,选择专业的解嵌软件工具,并熟悉操作方法,以提高处理效率和质量。

总之,解嵌是视音频制作中不可或缺的一步,能帮助我们处理视频中的嵌入元素,方便后续编辑和处理,确保视频质量。

3.4.2 视音频收录

随着新媒体与传统媒体生产的边界逐渐模糊,丰富多元的视听素材不仅丰富了信息传播的形式和内容,也极大地增强了信息的吸引力和传播效率。因此,科学地管理和存储这些视听素材,确保它们能够被有效地重复利用,成为一个重要议题。

在新媒体内容的前期制作阶段,对于视听素材的记载、分类和存储,是确保内容制作高效与创意连续性的关键。而在内容发布后,如何基于用户反馈和互动数据对素材库进行动态更新和优化也显得至关重要。在新媒体内容前期制作中,涉及多种记录设备的使用,包括常见的输入设备、图像和声音信息记录设备、人机交互设备以及数字终端设备等。其中,特别涉及单机位记录和多机位记录的概念及其在新闻采集、现场制作和演播室制作中的应用。

　　进一步细化到存储介质,包括半导体存储介质如 CF 卡、P2 卡、SxS 卡、SD 卡、蓝光光盘,以及传统的磁带和现代的 SSD 硬盘。每种存储介质都有其特点,如抗冲击、抗震动、对温湿度不敏感等,适用于不同的记录和存储需求。关于收录存储的详细内容将在 5.4.1 中进一步介绍。

3.5　视频采集中的灯光应用

　　光源的选择对于影视制作起着至关重要的作用,它能够改变整个场景的氛围和情绪。例如,柔和的自然光可以营造出温暖舒适的感觉,而强烈的聚光灯则可以制造出紧张悬疑的氛围。此外,不同的光源还可以用来突出特定的角色或物体,引起观众的注意。

　　除了光源的选择,灯光的布置和角度也非常重要。通过调整灯光的亮度、颜色和方向,可以营造出各种不同的效果。例如,背光可以使人物轮廓更加清晰,而侧光则可以突出物体的纹理和细节。此外,可以通过反光板和遮光板来控制光线的强度和方向,进一步塑造场景的氛围。

　　在影视制作中,灯光的运用不仅是为了提供照明,更重要的是通过灯光的艺术处理来表达导演的意图和主题。通过精心的灯光设计,可以使观众身临其境地感受到故事的基调和矛盾冲突。灯光设计中,可以通过调整色温和色彩来传达不同的情绪,例如使用暖色调来营造亲切温暖的氛围,使用冷色调来表达冷酷紧张的情绪。

　　综上所述,灯光在影视制作中的作用不可忽视。巧妙地运用灯光可以赋予影片独特的氛围和个性,使故事更加生动,引人入胜。因此,照明技术和灯光设计在影视制作中扮演着重要的角色,它们能够提升影片的质量和观赏性,让观众沉浸在故事中。

3.5.1　单机拍摄布光

　　在影视拍摄中,灯光布局是至关重要的,直接影响着影片的效果和质量。在单机拍摄中,对于灯光布局的技巧和创意则有更高的要求。

　　首先,要掌握一些基础常识,包括光的性质和透光性等。了解光线的特性和方向对于理解灯光的运用至关重要。此外,拍摄者应深入了解不同类型的光,如自然光、荧光灯、LED 灯等,可以根据不同情景选择合适的光源,实现不同的画面效果。

　　其次,单机拍摄可以通过调整灯光以及利用家居布艺等道具来调整画面效果。通过控制光线的方向和强度、调整镜头焦距等方式,可以使画面更加美观或突出剧情的重点。灯光与道具的合理搭配可以创造出更吸引人的画面效果。

再次,灯光的选择和摆放也是非常重要的。应该根据场景和氛围选择合适的灯光,例如,在拍摄浪漫场景时,可以使用柔和的灯光增强浪漫气氛,搭配浪漫道具如红玫瑰,表达爱情的温馨和浪漫。而在拍摄紧张刺激的场面时,可以采用冷色调的灯光表达紧张冷酷的气氛,制造更强烈的对比效果。

最后,单机拍摄中的灯光布局需要经过多次实践和经验总结后确定。在实际操作中,要特别注意镜头扫描区域,避免灯光直接照射到摄像机镜头上,以避免刺眼和反光等因素带来的不利影响。

总的来说,单机拍摄的灯光布局是一项复杂的任务,需要细心和专业的技巧。对于希望从事相关工作的人来说,需要不断积累经验和技能,以便在今后的工作中更好地把握各种机会。

3.5.2 演播环境中的灯光系统

(1)演播灯光常用光位

为了做好专业舞台灯光的配置,重要的一步是了解舞台灯具的常用光位。

①面光:从观众顶部正面投向舞台的光,主要用于照亮演员正面和整个舞台。

②耳光:位于舞台两侧斜向投射的光,分为上下几层,主要辅助面光,增强脸部照明效果,提高演员和场景的立体感。

③柱光(又称侧光):从舞台两侧投射的光,主要用于照亮演员和场景的两侧,增加立体感和层次感。

④顶光:从舞台上方投射的光,可以分为一排、二排、三排等,主要用于整体照明,提高舞台的照明水平。

⑤逆光:从舞台逆方向投射的光,可以通过顶光、桥光等方向照射,增强立体感和透明感,也可以用作特殊光源。

⑥桥光:从舞台两侧天桥投射的光,主要辅助柱光,增加立体感,也可用于其他光位无法照射到的区域,同时也可以作为特殊光源。

⑦脚光:从舞台前部台板向舞台投射的光,主要辅助面光照明,消除由于面光照射造成的人物脸部和下颚阴影。

⑧六合排光:从天幕上方和下方投射到天幕的光,主要用于照明天幕和调整色彩。

⑨活动光:安装在舞台两侧活动灯架上的灯光,主要辅助桥光,补充舞台两侧和其他特定位置的光线。

⑩追光:位于观众席或其他特定位置,主要功能是照射特定光线,用于追踪舞台上演员的动态。

（2）灯光系统的安装环境

为了实现整体灯光系统的自由移动，技术人员采用了滑动轨道系统和恒力铰链。这种设计不仅能够使灯具在左右和前后方向移动，还在某些区域实现了上下移动，从而增加了调光的灵活性和便利性。为了适应宽敞的房间，技术人员特意配置了四根固定轨道，确保灯光系统的调光功能易于操作，并为其未来的升级提供了自由空间。

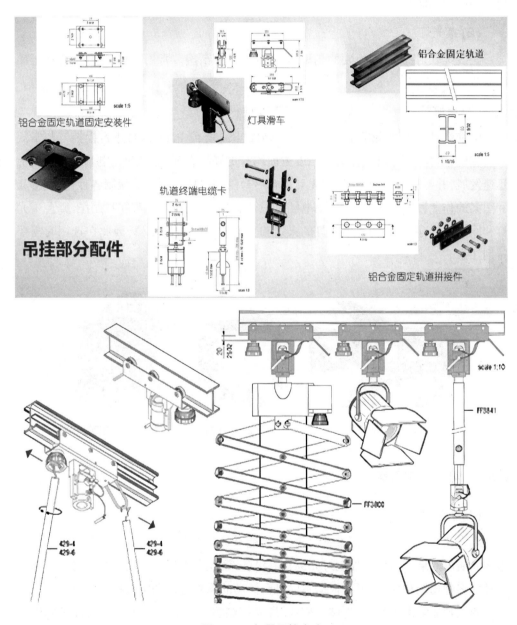

图 3-18　灯具吊挂方式

3.5.3　演播灯具种类

(1)聚光灯

聚光灯是舞台照明中最常用的灯光之一,它能将光线聚焦到一点,使光斑的边缘清晰明亮,并能扩大照明范围。作为舞台的主要光源,聚光灯常用于面光、耳光、侧光等不同位置的照明。

(2)柔光灯

光线柔软匀称,没有生硬的光斑,便于几个灯相衔接。常用于柱光、活动光等近间隔光位。

(3)电脑灯

电脑灯是一种智能灯具,可通过 DMX512、RS232 或 PMX 信号进行操控。与常规灯具相比,电脑灯在光色、光斑和照度方面均有更好的表现。近年来,电脑灯在市场上迅速发展,并常常被用于面光、顶光和舞台后台阶等位置。它能够编制各种色彩、形状和图案的作业程序。通常,小功率电脑灯只适宜舞厅运用。在舞台上,由于舞台聚光灯和回光灯的存在,小功率电脑灯的火线和光斑常常会被淡化掉,因此在选用时需要特别注意。

图 3-19　聚光灯　　　　图 3-20　柔光灯　　　　图 3-21　电脑灯

3.5.4　灯光控制系统

(1)调光台

灯光在舞台演出中扮演着重要角色,它能够通过烘托气氛、突出重点和营造氛围来增强演出效果。而作为控制灯光的核心设备,调光台在舞台活动中必不可少。调光台具备多种功能和特点,可以根据不同舞台活动的需求进行调整和控制。

调光台通常由控制台、光谱分析仪、灯光控制器、辉光灯、效果机和配件等部件组成。控制台配备了专业的处理器和各种按钮、旋钮等控制组件,使调光台能够实现对灯光的调制、颜色渲染和动态效果的设定和控制。在使用调光台之前,技术人员对灯光原理以及光色调配的基本知识的了解非常重要。只有充分掌握这些知识,才能准确地操作调光台,实现理想的灯光效果。

调光台在舞台演出、影视拍摄、展览和商业广告等领域都有广泛的应用。在舞台演出中,调光台是必不可少的设备,通过技术人员精细的操控,使光线达到完美的效果。在影视拍摄中,通过调光台控制灯光为拍摄场景提供适宜的灯光照明。此外,各种展览、商业广告和灯光秀等领域也都离不开专业调光台的支持。

综上所述,调光台作为现代灯光设备的重要组成部分,在舞台演出、展览和影视拍摄等领域都扮演着重要角色。我们应该深入了解其原理和功能,提升自己的技术水平,为舞台表演和展览能够呈现更出色的效果而努力。

(2)DMX512 协议

DMX512 是一种重要的数字控制协议,广泛用于舞台照明、音响和特效设备等。它于 1986 年首次使用,目前已成为最常用的协议之一。

DMX512 采用串行通信方式控制各种设备。控制器通过发送一系列数字信号包括指令、场景和亮度信息来控制设备。通过解析这些信息,控制器可以调整设备的亮度、颜色和模式等功能。控制器的每个信号通道最多可以控制 256 个设备,非常适用于大型演出场合。除了舞台灯光设备,DMX512 也广泛应用于音响设备、灯光设备和电视柜等领域。结合 DMX512 控制器,还能实现复杂的灯光和特效表演。

DMX512 协议的优点在于强大的定制化设计和控制能力。用户可以根据需求设计灯光场景,并调整每个灯光单元的亮度、颜色、速度和模式等。其控制方式简单,只需要一个控制器即可实现灯光效果的变化。然而,DMX512 协议也有一些缺点,其中最大的问题是需要使用大量的控制线,增加了系统的复杂性。同时,在操作和维护时需要更多的时间和精力。

总之,DMX512 协议是一项出色的灯光控制协议。在舞台照明和其他领域得到广泛应用。它特别适合用于需要灵活控制和精细调整的场景,成为现代舞台表演和音乐会的必备工具。

3.6　实践指导:大型现场活动多讯道机位架设指导

大型现场活动的演出区域广阔,参演人数众多,流程复杂,因此需要使用多个摄像机位来呈现现场实况。有时候还需要设置特种设备来满足特殊视角拍摄的需求。

一般情况下,在正对演出区域的居中位置设置全景机位,这样可以覆盖台上所有的重要元素。在全景机位的两侧设置两三个近景机位,用来拍摄主要人物的近景画面。舞台边缘外可以设置轨道和摇臂,用来拍摄展现活动氛围的运动镜头。在观众区域可以设置背对舞台的反打机位,用来拍摄现场观众的情绪反应。

当需要拍摄灵活机动的跟拍画面时,可以设置游动机位。摄像师可以采用肩扛或手提等方式跟随人物行进,还可以使用斯坦尼康提供的更稳定的画面。如果线缆对游动机位的移动造成限制,则可以使用无线方式传输游动机位的信号。

接下来,我们以中国传媒大学 2021 届毕业典礼暨学位授予仪式为例,详细介绍各个机位的设置思路。

表 3-1 机位设置表

机位号	描述	示例图
1	2 号机正下方,2m×2m×0.5m 平台,80 倍长焦镜头,拍摄中央圆台发言人近景	
2	会场中轴线最远端,3m×3m×3m 平台,拍摄大全景	
3	观众席第三圆环左侧过道,2m×2m×1m 平台,55 倍长焦镜头,拍摄主持人及主席台近景	

机位号	描述	示例图
4	观众席第四圆环后方过道,20 米电动轨道	
5	主席台下台口 10 米摇臂	
6	左前区观众席反打游机	
7	右前区观众席反打游机	
8	摄像师配备斯坦尼康,活动路径为中轴线及主席台下方空地	

机位号	描述	示例图
9	现场演播室主持人全景	
10	现场演播室主持人近景	
11	四楼环廊俯视角侧全景	
12	特殊视角机位,中轴线正上方马道吊挂遥控摄像头,正向俯视观众席同心圆	
13	特殊视角机位,主席台上方灯架吊挂遥控摄像头,反向俯视观众席同心圆	

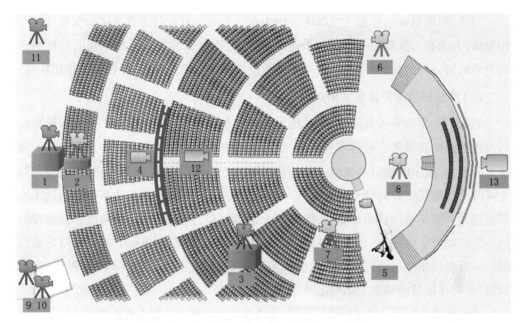

图 3-22 毕业典礼暨学位授予仪式转播机位图

3.7 知识扩展：特种摄像设备

3.7.1 斯坦尼康

斯坦尼康最开始是由一件辅助背心、一只具有关节的等弹性弹簧合金减震臂、一个专门设计的平衡组件组成。

目前，斯坦尼康采用了一种名为"平衡臂"的装置作为摄像机减震器。这个平衡臂由一个长度为 68cm 的伸缩钢丝组成，能够承载 1.2—7.5kg 的摄像机或单反相机，同时保持平衡并控制其升降，就像一个绑在身上的小型升降臂。

为了满足男女操作者的不同需求，摄像机的承重胸架设计得非常人性化。胸架上的承座可以左右安装，以适应习惯于左

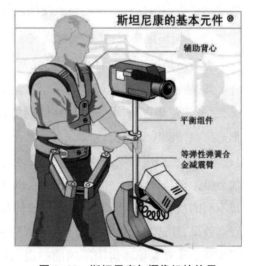

图 3-23 斯坦尼康与摄像机的使用

右手操作的操作者。稳定器平衡支柱则非常轻便，却能够承受很大的重量，并且可以根据需要进行伸缩调节。

　　当然,斯坦尼康的形态也因具体应用而有所不同。有专门为低角度拍摄设计的斯坦尼康,有只有一支稳定平衡杆的手持斯坦尼康,还有安装监视器用于实时监视画面的斯坦尼康。无论是哪种形态,斯坦尼康始终致力于提供更加稳定、便捷的拍摄体验。

(1)移动拍摄需要催生了斯坦尼康

　　当我们走路观察前方的景物时,感觉是固定的。然而,在肩扛或手持摄像机移动时拍摄的画面在屏幕上看起来会颠簸,令人感到眼晕。这是为什么呢? 从生理学的角度来分析,人脑中的稳定系统会自动调整眼睛回传的可视图像,并迅速进行修正,消除走路时产生的晃动和颠簸带来的影响。而摄像机是机械设备,其技术水平还远远无法修正这种颠簸晃动。移动拍摄时,摄像师无论如何费力保持平衡,摄像机都会捕捉到每一步移动产生的晃动。为了解决移动拍摄时画面颠簸晃动的问题,摄像机稳定减震器——斯坦尼康应运而生。斯坦尼康采用了先进的稳定技术,通过降低摄像机抖动和颠簸,使移动拍摄的画面更加稳定流畅。

　　移动拍摄是指通过移动摄像机机位、变动镜头光轴或变化镜头焦距在一个镜头中进行拍摄。这种拍摄方式具有描述性和戏剧性作用,能够在一个镜头内完成视觉的转换,创造出立体的表现空间,并形成鲜明的画面外部节奏,给观众带来空间位移的真实感受。

　　在专业的移动拍摄中,常用的设备包括轨道车、摇臂、移动车和脚轮以及斯坦尼康等。这些设备都能有效减少摄像机的抖动,但斯坦尼康具有极大的灵活性和便利性。相比于轨道车和移动车需要平坦地面的限制,斯坦尼康能够适应各种地形,包括山地和台阶等复杂环境。此外,斯坦尼康还能够拍摄更长时间的长镜头,并完成更为复杂的移动镜头拍摄任务。这些特点使斯坦尼康成为移动拍摄中不可或缺的设备之一。

(2)"斯坦尼康视角"的美学意义

　　摄影摄像器材的发明和改进,都是为了达到更好的拍摄效果。斯坦尼康也不例外。如果将斯坦尼康仅仅视为一个稳定器,就会忽视它在拍摄实践中带来的美学意义。"斯坦尼康视角"是一种特殊的视角和观点实现方式,它能够营造特殊的空间感,创造出独特的镜头感觉。

　　第一,在拍摄高度上,斯坦尼康实现了无间离齐胸高度的移动拍摄。拍摄高度指的是摄像机与被摄物之间的高低关系以及相应的造型效果。不同的拍摄高度可以呈现不同的视觉效果,例如平视、俯视或仰视拍摄。平拍呈现出日常生活中双眼平视的观察效果,使造型显得客观自然;而仰拍和俯拍则分别带有强化和弱化的主观色彩。摄像师应该有意识地运用不同的拍摄高度来表现平远、高远和深远等不同的造型效果。在故事影片和电视纪录片中,人们往往更习惯以齐胸高度进行拍摄,这已经成为大众的观赏习惯。而斯坦尼康系统的运用,使摄像师能够更方便地进行齐胸高度的移动拍摄。无论是上下台阶、攀越山川,还是在马背上追拍,甚至在小溪间跳跃,斯坦尼康都能够实现无间离齐胸高度的移动拍摄。这种统一的视角和造型效果很好地适应了观众的观赏习惯，从而获得更加统一的审美反应。

第二，在拍摄距离上，斯坦尼康实现了稳定的非光学推拉的抵近拍摄。著名战地摄影师罗伯特·卡帕曾说："如果你拍得不够好，那是因为你靠得不够近。"在完美的电视纪录片拍摄中，我们应该尽量避免使用光学推拉镜头，而是通过走近被拍摄物体来获得更好的效果。然而，在纪录片拍摄中，通常无法铺设轨道或使用摇臂，这就给摄像师带来了极大的限制。幸运的是，斯坦尼康为摄像师提供了全新的自由移动空间。使用斯坦尼康，摄像师可以穿越森林、穿过人群，甚至钻入山洞来实现抵近的移动拍摄。斯坦尼康的镜头稳定，距离合适，符合人眼的视觉感觉，使观众仿佛身临其境，成为节目中的一员。

总之，"斯坦尼康视角"的美学意义在于它能够营造特殊的空间感，创造出独特的镜头感觉。通过实现无间离齐胸高度的移动拍摄和稳定的非光学推拉的抵近拍摄，斯坦尼康为摄像师带来了更多的创作自由和更好的拍摄效果。同时，它也能够满足观众的观赏习惯，获得更加统一的审美反应。

(3) 斯坦尼康的使用技巧

随着斯坦尼康设备的不断改进，其操控性能也越来越好，适用范围更加广泛。通过配合专用稳定器，可以实现水平 80 度，上下 1.5 米的拍摄范围。这使拍摄者可以轻松地实现高角度拍摄、低角度拍摄、左右手互换拍摄，甚至小型摇臂拍摄等特殊的镜头拍摄技巧，打破了传统斯坦尼康设备只能进行水平跟拍的局限。然而，要充分发挥这些设备的优势，使用者还是需要熟练掌握使用技巧。

首先，确保人身与设备的安全是至关重要的。在使用斯坦尼康拍摄时，摄像师必须按照预设的操作程序来进行操作，调整摄像机以避免镜头中出现任何障碍物，同时还要支撑一个超过 20 公斤的摄像机和斯坦尼康设备。为了防止摄像机发生倾斜，带有关节减震臂的万向接头需要准确地卡住平衡杆的重心上方。通常摄像师会在接近重心的位置握住平衡杆，以便更加灵活地操作摄像机。在保持最佳平衡的同时，需要准确执行每一步操作，合理安装摄像机和电池，使重心接近万向接头。任何操作失误或失去重心都可能导致摄像师本人和设备受伤。因此，摄像师需要在拍摄时集中注意力，并且最好有一个或两个优秀的摄像助理随行拍摄。

其次，使用斯坦尼康设备时，拍摄者需要保持轻盈的步态，双腿微屈，脚跟触地，上身保持端正。只有这样，拍摄者才能承受斯坦尼康超过 20 公斤的重量，不受脚下动作的干扰，尽量减弱传到肩部的振动。行走时，双腿屈膝，利用脚尖探路，并通过脚的补偿来应对不同路面的高低。在左右移动时，首先要微屈双腿。例如，如果想向右边侧步行走，可以将左脚移到右脚前方，让右膝的前端碰到左膝的背部，当左脚触地时，慢慢将身体的重心转移到左脚上，然后将右脚绕过左脚向后方移动，最后站稳。在拍摄时,呼吸要自然、放松、平缓,切忌屏住呼吸。

再次,调整平衡时要非常小心,在拐弯或改变拍摄方向时要以设备为中心,避免强拉硬拧。为了更容易地调节平衡,一些复杂的斯坦尼康设备还配备了无线电控制的电机,可以微步进地移动各种零件。在摄像师准备拍摄时,这一功能更利于保持平衡组件的平衡,并在拍摄过程中进行微调。在拍摄过程中,平衡组件的平衡性经常会发生变化,例如磁带在摄像机中移动时会引起重心偏移,因此这一功能非常重要。而在拍摄某些情节时,摄像师可能希望从万向接头转移重心,以便能够单独倾向某个方向。这时需要非常小心地调整平衡,在拐弯或改变拍摄方向时一定要以设备为中心,通过人的小步移动为设备找到合适的空间,切勿强拉硬拧。

最后,我们需要请教经验丰富的专家,不断练习,以精确掌握技巧。斯坦尼康作为一种高度结合人机的设备,仅仅依靠穿戴是无法达到理想的效果的。使用斯坦尼康需要对行走姿势、腰肩角度、手臂柔顺度、手指配合以及机器三轴配平等多个方面进行专业训练和调整。在专业领域中,斯坦尼康的运用被视为一种专门的学问,需要经过专业培训。要想熟练运用斯坦尼康,我们必须进行科学的练习和专业的校准。

3.7.2 飞猫摄像机

在大型体育赛事,特别是足球比赛和田径比赛的现场,我们经常可以看到一个非常独特的景观。在比赛进行时,一个名为"飞猫"的索道摄像系统运行着,载体小车背负着摄像机在赛场上空不停地移动。

(1)索道摄像系统简介

索道摄像系统是一种先进的电影电视摄像设备,能够实现摄像机在一定空间范围内的运动拍摄。它采用了高空索道上的载体小车,因其外形酷似一只小猫,也被称为"猫"。这个小车背负着摄像机,飘浮在空中,记录下所见所闻。摄像机捕捉到的画面,则通过微波信号传送到地面上的转播车。

与其他空中拍摄方式相比,索道摄像系统的拍摄高度介于航拍和地面摇臂、轨道摄影之间。尽管系统的架设与调试相对复杂,然而它却具备了运动速度快、机动灵活、画面稳定等突出优点。

(2)索道摄像系统的组成

索道摄像系统一般由两个独立的部分组成:索道系统和摄像平台。索道系统和摄像平台可以独立地使用,即在同一索道系统上可以安装不同的摄像平台,而同一摄像平台也可以安装在不同的索道系统上。

索道系统的主要功能是在一定的空间范围内平稳地牵引摄像平台,并实现对摄像平台和摄像机的控制以及视频信号的传输。具体包括承载系统、驱动系统、小车、中控系统和信号传输系统等。

摄像平台是一种固定并驱动摄像机运动的设备,它能够根据控制指令来控制平台上各个框架的角度和速度,并且还可以集成摄像机的变焦、光圈控制以及摄像机参数的设置等功能。

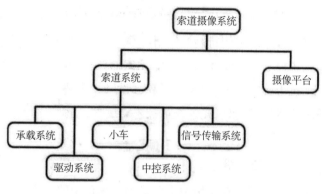

图 3-24 索道摄像系统组成

(3) 索道摄像系统的分类

索道摄像系统可以根据不同的技术参数进行分类。根据空间运动范围的不同,可以分为一维、二维和三维索道摄像系统。一维索道摄像系统中,平台只能沿一个固定的方向来回运动,例如水平、倾斜和垂直方向。二维索道摄像系统中,平台可以在一个垂直平面内的水平和垂直两个方向上来回运动,并且能够到达预设平面内的任何位置。三维索道摄像系统中,平台可以到达预设的三维空间中的任何位置。它们各自具有不同的特点,如下表所示。

表 3-2 索道摄像系统分类

	特 点
单线索道摄像系统 (一维)	点对点悬挂绳索,可快速安装 可驱动负载 15kg,爬坡能力可达到 15° 低速运动平稳,高速机动性强,速度可达到 40km/h,约 10m/s 运行无噪声,无震颤
多线索道摄像系统 (二维、三维)	拍摄高度落差可以从几十米到上千米 理论上风速 70km/h 时,仍可正常使用 跟踪拍摄主体可达上千米甚至更远 最高时速可高达 130km/h,约 36m/s 镜头可旋转 360° 没有震颤,画面稳定,没有噪声 架设简易方便

另外,索道摄像系统还可以根据信号传输方式进行分类,包括无线传输和有线传输两种。无线传输索道摄像系统采用射频技术,通过无线微波传输视频和控制信号。它具有无须布线、安装快捷、综合成本低、施工维护方便等优点。然而,由于无线微波带宽的限制,信号在传输前需要经过编码、压缩和调制处理,接收后需要解压还原,从而导致图像质量相对原始信号有较大的损失。同时,无线传输系统的一次性投入较大,信号延时较长,且容易受到干扰。

有线传输索道摄像系统采用特制的牵引缆绳,其中包含光纤。通过光纤和光端机实现平台和摄像机的控制信号和视频信号的无压缩传输。有线传输系统具有传输距离远、信号衰减小、抗干扰能力强、图像质量高、信号延时低等优点。然而,有线传输系统的索道驱动系统结构复杂,牵引光缆织造技术难度大,造价较高,维护技术要求和成本也较高。

(4)摄像平台及其原理介绍

整个索道摄像系统的核心在于摄像平台。摄像平台中的核心部分是惯性平台,又称为陀螺稳定平台。惯性平台是一种精密的机电装置,利用陀螺仪在惯性空间中保持台体方位不变。它是惯性导航系统中的重要组成部分,用于测量运动载体的姿态并为测量载体的线性加速度建立参考坐标系,或用于稳定载体上的其他设备。

惯性平台的结构如图所示,包括台体、三个单轴陀螺仪、内框架、外框架、力矩电机、角度传感器和伺服电子线路等组件。台体通过内框架和外框架支撑在基座上,并与飞行器固定连接。当 Y 轴方向存在干扰力矩时,内框架和台体会绕 Y 轴旋转。y 单轴陀螺仪安装在台体上,用于感知旋转角速度,并处于积分陀螺的工作状态,输出与台

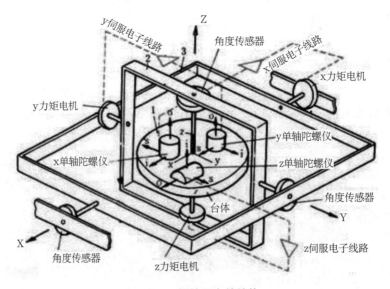

图 3-25 惯性平台的结构

体转角成正比的信号,通过 y 伺服电子线路加给 y 力矩电机。力矩电机将输出与干扰力矩方向相反的力矩,使台体向原来的方向旋转。当 y 力矩电机输出的力矩与干扰力矩相互抵消时,台体将停止旋转,从而在惯性空间中保持方位不变。当 X 轴、Z 轴存在干扰力矩时,道理相同。飞行器旋转时,台体将保持在惯性空间中的方位不变,而装在 X 轴、Y 轴和 Z 轴上的角度传感器将输出飞行器相对于惯性坐标系的转角。

当在惯性平台上安装摄像机作为飞行器时,可以有效隔离移动载体的颠簸和振动,保持视轴稳定在惯性空间,从而确保图像画面清晰。

(5) 索道摄像系统的具体应用

自 20 世纪 70 年代以来,随着电影电视行业对特种拍摄的需求不断增加,欧美主要国家相继成立了多家专门从事索道摄像系统研制和服务的公司。其中,CAMCAT公司、Spidercam 公司、Cable-Cam Sweden AB 公司以及 Skycam 公司等在该领域取得了显著的成绩。它们的产品广泛应用于电影、电视、体育赛事和大型活动的拍摄和转播。

我国于 2006 年开始使用索道摄像系统,最初是通过技术设备引进,随后逐步发展并实现自主研制。经过十多年的发展,我国的索道摄像系统已经达到了一定规模。目前,北京航天控制仪器研究所、飞猫影视技术(北京)有限公司以及泰安市大江自动化设备有限公司等单位致力于索道摄像系统的研制和服务工作。

随着科技的不断进步,索道摄像系统也在不断发展,产品性能不断提升,应用范围也越来越广泛。无论是广告片、纪录片、大型晚会现场、好莱坞电影大片,还是奥运会、世界杯等重要体育赛事的转播,都可以看到索道摄像系统的身影。它能够满足众多使用场合对于拍摄的运动速度和范围的需求,具有较强的环境适应性和广阔的应用前景。

3.7.3　鹰眼摄像系统

鹰眼系统的技术原理简单明了,但其精密度非常高。在每个球场,最多会布置 10 台高速摄像机,用于捕捉球的运行轨迹。这些摄像机捕捉到的轨迹将传输回鹰眼控制室。在鹰眼控制室中,4 台电脑对收集到的数据进行实时处理。系统首先利用视频处理技术确认球的中心位置,然后利用每台摄像机提供的数据模拟球的轨迹,并提供球的三维位置。每一帧画面都会重复这个过程,并根据每一帧的时间生成球的飞行轨迹。这个轨迹随后用于计算球和球场准确接触的范围,特别适用于球的弹跳阶段。当球员挑战判罚时,系统可以迅速重播刚才回合中任意一球的落点。重播画面会传送到电视转播和现场大屏幕上。

以下几张图片是从 Hawk-Eye Innovations 官网视频中截取的,形象地展示了鹰眼系统的工作原理。

在每个比赛球场,鹰眼系统需要设置一个位于赛场看台最高处的控制室,以完整

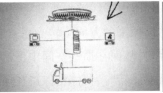

图 3-26　鹰眼系统的工作原理

俯瞰整个球场。最佳位置应该是正南正北的方向。每个控制室至少需要三名工作人员，其中两人是鹰眼系统的操作员，负责在每一次开球前启动系统来记录球的轨迹。另一个人是同样在控制室的鹰眼回放官员（Review Official），和操作员一起判断球员是否挑战成功，以及检查系统是否准备就绪。

鹰眼系统的开发团队凭借对场上判罚和转播技术的深入理解以及与顶级网球选手长期合作的经验，成功开发了一套教练辅助系统（Coaching System）。该系统能够向球员和教练展示运动员在比赛中的表现，并解释这些表现背后的原因。

鹰眼教练辅助系统主要包括击球分析、球员分析和球速分析三个部分。在击球分析方面，系统能够对击球旋转进行分类，包括切削、平击和上旋等，并对击球的准确度进行评估。此外，系统还能够提供虚拟 3D 轨迹重现，展示球的三维位置以及击球的正反手等关键信息。在球员分析方面，系统可以测量球员的移动距离，并计算球员的平均和最大加速度。通过球员移动的热度图，球员的移动策略可以被清晰地呈现出来。此外，系统还能够收集球员的心率和乳酸含量等信息，帮助教练了解球员在比赛过程中的身体状况。在球速分析方面，系统能够追踪球的最慢、平均和最快球速，并记录球在接触点的速度、球在网上的速度以及弹入和弹出底线的速度。此外，系统还能分析球在顶点的速度，为球员和教练提供全面的球速信息。

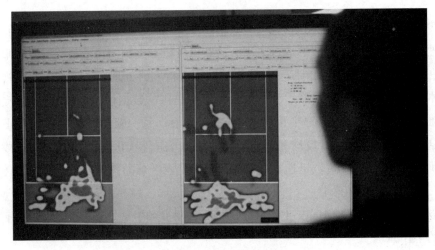

图 3-27　教练辅助系统

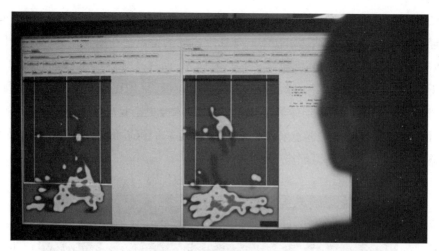

图 3-28　球员移动的热力图

为了收集这些信息,鹰眼系统需要在每片场地上安装 8 台轨迹跟踪摄像机,包括 4 台视频回放摄像机和 4 台高速摄像机。收集到的数据可以通过鹰眼系统团队开发的专用软件或应用程序进行分析和查看,为球员和教练提供全面而准确的场上信息。

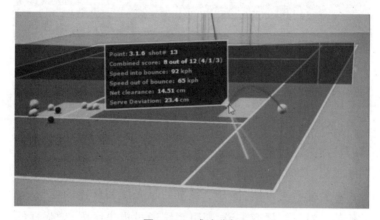

图 3-29　球速分析

图 3-30　比赛策略分析

图 3-31 所示的是纳达尔(Rafael Nadal)在草地球场和黏土球场上正手击球的对比。经过分析,我们发现纳达尔在不同球场上击球的特点存在明显差异。在黏土球场上,他击球后,球落地弹跳高度较高,约为 88 厘米;而在草地球场上,球的弹跳高度相对较低。此外,纳达尔在黏土球场上的击球速度较慢,平均比草地球场上击球慢了约 21 千米/小时。因此,在黏土球场上,纳达尔的回球会更高且较慢,而在草地球场上则更低且较快。这些数据对选手来说至关重要,因为它们可以帮助选手制定更有效的比赛策略,从而在比赛中获得优势。

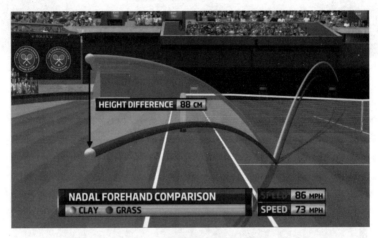

图 3-31 鹰眼系统赛时应用

鹰眼系统不仅提供落点分析,还能够帮助选手制定比赛策略。观众也可以利用鹰眼提供的洞察力,更深入地理解比赛。鹰眼系统是技术与商业结合最好的范例。

鹰眼系统的强大不仅体现在技术实力方面,商业实力上也非常强大。鹰眼为赛事、转播商、国际组织、赞助商和网球学院带来了许多提升。对于赛事来说,鹰眼系统提供了辅助判罚和转播解决方案,提升了赛事的曝光度和球迷的参与体验,为赞助商提供了额外的价值。对于转播商来说,鹰眼系统通过提供绿屏、增强性的实时分析等技术帮助讲述赛场故事,并引领观众参与到比赛中。对于国际组织来说,鹰眼系统的解决方案提供了一个更公平的竞赛环境,使比赛更易于参与和理解。对于赞助商来说,鹰眼系统让他们更紧密地与这项运动结合在一起,有更多机会与全世界的网球迷接触。对于网球学院来说,鹰眼系统的教练辅导服务提供了独特的洞察力,帮助球员成长。

除了网球,鹰眼系统还在其他项目中使用。在羽毛球比赛中,鹰眼系统用于落点重放;在排球比赛中,鹰眼系统用于判断运动员是否触网违规;在棒球运动中,鹰眼系统通过慢镜头回放,协助裁判辅助判罚;在足球比赛中,鹰眼系统协助裁判员判断球是否完全越过球门线。此外,在马术、板球、NASCAR、冰球、曲棍球、田径、英式橄榄球、斯诺克等各种不同的项目中,你都会看到鹰眼系统的身影。

3.7.4 猎豹摄像系统

众所周知,动物王国中的猎豹以其无与伦比的奔跑速度闻名于世。然而,在国家速滑馆内,也有一种被称为"猎豹"的存在。这个名为"猎豹"的设备奔跑速度可达每小时 90 千米,超越了所有参加北京冬奥会的速滑选手。因此,这个设备得名"猎豹"绝不为过。

事实上,"猎豹"并非动物界的新物种,而是央视专门为北京冬奥会研制的一台超高速 4K 轨道摄像机系统。这个摄像机系统以其高速运动的能力备受赞誉,不仅能捕捉到速滑选手令人眼花缭乱的动作细节,还能呈现令人惊叹的高清画面。"猎豹"摄像机系统为观众带来别样的视觉享受,让他们全面欣赏和了解速滑比赛的精彩瞬间。"猎豹"摄像机系统的问世,不仅为北京冬奥会注入了全新的科技元素,更彰显了中国在科技创新方面的强大实力。它不仅拍摄出更加逼真的赛场画面,还为运动员提供全方位的训练和分析支持,助力他们在赛场上创造佳绩。

图 3-32 冬奥赛场上的"猎豹"

这个由陀螺仪、轨道车和 360 米长的 U 形轨道组成的巨大设备,位于国家速滑馆赛道的最外侧。中央广播电视总台耗时 5 年开发的这一超高速 4K 轨道摄像机系统专门用于冬奥会速度滑冰赛事的转播工作。在 2021 年 3 月的"相约北京"测试赛上,名为"猎豹"的设备首次亮相,给人留下了深刻的印象。它紧随在 400 米跑道上飞驰的运动员身后,无论是他们的动作还是表情,都无法逃脱"猎豹"的捕捉。因为这款系统具备 4K 高清捕捉能力,所以它将画面传递给电视后,直播画面的视觉冲击力极强,观众可以清晰地看到运动员在比赛过程中全力以赴的姿态和冲线瞬间的兴奋表情,一丝一毫都没有遗漏。

图 3-33 "猎豹"近景

　　在冬奥会速滑比赛中,运动员的速度令人惊叹。他们的时速可达每秒 15 至 18 米,相当于时速 50 千米,而顶尖运动员的速度甚至可以达到时速 70 千米。央视的超高速 4K 轨道摄像机系统能够以每秒 25 米的速度拍摄,相当于时速 90 千米。这使摄像机能够紧随着赛道上的运动员,捕捉到每一个精彩瞬间。更令人惊叹的是,央视的摄像机不仅能够精确追踪运动员的动作,还可以根据直播的需要进行加速、减速和超越等动作。这样一来,摄像机在捕捉速滑比赛中的各种场面时更加灵活和随意。

　　尽管由于疫情原因,大多数观众无法亲临国家速滑馆观看北京冬奥会的速滑比赛,但有了央视的"猎豹"摄像机,观看冬奥会比赛直播的全世界体育迷就能够获得一次前所未有的、神奇的观赛体验。

第4章　视听内容的编辑加工

4.1　视听内容编辑加工简介

视听内容编辑加工是一项处理和优化视音频素材的工作,旨在提升视听体验和内容质量。其主要目标是通过剪辑、修饰、调整和增添各种元素,使原始素材更具吸引力、流畅性和专业性。视听内容编辑加工的步骤包括以下几个方面:

①剪辑和组织:选择、排序和剪辑原始素材,以创建一个完整的视听故事线。剪辑工作能够去除无关紧要的部分,提取出重点内容,使故事更加紧凑和连贯。

②调色和修图:对视频素材进行颜色校正和修图处理,以改善图像的亮度、对比度和色彩平衡。通过调整色彩和图像细节,使画面更加生动、美观、吸引人。

③音频处理:通过降噪、音量平衡和音效增加等方式处理音频素材,使音频更清晰、平衡和具有层次感。音频处理能够提高声音的质量,使观众更好地听到和理解内容。

④字幕和标题:添加合适的字幕和标题,增强观众对内容的理解和关注度。字幕可用于翻译、解释和强调重要信息,而标题可用于介绍和引导观众观看。

⑤特效和动画:通过添加特效和动画效果,增强视频的视觉吸引力和创意表达。特效和动画可用于转场效果、图形展示、文字动画等,使视频更富有动感和创意。

⑥音乐和配乐:选择适合的音乐和配乐,突出视频的情感,烘托氛围。音乐和配乐有助于塑造观众对视频内容的情感反应,并提升观众整体的观赏体验。

视听内容编辑加工能够使原始素材更具吸引力、专业性和艺术性,以满足不同平台和观众的需求。视听内容编辑加工在电影制作、电视节目制作、广告制作、网络视频制作等领域都扮演着重要的角色,是一项不可或缺的工作。

4.2 视频切换制作

4.2.1 视频切换制作流程

视频切换制作是通过转场效果将不同视频片段有机衔接起来的技术,旨在增加视频的流畅性和观赏性。具体的视频切换制作流程包括以下几个主要步骤:

①视频素材收集:收集所有需要使用的视频素材,包括摄像机拍摄的原始素材、库存片段和剪辑库等。收集到的素材需要根据具体的视频创作需求进行分类和整理。

②场景选择和排序:根据视频的剧情和叙事需要,对素材进行选择和排序。可以按照场景的时间顺序、内容逻辑或者情感表达来进行。合理的场景选择和排序可以使视频故事更加连贯和有条理。

③转场效果选择:根据视频切换的风格和需求,选择适合的转场效果。常见的转场效果包括淡入淡出、切换、闪光、模糊和旋转等。不同的转场效果能够传达不同的情感和视觉效果,因此需要根据具体情况进行选择。

④转场调整和编辑:对视频素材进行转场调整和编辑。包括在转场点上添加转场效果、调整转场效果的持续时间和过渡效果的速度等。通过细致的调整和编辑,可以使转场效果更加自然流畅,不会给观众带来不舒服的感觉。

⑤转场音效和音乐:在转场点上添加合适的音效和音乐。音效可以用来增强转场的视听效果,可以添加切换声音、环境音效等。音乐可以用来渲染不同场景的情绪和氛围,使视频更加生动和引人注目。

⑥导出和渲染:完成编辑和调整后,将视频导出并进行渲染。在导出过程中,要选择适合的视频格式和分辨率,以适应不同平台和设备的播放需求。渲染的目的是对视频进行最终的处理和优化,使其达到最佳的画质和观赏效果。

通过以上步骤的处理,可以将不同的视频片段有机地衔接起来,创作出流畅、连贯和吸引人的视频作品。视频切换制作广泛应用于电影制作、电视节目制作、广告制作、网络视频制作等领域,是提升视频观赏体验的重要手段之一。

4.2.2 视频切换台设备

视频切换台是演播室视频系统的中枢,通过灵活调度不同信号源,有序地输出多路信号,并为输出节目添加艺术效果,以满足观众的观赏需求。通过切换不同节目源,视频切换台可以选择最合适的画面呈现给观众,使演播室能够根据具体需求展示丰富多样的节目内容。视频切换台的运用不仅让观众享受更丰富的节目内容,还给演播室制作人员提供了更大的创作空间。他们可以利用视频切换台的功能将不同画面元素

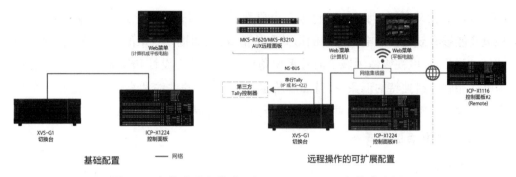

图 4-1　切换台设备构成（以 SONY XVS-G1 切换台为例）

有机地组合在一起,创造出更具艺术感的视觉效果,增强节目的观赏性和吸引力。总而言之,视频切换台作为演播室视频系统的核心,发挥着重要作用,为观众呈现了更具观赏价值的节目内容。

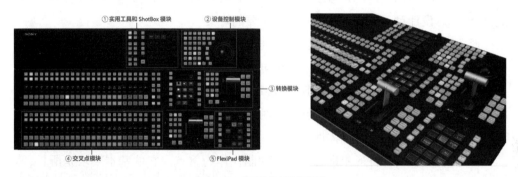

图 4-2　切换台控制面板

4.3　节目内容视觉包装

4.3.1　电视包装的概念

(1)什么是电视包装

电视包装的全称是电视品牌形象设计与策划。这一领域涵盖了视觉形象设计以及电视媒体的品牌建设策略和营销等方面。从一个栏目的品牌到一个电视频道的品牌,甚至一个电视传媒集团的整体品牌,都需要通过电视包装来解决相关问题。尽管"包装"这个词是借用的,通常它是指对产品进行包装以提升形象,然而,将"包装"这个词应用到电视上,是因为产品的包装与电视的包装有着共同之处。

电视包装的定义是对电视节目、栏目、频道甚至电视台整体形象进行一种外在形式要素的规范和强化。这些外在形式要素包括声音(语言、音响、音乐、音效等)、图像

（固定画面、活动画面、动画）、颜色等多个要素。通过对这些要素进行规范和强化，电视包装能够有效地传达电视品牌的形象和价值观，从而提升观众的认知和忠诚度。因此，电视包装在电视媒体领域扮演着重要角色。通过精心设计和策划，电视包装能够为电视品牌塑造独特的形象，提升品牌价值，吸引观众的关注和喜爱。无论是一个栏目的品牌还是整个电视传媒集团的品牌，电视包装都是解决相关问题的有效手段。

（2）电视包装的要素

1）形象标志

无论是节目、栏目还是频道，都需要有一个企业识别（Corporate Identity）形象设计，即最基本的形象标志，这是构成包装的关键要素。形象标志在不同情况下会有各种变化，但"包装"要素通常是相对稳定的。频道的形象标志通常展示在角标和节目结尾落幅上。良好的形象标志设计能让人过目不忘，能够深入人心，使观众可以迅速了解自己正在观看的节目、频道或台站，从而方便观众快速找到想要观看的节目。因此，形象标志设计对于电视包装具有非常重要的意义。

形象标志最常见的使用方式是放置在电视屏幕的左上角，也可以在频道的包装宣传片中使用，或在频道中滚动播放。由于电视台形象标志的播出频率最高，影响力最大，具有最强的冲击力和影响力，因此能够起到推广和强化频道的作用。它一方面能够增强节目或栏目的独特感和节奏感，同时也能够使不相关的节目或栏目在统一的标识下相互融合，增强频道的整体性。

在电视包装中，应将形象标志的设计和制作作为重点。它的基本要求是醒目、简洁、突出特点，并具有时代感。对于地方台或专业频道来说，最好能体现地方特色或专业特色，以便更好地展示其独特的风格和定位。

图4-3 中央电视台形象标识

2）颜色

根据不同节目、栏目、频道的定位，我们可以选择合适的主色调进行包装设计。主色调可以是单色，也可以是复合色。例如，中央一套是以新闻为主的综合频道，因此选择了蓝色作为主色调，以突出冷静、客观的形象。美国有线电视新闻网（CNN）也基本上采用了蓝色基调。凤凰卫视以鲜艳的黄色作为主色调；BTV生活频道则以淡蓝和淡黄为主色调,强调纯净、时尚的特点,以迎合城市观众和年轻观众的口味。因此,颜色设计是电视包装设计中的基本要素之一。它的基本要求是协调、鲜明、引人注目但不刺眼。同时,颜色选择要与节目、栏目、频道的基调和风格一致,或者对其进行有效的补充。

图 4-4　凤凰卫视频道包装的黄色配色

3) 声音

声音在电视包装中扮演着不可或缺的角色,包括语言、音乐、音响和音效等多个方面。在成功的电视包装中,音乐应与形象设计和色彩搭配有机地融合在一起,使观众还没有看到画面就能辨别出频道和栏目。良好的音乐能够让观众感到亲切,仿佛密友在呼唤着自己。为了实现这一点,设计师需要确保音乐与频道或栏目的定位相符,并追求高品质。同时,音乐的使用需要保持相对持久和稳定,因为时间可以培养观众,并最终塑造声音的品牌形象。

除了以上的要求,优秀的电视栏目和频道的音乐形象还应该突出地域、民族和人文特色。在创作音乐时,可以借鉴多年流传的经典音乐,特别是要注意音乐的节奏与节目、频道的风格统一。旋律应该尽可能简洁,力求让人过耳不忘,常听常新。只有这样的音乐形象才能更好地吸引观众的注意力,使观众留下深刻的印象,从而增加栏目和频道的影响力。

4.3.2　电视包装的视觉传达设计

(1)电视包装设计的统一性

电视节目的包装设计在视觉上应该呈现出整齐划一的效果。针对单一节目而言,其包装应与频道的风格一致。举例来说,《快乐大本营》曾经作为湖南卫视的王牌节目,其年轻、活泼的节目包装方式与湖南卫视"娱乐立台"的宗旨一脉相承。湖南卫视能够清晰地定位该电视频道的主要受众群体,即年轻人。除了这一点,节目的片头、片尾、片花以及宣传片等,都不应仅起到推介节目的作用,应该展现一个电视频道的综合实力,突出频道的特色。

图 4-5 《快乐大本营》节目海报

同时,所有电视频道都应该以整体视觉效果为考虑进行包装设计。以中央电视台为例,他们的视觉传达设计汲取中华五千年文化的精华,整体色调以蓝色为主。中央电视台的标志设计得雄伟壮观,蕴含深厚的文化底蕴,展现出宏大的气势。同样,像《新闻联播》等节目的包装设计也运用了蓝色作为主要配色,片头、片花和字幕等元素也都采用了蓝色,整个频道给人一种稳重大气的感觉。

图 4-6 《新闻联播》节目片头

(2)电视包装设计的文化性

电视节目包装设计是一项重要的工作,需要特别强调节目的文化和视觉特点。在设计电视节目包装时,我们应该注重宣传本台的文化和本土特色。电视节目的包装通过视觉传达设计来建立良好的文化形象,是一种非常有效的传播方式。因此,在电视台宣传节目时,应该专注于设计和打造品牌栏目,从而在激烈的媒体竞争中脱颖而出,得到观众的关注和认可。

央视的《中华诗词大会》和《朗读者》在包装设计方面是成功的例子。这些节目非常注重包装设计,设计中充满了深厚的文学底蕴,可以使观众在观看的过程中陶冶情操。央视在每个节目中都致力于展现自己的文化特色，并通过设计原则在画面的显著位置加上台标，同时在剪辑手法等方面运用固定的风格。这样的设计使观众感受到节目的一致性，例如相似的剪辑手法和醒目的央视标志，突出了节目的特点和文化。因此，在进行电视节目包装设计时，应该注重突出节目的文化特色，传达本台的文化和特点。只有这样，才能在激烈的竞争中脱颖而出，吸引观众，并赢得他们的认可。

图 4-7　《中国诗词大会》节目片头

（3）新媒体时代电视包装的品牌效应

在新媒体时代，电视节目的宣传已不再局限于频道本身，微博、微信公众号、抖音、快手等新媒体平台已成为重要的节目推介渠道。因此，在这些宣传平台上，我们需要在保持内核一致的同时有所创新，以取得良好效果。在当下社交媒体盛行的时代，人们追随意见领袖和偶像，优秀的节目主持人、嘉宾等具备很强的收视号召力和粉丝群体。因此，在电视节目包装过程中，除了打造优质内容，还需有意识地培养节目的代言人，使其与节目互相成就，相辅相成。

4.3.3　电视图文包装的技术应用

从电视节目的图文包装实现方式来看，主要可以分为后期包装和在线包装两种方式。后期包装是在电视节目的后期制作阶段对节目进行图文包装，通过后期编辑软件如 Premiere、AfterEffects、Photoshop、Final Cut Pro 和 AVID 等，在节目中增加 Logo、片花、字幕、音效等元素，最终合成节目成品并进行播出。而在线包装则是在直播或准直播状态下，实时将图文音效等元素加入节目中。在线包装要求技术人员提前设计和制作所需的包装元素，并在适当的时机实时叠加到电视节目的信号中，这也提高了节目制作效率，丰富了电视直播节目的呈现方式。

通常实现在线包装功能需要结合软件和硬件的一套系统。例如，演播室将切换台实时切出的节目信号输入在线包装系统中进行实时包装，同时输出最终的播出信号。

另一种实现方式是在线包装系统将包装元素的信号实时输出给演播室切换台,通过切换台的键信号叠加功能实时叠加到播出信号中。目前比较流行的虚拟演播室系统就是在线包装技术的一种形式,它结合视频实时抠像、摄像机参数跟踪、背景图像实时渲染等技术,呈现出"人在虚境"的效果。

国内外有一些常用的在线包装系统,比如 Vizrt 系统、艾迪普系统、大洋系统、新奥特系统、傲威系统、Aston 系统、Truk 系统等。下面以国产的艾迪普在线包装系统为例,介绍在线包装技术的应用。

(1)iArtist 三维图形实时创作系统

iArtist 是艾迪普公司自主研发的一款三维图形图像实时创作软件。它采用先进的三维图形图像实时引擎技术,拥有简洁易用的人机交互界面和丰富多样的效果,为设计师提供了创作高品质图形图像产品的理想工具。

作为一款实时图形图像创作工具,iArtist 具有广泛的应用领域。首先,它可以应用于电视在线实时包装,为节目提供精美的图文素材,增强节目的观赏性和吸引力。其次,iArtist 还能在虚拟现实和增强现实应用中发挥重要作用,为用户呈现逼真的三维虚拟场景和交互体验。再次,它还可用于三维信息可视化数字教育、数字医疗、数字展览和展示等领域,为这些领域的内容创作提供强大支持。最后,更为令人惊叹的是,iArtist 还能用于全息影像可视化艺术创作,为艺术家展现独特的全息影像效果。

iArtist 的核心功能是创作图文包装所需的各种素材。设计师可以通过该软件轻松创建各种精美的图形和文字效果,满足不同项目的需求。而后续的演播合成系统或实时虚拟演播室合成系统则可以将这些素材应用于在线包装中,为节目增加专业度和视觉冲击力。

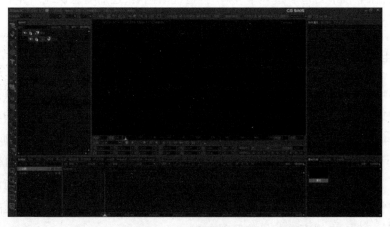

图 4-8　iArtist 软件界面

iArtist 的基本工作流程包括以下几个步骤:第一,导入或创建素材 Clip;第二,添加物件、材质和贴图;第三,给物件创建动画,包括入动画和出动画;第四,设置引出项和关联对象,以实现快速参数调整和关联应用;第五,保存素材,或将素材保存到资源中心,以便快速调用。

iArtist 提供了广泛的素材导入功能,支持各种图片、视频和音频素材的导入。此外,还可以导入 PSD、AI 和网格素材,为用户提供更多创作资源。同时,iArtist 内部还提供丰富的创作功能,用户可以在软件内部创建各种二维和三维物件,例如矩形、圆形、立方体和球体等。这使用户可以更加灵活地进行创作,实现各种想象力的表达。

图 4-9　iArtist 创建矩形

完成素材创建后,应以物件树的形式进行层次化组织,确保每个素材都被分配到相应的层级上,以便更好地管理和编辑。此外,还可以为每个层级的素材添加不同的材质效果,例如常用的"平面纹理"材质效果,以提升视觉效果。这样做可以增加素材的丰富性和多样性,从而提高整体创作的质量和效果。

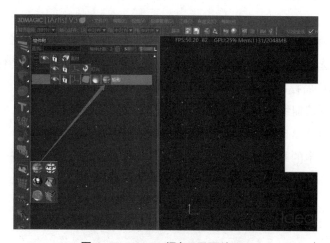

图 4-10　iArtist 添加"平面纹理"

在创建"平面纹理"材质之后,可以根据需要选择不同类型的纹理贴图,例如图片、序列、视频文件和实时视频等。接下来,借助文件浏览功能,可以方便地找到所需的贴图文件,并完成贴图操作。

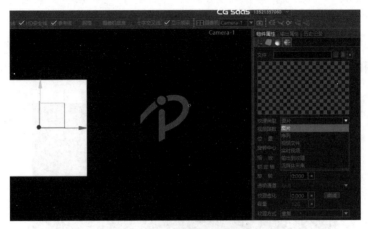

图 4-11　iArtist 设置贴图类型

在设置好材质后,可以开始创建动画。动画的目的是以动态的方式展示素材的出现和消失,以增加在线包装的吸引力。这个过程包括入动画和出动画,以下是具体的步骤:

①在动画段中选择"入动画",点击红色的录制按钮,使动画时间轴变为红色,进入录制状态。

②选择要录制动画的对象。

③定义动画的起始帧,输入开始时间的数值,点击属性参数以选择并更改属性参数值(或按下键盘上的字母"K"键进行录制)。这样就可以将该属性参数录制为起始关键帧。

④定义动画序列的结束帧,将鼠标移动到当前时间线上动画结尾所需的位置,点击属性参数以选择并更改属性参数值(或按下键盘上的字母"K"键进行录制)。这将在当前"入动画"名称的开始时间范围内创建动画的结束范围。

⑤单击录制按钮结束录制,按钮将恢复为原来的灰色状态。在"物件树"对应的属性框的左上角会出现一个红色小点。

⑥这些是基本的录制动画操作,可以打开"时间线"窗口对动画进行编辑。

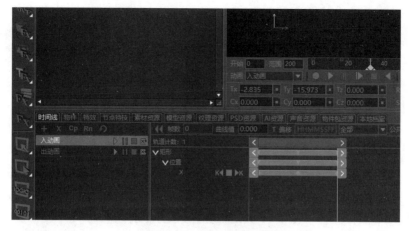

图 4-12　iArtist 动画制作

在完成所有效果和动画设置后，可以将素材保存到资源中心。接下来，可以通过演播合成系统或实时虚拟演播室合成系统在线包装应用素材。这样，可以实现更多样化和个性化的演播效果，并将其应用于各种场景。在这些系统的帮助下，作品可以轻松实现专业级的演播效果，从而吸引观众的注意力并提升其视觉体验。不论是在直播节目、广告宣传还是其他多媒体应用中，都可以使用这些系统创造出独特的视觉效果，使作品更加卓越。

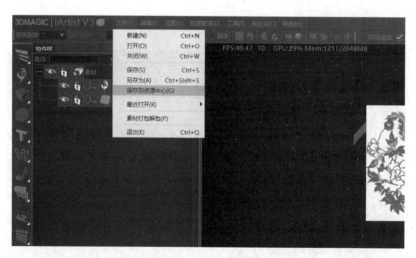

图 4-13　iArtist 素材保存

iArtist 具备快速、高效的三维建模和渲染能力，能够轻松应用外部软件网格素材，并且在动画处理方面表现灵活。这为创作多样化的包装素材提供了广阔的可能性，包括虚拟场景、虚拟物件和三维动态数据展示等。

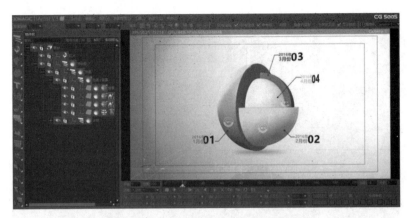

图 4-14　iArtist 数据展示类素材样例

（2）iSet 虚拟演播合成系统

iSet 数字媒体虚拟演播合成系统采用先进的图形图像引擎技术作为核心，基于编播一体的制播流程设计概念，为用户提供了全面的数字媒体生产能力。该系统将节目制作所需的多种功能，如切换台、录像机、在线包装、调音台、色键器、机器人摄像机控制、监视监听等功能全部整合到一个软件工具中，极大地提高了生产效率。此外，系统还具备丰富的镜头运动设计，满足融媒体内容生产的快速推流拉流、各终端直播、录制、截屏等功能需求。同时，搭配数字图形资产云平台，能够快速预演节目效果，实现高效率低成本的制作和应用。

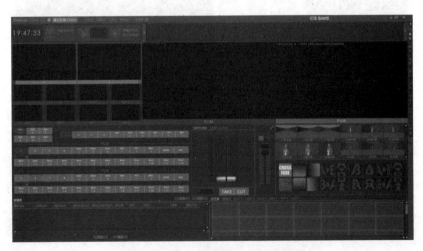

图 4-15　iSet 虚拟演播合成系统界面

iSet 系统不仅依赖于 iArtist 系统进行素材创作，还可以通过 CG SaaS 云平台来获取图形资源。该云平台建立在艾迪普图形图像核心引擎技术的基础上，结合了云计算和大数据管理技术，致力于创建一个全面的图形资源存储和运营平台。该平台提供了丰富多样的资源分类,包括各种图形图像元素、模型,以及各种动画效果包和模板库。资源的数量已经达到数以万计的级别。

图 4-16　CG SaaS 图形资源平台

通过 CG SaaS 资源平台提供的功能,用户可以轻松地下载虚拟演播室场景和虚拟人物等丰富的素材。在 iSet 节目编辑界面中,用户可以根据自己的需求设定镜头景别,并且还可以通过虚拟摄像机云台控制进行调整,以获得最理想的画面效果。此外,用户还可以将设定好的镜头景别添加到顺播单中,在节目播出界面实现多镜头和多景别的切换效果,使节目更加生动和多样化。

图 4-17　iSet 节目编辑界面

4.4 影视后期编辑制作

影视后期编辑是指通过剪辑和艺术加工前期拍摄获取的素材,最终创作出一个能够准确表达导演意图的作品的过程。随着电视节目制作技术的不断进步,影视后期编辑在电视节目制作中扮演着极为重要的角色,其制作水平直接影响着节目的质量。

4.4.1 线性编辑与非线性编辑

(1)非线性编辑的由来

非线性(Non-Linear)是指与线性(Linear)相对的概念。非线性编辑(Non-Linear Editing,NLE)作为一种基于计算机和随机存储技术的节目编辑方式,它使节目片段可以被按照任意顺序进行存取和编辑。这种编辑方式已经成为目前影视后期制作中的主流。

进入20世纪90年代后期,计算机的运算能力和存储容量显著提升,非线性编辑(简称"非编")方式得到了广泛应用。相较于过去需要同时使用两台以上录像机并从不同的磁带进行机对机线性编辑的方式,非线性编辑方式使用硬盘等设备取代了磁带,将视音频素材转换为计算机数据,并以文件形式存储在硬盘或硬盘阵列中,通过计算机和剪辑软件进行节目的编辑。

图 4-18 线性编辑系统

(2)非线性编辑的特征和优势

从制作的角度看,非线性编辑具备两个基本特征。第一,在素材的选择上,非线性编辑能够实现随机存取,即能够瞬间找到素材中的任意片段,而无须进行顺序查找。第二,在编辑方式上,非线性编辑呈现非线性的特点,这意味着编辑人员能够轻松改变镜头顺序,而这些改动并不会对已编辑好的素材产生影响。

与线性编辑相比,非线性编辑具有诸多优势。首先,非线性编辑系统集成了编辑、特技、字幕等多种功能,能够满足多种需求。其次,非线性编辑采用数字信号进行内部处理,因此对节目的修改不会影响最终输出的图像质量。再次,非线性编辑改变了传统的按时间顺序编辑素材的方式,使编辑人员能够任意加长和删除画面,并通过高性能软件随心所欲地添加特技。最后,非线性编辑还能大大降低制作成本,并实现网络化、资源共享,从而提高工作效率。

(3)非线性编辑的工作流程

1)素材获取

素材采集是影视后期编辑的首要步骤。在前期拍摄和资料收集过程中,原始视音频信息以不同的格式存储在不同的媒介上。然而,非线性编辑系统无法直接读取和调用这些信息。通过素材获取,可以将搜集整理的原始视音频信息采集到计算机中,成为可随时供编辑系统调用的素材,以便进行后续编辑操作。

2)视音频编辑

视音频编辑是影视后期编辑中最重要的步骤之一。在这个过程中,编辑者借助之前采集到的素材,根据节目的需求选择和组合镜头,并对视音频内容进行艺术加工,如添加特效和字幕,以实现导演的意图。视音频编辑可以分为粗编和精编两个阶段。

粗编是相对简单的编辑过程。一段素材通常包含多个镜头,然而,并非所有镜头都会在最终的成片中出现。在粗编阶段,编辑者根据节目的需求,剪辑出所需的镜头和声音,初步将这些剪辑好的视音频片段串联在一起。通过粗编,编辑者能够初步确定节目的表现内容和构建节目的结构。粗编是编辑过程中最基础且重要的一部分,也是后续精编的基础。

精编是在粗编的基础上对镜头进行更精细的调整,包括进一步剪辑镜头和添加包装效果。包装主要指在节目中添加特效和字幕,以达到更丰富的表现效果。由于拍摄条件的限制,有时无法直接拍摄到导演所需的画面和声音效果,添加适当的特效能够修饰节目的视音频内容,使成片的呈现更加丰富;而添加适当的字幕则能使画面的含义更加明确,字幕的变换也能提升视觉感受。

3)成片输出

将编辑好的素材片段合成为完整的成片称为输出。与素材片段的片段性不同,成片是指一个结构完整、视音频编辑成熟的影片,是整个后期编辑的最终目标。在这个阶段,根据用户的需求,可以选择不同的输出方式,如将成片回录到磁带上、生成各种格式的文件,或将成片刻录到光盘等。

4.4.2　常用非线性编辑软件

（1）Adobe Premiere

Adobe Premiere 是当前非常流行的非线性编辑软件,也是数字视频编辑领域的一款强大工具。它具备丰富的多媒体视频和音频编辑功能,广泛应用于各个领域,能够高效地帮助用户完成工作。Adobe Premiere Pro 具有全新的用户界面和通用高端工具,满足不同视频用户的各种需求。它提供了前所未有的生产能力、控制能力和灵活性。作为一款创新的非线性视频编辑应用程序,Adobe Premiere Pro 也是功能强大的实时视频和音频编辑工具,深受广大视频爱好者的青睐。

图 4-19　Adobe Premiere 系统界面

（2）Avid Media Composer

Avid 公司的 Media Composer 是全球领先的专业电影与视频编辑工具之一。凭借卓越的性能和功能,它已成为业内首选的软件。作为美国电影电视剪辑师协会认证的产品,Media Composer 荣获过奥斯卡奖和艾美奖,证明了其在电影和电视行业中的卓越表现。作为非线性影片和视频编辑的标准,Media Composer 深受全球大多数创新影片和视频专业人士、独立艺术家、新媒体开拓者和后期制作工作室的喜爱。此外,Media Composer 支持 Mac 和 Windows 平台,为用户提供了更广泛的选择和使用便利。

图 4-20　Avid Media Composer 系统界面

（3）Final Cut Pro

Final Cut Pro 是苹果公司针对 Mac 平台开发的一款非线性编辑软件。它在独立制片电影市场拥有众多的用户，并受到许多商业公司的青睐。许多电视台也选择使用 Final Cut Pro 作为他们剪辑制作的首选工具。甚至很多人购买 MacOS 系统的电脑产品的主要目的就是为了能够使用这款软件。这充分说明了 Final Cut Pro 的吸引力和影响力。

图 4-21　Final Cut Pro 系统界面

（4）DaVinci Resolve

DaVinci Resolve 是一个将剪辑、调色、视觉特效、动态图形和音频后期制作集于一体的软件工具。它具有美观新颖的界面设计，易于学习和使用，即使是新手用户也能快速上手操作。同时，它还提供了专业人士所需的强大功能。使用 DaVinci Resolve 的优点在于无须学习和使用多个软件工具，也不需要在不同的软件之间频繁切换来完成不同的任务,从而能以更快的速度制作出高质量的作品。这意味着可以在制作过程中一直使用摄影机的原始图像。

图 4-22　DaVinci Resolve 系统界面

(5)大洋非编

大洋非编是一款典型的国产非编软件,广泛应用于国内专业电视媒体,深受国内用户的喜爱。而 D3-Edit 则是大洋推出的新一代超高清视音频后期编辑制作系统,专为 4K/8K 超高清电视节目而设计。在软件方面,大洋非线性编辑系统率先实现了对 4K/8K 超高清电视节目后期制作的完整支持,无论是画面分辨率、量化精度、颜色空间、帧率等方面都能满足 UHDTV 标准的要求,从而保证了节目制作的高质量。在硬件方面,D3-Edit 配备了 4K 超高清全接口板卡,支持 12G 或 4 * 3G SDI、HDMI2.0、模拟高标清视频、AES 数字音频接口,并根据不同用户的使用习惯提供了多种监看方案。此外,D3-Edit 5 还采用了新一代的 DirectX 和编解码底层,全面兼容和支持 4K/8K 超高清的记录格式,并融入了业内最新的 HDR(高动态范围)、WCG(广色域)、LUT 等新技术,为 4K/8K 超高清电视节目的后期制作提供了全流程的支持。

图 4-23　大洋非编界面 1

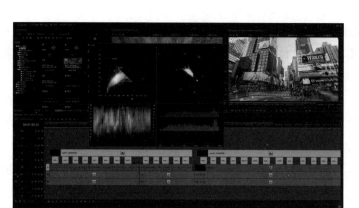

图 4-24　大洋非编界面 2

4.4.3　非线性编辑制作网络(全台网)

(1)非线性编辑制作网络化的原因

在数字化与网络化技术飞速发展的时代,越来越多的信息技术被应用于影视后期编辑中。网络化的后期制作模式已经得到广泛应用,通过网络环境实现多台非编站点之间的资源共享和多人协同工作,显著提高了工作效率。这种模式不仅能用更低的投入换来更高的收益,还能通过网络交换机构建非编工作站点网络,并访问文件服务器和数据库服务器。

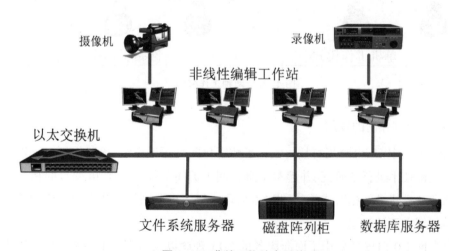

图 4-25　非编工作站点网络

在此架构中,可以通过改变网络传输介质、网络存储设备和设备连接模式等来建立各种规模和级别的网络非编工作系统。这些系统可以根据需求进行灵活的扩展和升级。例如,可以采用光纤等更高速的网络传输介质来提高数据传输速度和效率。此外,还可以使用网络硬盘阵列或云存储服务等更大容量的网络存储设备来满足素材存储需求的不断增长。同时,通过引入交换机或路由器等网络设备,可以实现更稳定和可靠的数据传输和共享,从而提高整个系统的性能和可靠性。具体来说,网络非编具有以下几个方面的优势:

①素材共享:多个用户可以同时在不同编辑站点针对同一条素材进行不同的处理,通过网络系统实现素材的共享和协同编辑,提高了工作效率和素材的多样性。

②设备共用:非编工作站点可以多人复用,通过账号管理模式,团队成员可以互相分享设备资源,包括附加设备如上传下载设备等,实现设备的共享和高效利用。

③操作中继:利用网络中的站点,非编操作可以随时恢复之前中断的操作,即使单台工作站出现故障,也可以在另一台站点继续工作,保证了工作的连续性和稳定性。

④团队合作:由于节目后期制作的制作量大幅增加,现在已经发展为多人团队制作方式。网络非编提供了合理的管理方式,有利于团队的协同工作,充分发挥每个团队成员的工作能力,提高了整体制作效率和质量。

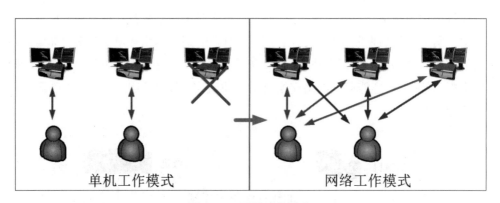

图4-26 两种工作模式

(2)全台制作网的发展

2006年,国家广电总局科技司成立了数字化网络化工作组,该工作组对电视台的网络化关键技术进行了研究,并起草了全台网1.0白皮书。当时,电视台的相关业务规律和业务模式已经相对成熟,因此1.0阶段主要解决了网络化建设中遇到的技术和安全运行等方面的问题。

全台网1.0白皮书采用了面向服务的SOA理念以及最新的ESB+EMB应用集成技术,提出了台内网的总体架构,并凝练了典型要素和模式,为全国电视台推进网络化建设提供了系统的指导性文件,有力地推动了我国电视台内数字化网络化的发展。

从2012年开始,随着云技术的发展,国家广电总局科技司相继下达了多个科研项目任务,对基于云计算技术的电视台下一代全台网技术架构进行了研究,旨在进一步推进台内的网络化、智能化和 IP 化,提高制播效率。

2014 年 8 月,随着媒体融合的提出,国家广电总局成立了"电视台全媒体网络化制播推进工作组",并同步设立了"基于云计算技术的电视台全台网和全媒体制播平台关键技术研究"项目,以媒体融合发展为目标,探索建立电视台全台网 2.0 技术体系,推动电视台内容生产、传播方式、业务形态、服务模式、产业格局等多方面的创新。

第一阶段是整合全台的新闻资源,建立"多来源内容汇聚、多媒体制作生产、多渠道内容发布"的全新生产模式,实现传统媒体与新媒体的全面融合和全新流程再造。

第二阶段是整合广播电视和新媒体原有的技术系统,重点实施对传统节目、综艺节目综合制作的统一平台云化与业务重构,并对相关广告业务、多内容分发业务、互动业务进行云化,基本完成了台内现有 1.0 全台网体系架构向融合媒体技术平台架构的转化,建成了全台统一的基于云架构的云平台。

第三阶段是不断优化和完善云平台的功能,建立多元化的基于云平台的服务体系,提供多种基于云平台的融合媒体业务的应用服务,持续开发创新业务,进一步提升云平台的应用价值。

(3)非编制作岛

非编制作岛指的是一个高度集成的数字视频编辑环境,它通常由高性能的存储设备、先进的非线性编辑软件和硬件组成,通过提供高速数据读写和网络协同功能,实现视频制作的高效率和高灵活度。

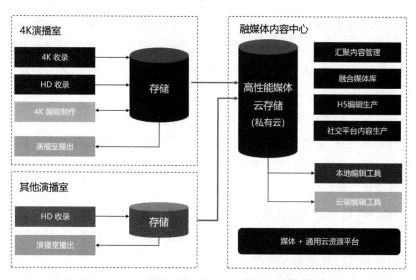

图 4-27 以存储设备为核心的视频编辑制作系统

4.4.4 云非编制作

云非编制作是一种基于云计算技术的创意表达方式,通过将视频剪辑、后期渲染、特效制作等功能移至云端平台,用户可以摆脱传统实体机器的束缚,实现随时随地、高效便捷的创意表达。

云非编制作不依赖于实体机器,用户无须购买昂贵的硬件设备,通过云端平台上的虚拟机,用户可以灵活使用视频剪辑、后期渲染、特效制作等功能,无论身在何处,都能实现创意表达。相比于一次性采购硬件设备,云非编制作采购方式更为经济实惠。用户只需按需使用云端虚拟机,根据实际需求进行计费,节约成本。同时,无须承担软件更新和设备更换的后期运维成本,降低了长期投入。云非编制作提供了强大的计算能力和资源支持,使视频剪辑、后期渲染、特效制作等操作更为高效。用户可以随时根据需求调整虚拟机的配置,提高工作效率,更好地实现创意表达。

云非编制作平台采用严格的数据安全机制,保护用户的创意作品和个人信息。用户可以放心地使用云端平台进行创作,享受安全、可靠的服务。云非编制作是一种创新的创意表达方式,通过摆脱实体机器的束缚,实现视频剪辑、后期渲染、特效制作等操作的高效便捷。用户不仅能够节约成本,提高工作效率,还能够享受安全可靠的服务。随着云计算技术的不断发展,云非编制作将为创意表达领域带来更多的可能性。

4.5 音频加工制作

4.5.1 音频后期制作概述

在音频制作领域,线性编辑系统和非线性编辑系统一直是主要的分类方式。随着计算机处理能力和音频工业的不断发展,非线性编辑已经成为音频后期制作的绝对主流方式。在本节中,我们将讨论音频的非线性后期处理技术,所提到的音频工作站都是非线性音频工作站。

完整的音频后期制作流程一般可分为以下几个环节:

①素材整理:包括素材分类和对板工作。在双系统录制中,需要将音频素材和视频素材进行同步,可以使用时间码锁定或者文件格式如 OMF、AAF 在音视频非编工作站之间进行信息交换。

②素材降噪:这是后期制作中必不可少的环节,主要处理素材中的噪声。采样降噪是常用的降噪方法,但需要注意使用任何降噪工具都会影响音质,因此最好的降噪办法是在同期录音时避免录入噪声。

③素材剪辑:对音频素材进行剪切、增益调整等编辑工作,使其更整齐,方便接下来的音频制作工作。在这个环节中,需要对同期录制的素材进行初步整理,将其放入工程文件中。

④补录台词:也称 ADR,在电视剧和电影制作中常见。指的是在专用的对白录音

棚中,由演员或专业配音演员根据画面对有问题的台词进行补录。如果采用标准的电影工业流程,则所有对白都会在对白录音棚中通过 ADR 方式完成录制。

⑤音效制作:音效制作是声音后期制作中有趣的环节,也称为动效或拟音(Foley)。需要录制身边物品发出的声音,以模拟影片中的特定声音效果。例如,使用折断芹菜的声音来模拟骨骼断裂,使用挥舞衣架的声音来模拟长剑挥动的音效。一些低成本的制作可能会使用音效库中的素材而不进行现场录制。

⑥音乐制作:原创音乐制作环节相当复杂,对于一些电影来说,原创配乐甚至会根据每一帧进行创作。整个制作流程包括作曲、编曲、录制和混音等。一些低成本的制作可能会使用版权音乐库中的音乐或通过网络购买版权音乐。

⑦终混工程准备:在完成上述过程后,将原始素材、音乐、音效、对白等素材合并为一个音频工程文件,为终混进行准备工作。经过整理的工程文件应包含所有声音元素。

⑧声音混音:也称为终混,是影片制作的最后一个环节。在制作过程中,需要对环境声音、对白、音乐、音效等元素进行最终的平衡。经过终混制作的文件应与用户最终听到的版本基本相同。

⑨作品导出:导出是在终混完成后进行的,根据需求将音频输出为不同的格式,包括特定的采样率和声道制式等。

⑩二次降噪:在前面的素材降噪环节中,对素材进行了一次降噪处理。在二次降噪中,可以进一步对音频进行降噪处理,以提高音质和减少噪声。

⑪母带处理:母带处理是声音制作流程中一个重要的环节,尤其在音乐类专辑制作中。通常,在音乐类专辑母版文件输出前,会使用专用硬件对歌曲音量、频率等方面进行细微处理。通过优秀的母带处理,可以大大提升音乐的质感。

4.5.2　音频后期工作站简介

(1) Pro Tools

Pro Tools 是备受影音工业推崇的一款数字音频工作站。目前,Pro Tools 由 Avid 集团(原属 Digidesign)拥有,提供 Mac 和 Windows 两个平台版本。该软件广泛应用于录音棚录音、音乐后期制作,以及电影和电视剧的后期声音制作。随着软件的不断发展,Pro Tools 逐步增强了 MIDI 和沉浸式音频等功能,以更好地满足音乐创作者和混音师的需求。值得一提的是,2022 年,Pro Tools 的订阅更新方式发生了重大变革。从以往的买断+订阅更新制度转变为纯订阅更新制度。这一变化使用户能够更加灵活地享受到最新的软件功能和修复补丁。

(2) Merging Pyramix

Pyramix 是 Merging 公司旗下的一款数字音频工作站,以其卓越的音频录制能力而闻名。它独特的 DSD 录制功能、PMF 文件结构和 MassCore 专利技术的支持,使得使用 Pyramix 进行多轨录音制作变得非常稳定和便捷,不再需要多台设备,仅仅凭借一台电脑就能完成高品质的多轨录音制作。因此,Pyramix 广泛应用于需要处理大量轨道的现场演出同期录音场景。

图 4-28 Pro Tools 音频工作站

图 4-29 Pyramix 音频工作站

(3) Cubase & Nuendo

Cubase 和 Nuendo 是 Steinberg 旗下的两个功能完备的数字音频工作站。Cubase 专注于音乐制作,而 Nuendo 则更专注于专业音频制作。举例而言,Cubase 最高支持 96kHz 的采样率,而 Nuendo 的采样率则可以达到 192kHz。此外,Cubase 最高支持 5.1 声道音频制作,而 Nuendo 则支持更多的沉浸声制作功能。

图 4-30 Cubase 和 Nuendo 音频工作站

(4) Audition

Adobe Audition,简称 Au,是 Adobe 旗下的数字音频工作站,提供音乐、广播、电视等领域相对专业的音频制作工具。它具有强大的混音能力,最多可混合 128 个声道。除此之外,Audition 还有完备的原生主动/被动降噪功能,使其在新闻等时效性高的制作领域被广泛应用。

图 4-31　Audition 音频工作站

(5) Logic Pro

Logic Pro 是一款在苹果平台上开发的数字音频工作站,最初由德国公司 Emagic 开发。苹果收购 Emagic 后,将其打造成专业级音乐软件平台。Logic Pro 具备出色的 MIDI 音序器功能,因此备受音乐创作者尤其是电子音乐制作人的青睐。

图 4-32　Logic Pro 音频工作站

(6) Reaper

Reaper 是由 Cockos 公司开发的一款数字音频工作站软件。它具备强大的功能,价格实惠,拥有灵活的购买政策以及创意工坊式的自制脚本,这些优点使它的用户群体不断扩大。

图 4-33　Reaper 音频工作站

4.5.3 音频后期制作工具简介

(1) 均衡器

音频处理中最常用的工具之一是均衡器(EQ),它可以改变声音原有的频率成分比例,让特定频段的声音变得更加突出或被削弱。均衡器有多种类型,包括通过式滤波、搁架式滤波器、参量均衡器和图示均衡器等。

图 4-34　通过式滤波器

通过式滤波器的作用是让某些频率的音频信号通过滤波器,而其他频率的音频信号则被滤掉。这种滤波器分为高通滤波器和低通滤波器,也被称为"高切"和"低切"滤波器。它们的主要功能是削减音频信号中的高频或低频成分,以达到净化声源或实现特殊效果的目的。通过式滤波器的主要参数是截止频率(均衡曲线衰减 3dB 的频率点)和斜率(以分贝每倍频程表示,通常为 6 的倍数)。

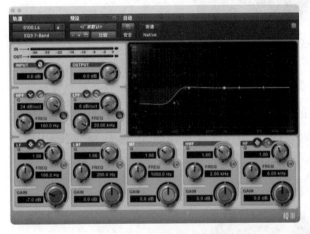

图 4-35　搁架式均衡器

搁架式均衡器得名于其均衡曲线形状。通常,搁架式均衡器用于整体提升或衰减高频段或低频段,例如民用设备中的高低音调整功能。搁架式均衡器的常见参数包括增益、中心频率和截止频率。中心频率指的是过渡范围的一半位置,而截止频率是产生 3dB 增益变化的点。此外,还有少量搁架式滤波器以拐点频率作为频率参数。拐点频率指的是达到设定增益变化量的频率点。

参量均衡器是一种能够对音频信号进行衰减或提升的工具。它的典型频响曲线如图中所示。参量均衡器的主要参数包括频率、增益和带宽。带宽指的是频率两侧截止频率之间的范围,而截止频率则是指增益变化为 3dB 的点。为了更方便地表示带宽,常常用品质因数(Q 值)来计算。Q 值的计算方法是中心频率除以高截止频率和

低截止频率的差值。因此,Q 值越小,带宽越宽;Q 值越大,带宽越窄。由于参量均衡
器具有灵活的参数调整方式,在混音过程中得到了广泛的应用。通过调整频率、增益
和带宽等参数,参量均衡器可以让音频信号更加清晰、平衡和富有层次感。它可以用
来强调或削弱特定频率段的声音,使得音频效果更加出色。无论是在音乐制作、电影
配音还是音频处理领域,参量均衡器都扮演着重要的角色。

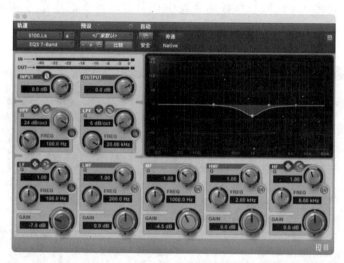

图 4-36　参量均衡器

(2) 动态处理器

动态处理器是用于处理声源动态范围的插件的总称,其中包括压缩器、限制器、噪
声门和扩展器等。动态范围是指音频在一段时间内的最大能量和最小能量之间的差
值。通过调整信号的动态范围,我们可以使小信号变大或大信号变小。此外,还可以
通过处理动态范围来增加节目的音量、降低噪声或通过特殊组合实现"闪避"处理。

压缩器可以衰减超过门限的信号,以控制节目信号过大的部分。合理使用压缩器
可以实现增加温暖度、强化细节、增加响度、平衡电平、重塑动态和使电子音乐更加自
然等多种目标。

限制器可以对超过门限的信号进行限幅处理,确保信号不会超过设定的门限电
平。可以将限制器看作参数设置相对极端的压缩器。

噪声门可以对低于门限的信号进行固定值的衰减,从而在一定程度上控制噪声。
合理使用噪声门可以降低背景噪声、消除串音和重塑声音特性。

扩展器的作用是对低于门限的信号进行衰减,使节目信号中的小部分变得更小。
扩展器可以看作相对平滑的噪声门。

闪避处理器可以对超过门限的信号进行固定值的衰减,以实现"闪避"某个声源
的效果。

动态处理器常见的参数包括门限、建立时间、恢复时间、压缩比或扩展比、增益补偿、拐点、增益变化范围、保持时间和侧链控制等。

如果动态处理设备的参数设置不当,可能会导致抽吸效应和噪声喘息效应。抽吸效应是指由于不当的设置,能够听出由动态处理设备引起的节目信号电平的剧烈变化。噪声喘息现象是指由于不当设置噪声门等动态处理设备导致的信号噪声电平出现明显的可听变化。噪声喘息现象通常发生在节目信号中的小信号部分。但通过合理设置动态处理器的参数,可以避免这些问题,拥有更好的音频质量。

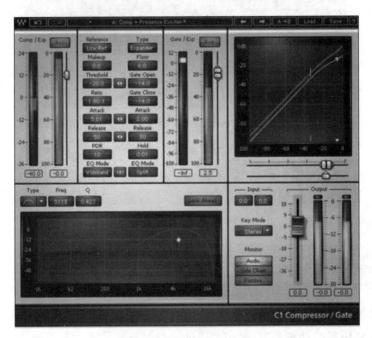

图 4-37 常见动态处理器

闪避处理器通常应用于广播节目中。当主持人发言时,闪避处理器会自动调整音量,使音乐暂时变得较低,从而避免与主持人的声音相互干扰。这一功能通过侧链控制和动态控制模块的协同作用来实现。

(3)混响器

混响是一种声学现象,指声音在特定空间中的多次反射,从而产生独特的听觉感受。通过混响信息,我们能够区分声音是来自卫生间还是客厅。混响器是一种设备,用于产生特定的混响效果。

混响器的作用主要包括模拟自然环境、创造虚拟环境、增加声音的纵深感、强化音乐的情感表达、改变音色等。常见的混响类型包括房间混响、大厅混响、板式混响等。混响器的常见控制参数包括直达声、预延时、混响时间、干湿比等。根据声道数量的不同,混响器还可以分为单声道混响、立体声混响、环绕声混响以及沉浸声混响等。

图 4-38 常见的混响器

（4）延时器

延时器是一种处理器，其基本功能是延后音频信号以实现特定效果。在专业音频制作中，延时器主要应用于两个方面。第一，它可以通过延时处理来实现声音和图像的同步效果。第二，延时效果器可以创造出各种特殊的听觉效果，如增加声音的浑厚度、营造回声效果等。

延时器的常见参数包括延时时间、反馈、扩散、房间尺寸以及干湿比。延时时间指的是延时器延迟音频信号的时间长度，可以根据具体需求进行调整。反馈参数控制延时器产生回声的数量和强度，增加反馈值可以让回声效果更加明显。扩散参数用于控制延时信号在立体声场中的分布，可以使声音更加立体。房间尺寸参数用于模拟不同大小的房间环境，不同的房间尺寸会给音频信号带来不同的混响效果。干湿比则控制延时信号与原始音频信号的比例，可以使延时效果更加突出或自然。通过灵活地调整延时器的参数，可以实现各种不同的音频效果，为音频制作带来更多的可能性。

（5）变速与变调效果器

在磁记录时代，变速和变调是紧密相关的。当使用更高的播放速度时，音调也会提高，反之亦然。

变速效果器是一种可以在一定范围内改变声音速度而不改变音调的工具。它主要用于微调演奏导致的微小速度差异，或者在一定范围内改变已录制声音的速度。变调效果器则是可以在一定范围内改变音调而不引起可闻音质变化的工具。它常常被用于改变伴奏音调以适应特定演唱者的场合。

需要强调的是，无论是变速还是变调效果器，都会对音质产生一定影响。过度设置参数会导致音质损失，因此不建议过度使用。

（6）降噪处理器

降噪处理在音频制作中是一项非常关键的步骤。在介绍降噪处理器之前，笔者再次强调一个观点：最好的降噪方法是避免录制任何噪声。然而，在实际工作中，我们常常无法避免录制到各种噪声，如背景噪声、杂音、爆音和其他突发噪声等。主要的降噪方法包括动态降噪、滤波降噪、采样降噪和智能降噪等。

动态降噪通过动态处理器进行降噪，适用于降低节目中的低电平噪声。然而，如果用于降低曲目中的噪声，可能会出现喘息的现象。滤波降噪利用滤波器降低噪声，适用于处理固定频率的噪声，前提是在该频率缺失后不影响节目信号。采样降噪是一种处理持续噪声的特殊方法，它通过采集噪声样本进行频率分析，并对音频文件进行处理，以达到降低噪声的目的。常用的采样降噪方法是将前面提到的三种方法结合起来，以获得较好的降噪效果。

人工智能降噪是近年来降噪处理的主要发展方向。它包括自动噪声识别、自动插件选择和自动参数设置等功能。常用的降噪工具模块包括非线性频率修复、杂音处理器、爆音处理器和混响去除器等。目前常用的 AI 降噪工具有 iZotope RX 系列和 Waves De-noise 系列等。

最后，需要注意的是，任何降噪手段如果进行过于极端的参数设置，都会对节目的音质造成影响。因此，在使用降噪工具时需要慎重设置参数，以平衡降噪效果和音质保留的程度。

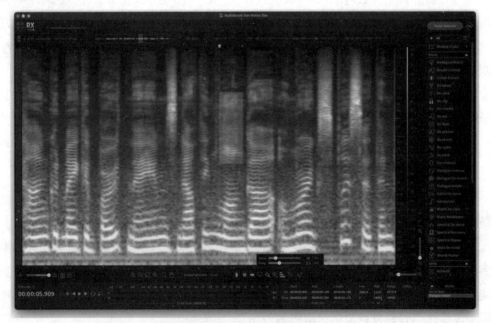

图 4-39 iZotope RX 降噪软件

(7) 母带处理器

母带处理是专业音频生产中的重要一环,尤其在音乐领域中更是常用。它的主要任务包括处理淡入淡出效果、动态处理和调整曲目间平衡等。然而,母带处理的过程比表面上看起来的复杂得多。它需要使用昂贵的处理设备和精准的监听设备,同时还需要一个优质的监听环境。

作为音频制作者需要明确淡入淡出效果的处理工作应该交给专业的母带工程师来完成。在制作单个节目时,也需要注意留出一定的动态余量,给母带工程师足够的空间来完成他们的工作。这样一来,可以确保最终的音频产品具有高质量的淡入淡出效果、出色的动态处理和平衡的曲目间过渡。

因此,对于音频制作者来说,了解母带处理的重要性和复杂性是非常关键的。只有明确了各自的职责和任务后,才能确保音频制作的每一个环节都达到最佳状态,并最终呈现出一部高质量的音频作品。

4.5.4　小结

音频后期制作是一门复杂的学问,需要使用各种不同的工具,并且工作量很大。本节介绍的音频后期制作知识只是冰山一角,只能帮助读者对其有一些初步了解。近年来,音频制作向着多声道、沉浸式和 IP 化的方向发展。使用更多的麦克风和录音通道,并使用复杂的多声道渲染器来代替传统的立体声制作流程已成为潮流。如果你对音频制作感兴趣,需要从这里入门,并进行深入学习。

4.6　视频内容的后期调色

4.6.1　调色的目标

调色的目标按照顺序排列通常分为以下四个:
①建立合适的色调范围
②移除任何偏色
③匹配镜头使前后镜头一致
④形成独特的影像风格

前两个步骤是视频调色的基础,为后续的步骤打下基础。第三个步骤的目标是统一不同场景和时间下拍摄镜头的颜色差异,包括统一亮度、色温和影调等,以确保整个视频在视觉上的一致性。第四个步骤则是为了创造出独特的影像风格,就像《黑客帝国》和《七宗罪》等电影一样。通过调整色调、对比度和色彩饱和度等参数,可以突出电影的主题和情感,并赋予其独特的影调风格。

4.6.2 调色的基础知识

（1）色温

色温是表示光线中包含颜色成分的一个计量单位。从理论上说，黑体温度指绝对黑体从绝对零度（-273℃）开始加温后所呈现的颜色。黑体在受热后，逐渐由黑变红，转黄，发白，最后发出蓝色光。当加热到一定的温度，黑体发出的光所含的光谱成分，就称为这一温度下的色温，计量单位为开尔文（K）。

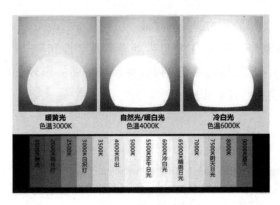

图 4-40　色温的变化

（2）色彩空间

色彩空间的本质在于利用物理设备对颜色进行测量和模拟，以描述和表达其测量和模拟结果。最基本的色彩空间是 RGB 色彩空间，它通过红色、绿色和蓝色三种原色的色度定义。通过这种方式，我们可以确定一个色彩三角形，并生成各种颜色。

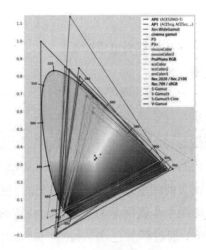

图 4-41　色彩空间马蹄图

（3）视频示波器

YC 波形是用来展示图像的亮度和色度变化的。从左到右的位置对应着从左到右的亮度和色度。矢量示波器则以极坐标矢量图形的形式显示图像,矢量的幅度代表着色度信号的幅度,也就是色饱和度;相角则代表着色度信号的相位,即色调。为了显示色度信号的极坐标图(矢量图),需要将色度信号中的 B–Y 分量加到示波器的水平偏转轴上,将色度信号中的 R–Y 分量加到示波器的垂直偏转轴上。RGB 分型则是对R、G、B 三个通道的亮度值的分析。

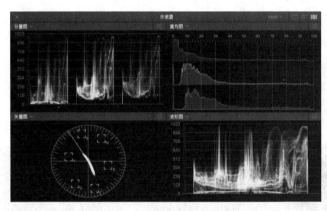

图 4-42　视频示波器界面

4.6.3　调色的步骤

第一步,检查所有需要进行调色的镜头,并确定它们大多数处于哪个场景。在这个场景中选择一个中景或者近景的镜头作为起点。根据这个镜头建立适当的色调范围,并去除其中的色彩偏差。接下来,将这个场景中的其他镜头与起点镜头进行色彩匹配。

第二步,创建调色节点,进行一级调色,调整画面的亮度、色温和饱和度。

①亮度调整:首先,调整阴影部分的亮度,使其既不太暗也不过亮,以确保阴影细节的可见性。其次,调整高光部分的亮度,使画面的亮度更加生动,同时避免过曝。最后,调整中间调,使整体画面曝光在合适的范围内。

②色温调整:可以使用吸管工具选取画面中的中性物体,进行白平衡校准;也可以手动调整色温参数来改变画面的整体色度。

③饱和度调整:可以调整整体画面的饱和度,也可以选择单独的颜色进行饱和度调整,使画面色彩更加丰富生动。

④偏色调整:使用四个色轮工具,分别调整暗部、中灰、亮部和整体画面的颜色偏移,以达到所需的色调效果。

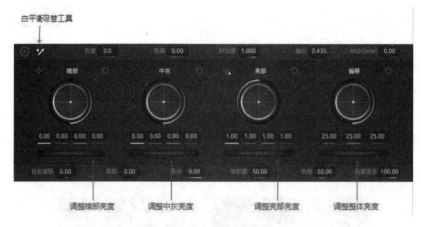

图 4-43 一级调色界面

第三步,创建下一级调色节点,对画面的局部进行二级调色。在进行局部调整之前,先使用选色工具或选区工具选择要调整的区域,然后对所选区域进行颜色调整。

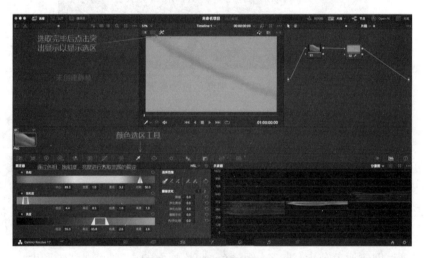

图 4-44 二级调色界面

第四步,调整其他镜头的颜色使前后镜头颜色一致。

4.7 实践指导:互联网短视频快速加工

4.7.1 抖音 App 直接剪辑加工

①打开抖音应用程序后,点击底部的"+"按钮,在弹出的选项中选择相册。在相册中选择想要进行剪辑的素材,可以是单个视频,也可以是多个视频或图片。选择完

素材后,可以点击"一键成片"自动进行剪辑,或者点击"下一步"进入编辑页面。

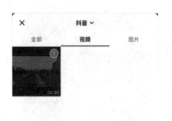

图 4-45　抖音添加素材界面

②点击上方的"选择音乐"按钮,从素材库中挑选适合的背景音乐作为背景,同时保留原始视频的声音,还可以根据需求调整音量大小,达到最佳效果。

图 4-46　抖音调整配乐界面

③点击右侧的"剪辑"按钮,进入剪辑页面。在该页面,可以直接拖拽多段素材并调整它们的前后顺序。对于视频素材,可以点击它们来进行分割、变速、音量调整、旋转、倒放或删除等操作。对于音频素材,可以点击它们来进行音量调整、淡化、分割、变速或删除等操作。如果需要添加更多素材,点击右上角的"+"按钮。在完成剪辑后,

点击右上角的"保存"按钮。

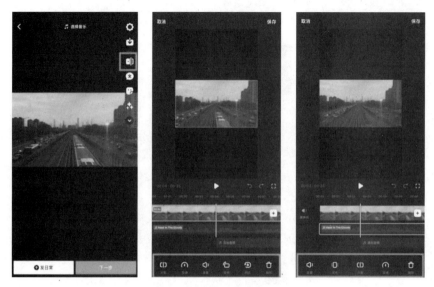

图 4-47 抖音视频剪辑界面

④继续对视频添加"文字""贴纸""特效""滤镜"等效果。添加完成后点击"下一步"进入发布页面,或点击 ,保存至手机相册。

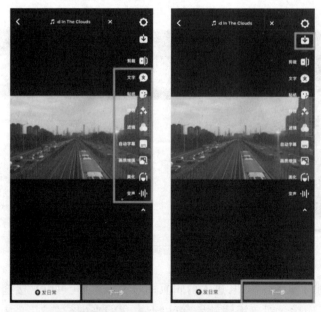

图 4-48 抖音发布及存储界面

4.7.2　剪映 App 移动端

剪映 App 的剪辑功能相对于抖音 App 自带的剪辑功能更复合、更强大。

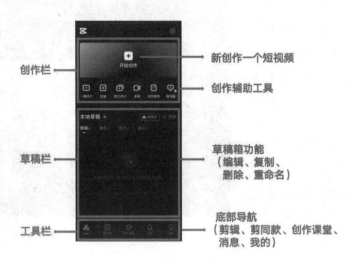

图 4-49　剪映移动端界面

①点击"开始创作",选择需要剪辑的素材,点击"添加"导入。

②点击下方工具栏可剪辑视频,添加"音频""文本""贴纸""画中画""素材""特效""滤镜"等,还可以调整视频比例和背景。

图 4-50　剪映导入素材界面

图 4-51　剪映剪辑视频界面

③点击视频素材,可对其进行"分割""变速""音量"调整,可添加"动画",可选择"删除""抠像""抖音玩法""音频分离""编辑""滤镜""美颜美体""蒙版""防抖"等选项。

④点击音频素材,可对其进行"音量"调整,添加"淡化"效果,进行"分割""变声""踩点""删除""变速""降噪""复制"等操作。

⑤视频剪辑完成后,点击右上角"导出",导出后的视频将保存在相册中。

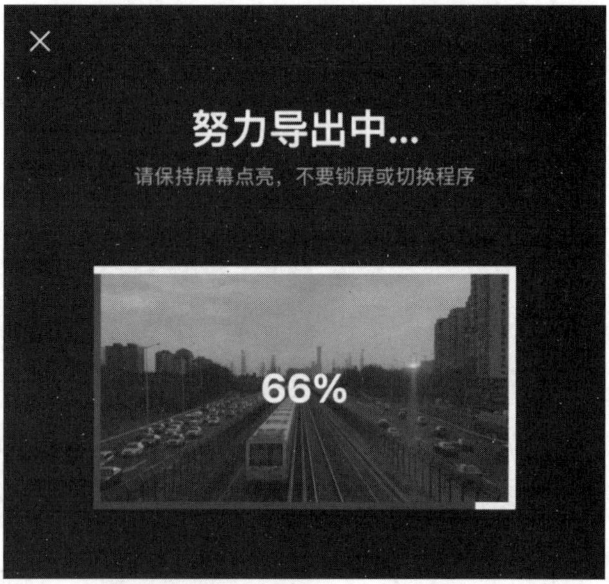

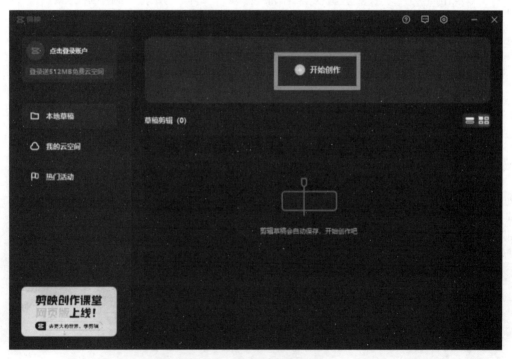

图 4-52　剪映导出视频界面

4.7.3　剪映 App 电脑端

①点击"开始创作"新建工程。

图 4-53　剪映电脑端开始界面

②点击"导入"按钮,选择想要剪辑的视频、音频和图片素材,再将素材逐个拖放到时间轴上。点击播放器右下角,可以调整视频的比例。默认设置为"适应",即保持素材的原始比例。

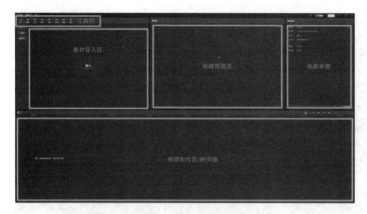

图 4-54　剪映电脑端剪辑界面　　　　　　　　图 4-55　视频比例选择

③选中时间轴上的素材,可对"画面""音频""变速""动画""调节"等选项进行设置。

④"媒体"中有剪映 App 自带的视频素材库可使用。

图 4-56　视频素材库

⑤下面是音频素材的选用。"音频"选项中,按分类可找到"音乐素材"和"音效素材",或直接在搜索栏搜索想要的音频素材,或通过"音频提取"导入视频/音频文件中的音频,也可以通过"抖音收藏"和"链接下载"导入所需的音频素材。

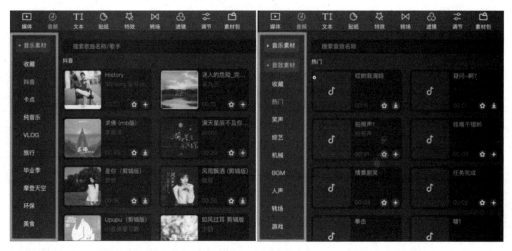

图 4-57 音频素材库

⑥文本方面,可以直接新建"默认文本",或通过"花字""文字模板"新建带样式、效果和动画的标题和文字。如果视频中有对话或解说,可以通过"智能字幕"自动识别音视频中的人声并生成字幕,如果已经有音视频对应的文稿,也可以直接导入并匹配。

⑦在时间轴上选中文本后,可以在右边设置区对文本的"字体""字号""样式""颜色""位置""效果""动画"等方面进行设置,文本时长直接在时间轴中拖动调整,文本大小和位置可直接在预览画面中调整。

图 4-58 文本内容编辑

⑧可以在视频中添加相关贴纸,增加视频的可看性和趣味性。

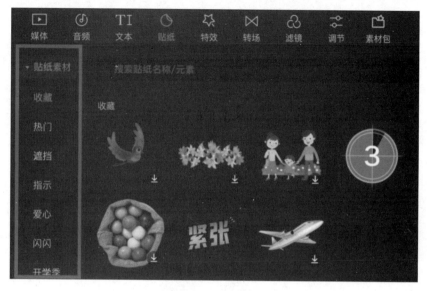

图 4-59　贴纸素材

⑨可以直接将"特效"或"滤镜"拖拽至图片或视频上,给素材添加所需特效或滤镜,也可以先在时间轴中选中单个或多个素材,点击"调节"选项,对其色彩、明度、效果等方面进行调节。

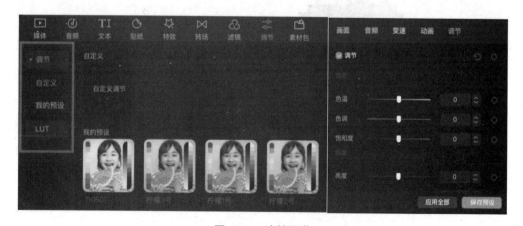

图 4-60　滤镜调节

⑩视频剪辑、包装、调色完成后,点击"导出",对视频进行导出设置。

第5章　视听内容的存储与管理

5.1　视听内容的数据产生

5.1.1　图像基础

视频是一系列连续的图像,而图像则由众多色彩斑斓的点构成。这些点就是所谓的"像素点"。"像素"一词的英文为 Pixel(缩写为 PX),这个单词是由 Picture(图像)和 Element(元素)两个单词组成的。

图 5-1　像素示意图

(1) 图像分辨率

像素是图像显示的基本单位。通常说一幅图片的大小,例如 1920×1080,就是长度为 1920 个像素点,宽度为 1080 个像素点,乘积是 2,073,600,也就是说,这幅图片是两百万像素的。1920×1080 也被称为这幅图片的分辨率。

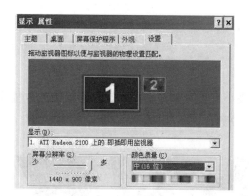

图 5-2 图像分辨率

(2)什么是 PPI

PPI,全称为 Pixels Per Inch,即每英寸像素数。它指的是手机(或显示器)屏幕上每英寸的面积能容纳多少个像素点。PPI 值越高代表屏幕像素密度越高,图像呈现更加清晰细腻。因此,PPI 值越高,屏幕的显示效果就越好。

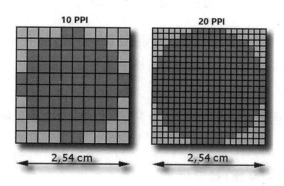

图 5-3 PPI

苹果公司引领了一个前所未有的时代,推出了划时代的视网膜(Retina)屏幕。这款屏幕的每英寸像素密度高达 326,让画质变得清晰无比,完全消除了以往屏幕上的颗粒感。

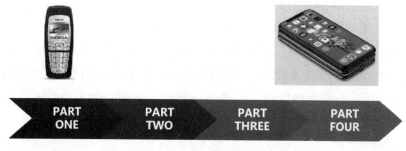

图 5-4 手机屏幕的进步

5.1.2 图像的颜色

(1)像素点的颜色

像素点是图片中最小的可见单位,它们必须具有颜色才能形成绚丽多彩的图像。那么,又该如何表示这种颜色呢?

图 5-5 各种生活中的颜色

在我们的生活中,有很多种颜色。然而,在计算机系统中,用文字来准确地描述颜色是不可能的。在这个数字化的时代,我们使用数字来表示颜色。

(2)光学三原色

红色、绿色、蓝色是光学三原色。光学三原色组成显示屏显示颜色,当三种色光混合时,产生白色光。

5.1.3 视听内容(视音频)数字化

有了视频之后,就会面临两个问题,一个是存储,另一个是传输。因此,视频编码就显得至关重要。如果一个视频没有经过编码,它的体积将非常庞大。以一个分辨率为 1920×1080、帧率为 50 的视频为例,计算如下:

像素数量为 1920×1080 = 2,073,600(像素)

每个像素点占用 24 位(bit)

所以每幅图片的大小为 2073600×24 = 49,766,400 bit

8 bit(位)= 1 byte(字节),因此 49,766,400 bit = 6,220,800 byte ≈ 6.22 MB。

这是一幅 1920×1080 像素的图片的原始大小。将其乘以帧率 50,即每秒视频的大小为 311 MB,每分钟大约为 18 GB。对于一部时长为 90 分钟的电影来说,大约需要 1640 GB 的存储空间。

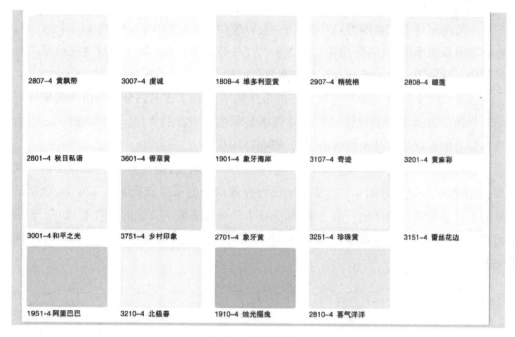

图 5-6 不同的黄色

5.2 视听内容数据存储

5.2.1 视听内容压缩编码

编码的主要目的是实现压缩,通过压缩可以减小视频文件的体积,从而方便存储和传输。为了实现这一目标,有各种不同的编码方式可供选择。这些编码方式多种多样,但其根本目的都是相同的,即通过压缩来减少视频文件占用的空间,以便更好地进行存储和传输。

(1) YUV 的数字化方式

YUV 是一种与 RGB 不同的数字化颜色表示方式。在视频通信系统中,采用 YUV 的主要原因是 RGB 信号不利于压缩。由于人眼对亮度和暗度的分辨能力高于对颜色的分辨能力,因此可以将更多的带宽用于存储亮度信号(Y),而较少的带宽用于存储色度信号(U 和 V),从而有效减少存储空间。因此,YUV 中的"Y"代表亮度(Luma),而"U"和"V"代表色度(Chroma)。在数字图像领域,YUV 通常称为 Y′CbCr,而在模拟信号领域则使用 YUV 的术语。因此,在 MPEG、DVD 或摄像机中,当提到 YUV 时,实际上指的是 Y′CbCr。

（2）YUV 采样方式

主流的采样方式有四种：YUV4：4：4、YUV4：2：2、YUV4：2：0、YUV4：1：1。在数字电视技术中，常常使用 4：2：2、4：2：0 等方式来表示数字分量电视信号的采样结构。这种表示法的原始含义是亮度与色度信号的采样频率之比。

以 4：2：2 为例，4 表示亮度信号的采样频率，2 和 2 表示两个色差信号的采样频率。具体而言，4 表示亮度信号的采样频率是彩色副载波的 4 倍，即 13.5MHz，2 表示色差信号的采样频率是副载波的 2 倍，即 6.75MHz。

这种表示方式还可以用来表示亮度与色度的清晰度，即采样点数量的比例。例如，标清数字分量信号的 4：2：2 表示每行亮度信号的采样点数量是 720 个，色度信号的采样点数量是亮度信号的一半，即 360 个。而高清数字分量信号的 4：2：2 表示每行亮度信号的采样点数量是 1920 个，色度信号的采样点数量是亮度信号的一半，即 960 个。

1）4：4：4

4：4：4 是指对色度信号进行初始采样，而不进行压缩处理，也被称为全带宽或全色彩方式。它适用于 XYZ、RGB 等色彩空间，并对图像质量有着最高要求。在数字电影摄影、数据存储记录和解码放映等领域得到广泛应用。此方式特别适合用于复杂特技，如高精度色键合成等应用。举例来说，HDCAM-SR 格式可以使用 Dual link HD-SDI（双通道高清串行数字接口）来记录 4：4：4 RGB 信号。

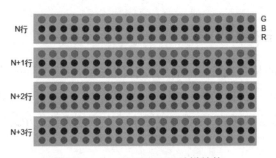

图 5-7　4：4：4（RGB）采样结构

为了减少数字电视信号源的码率，通常电视制作中很少使用 4：4：4 的 RGB 全带宽采样结构。相反，常常采用 Y、B-Y、R-Y 采样。这是因为人眼对色度信号的分辨能力比对亮度信号的分辨能力低。通过对 B-Y 和 R-Y 色度信号进行亚采样处理，使其采样点数量少于亮度信号的采样点数量，从而降低了视频信号的总带宽。这种处理方式有助于信号的存储和传输。

2）4：2：2

4：2：2 采样方式是在 YUV、YCbCr 等色彩空间中广泛应用的一种采样方式。它的特点是将色度信号的采样率设为亮度信号的 1/2,并且色度信号在水平方向上的采样点数量也是亮度信号的 1/2。这种采样方式对图像质量要求较高,因此在电视演播室等领域以及电视台高质量节目制作中被广泛采用。

采用 4∶2∶2 采样方式不仅可以保持图像细节,还可以减少数据量,提高图像的传输和存储效率。它具有较好的色彩还原和图像处理性能,可以更加真实地还原图像的色彩和细节,为观众带来更好的视觉体验。

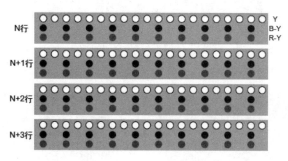

图 5-8　4∶2∶2 采样结构

3)4∶1∶1

4∶1∶1 的采样结构是一种常见的视频采样方式。在这种结构中,色度信号的水平方向采样点数量是亮度信号数量的 1/4。换句话说,每个亮度采样点只有一个对应的色度采样点。这种采样结构被广泛应用于数字视频编码和传输中,因为它可以显著减少数据量,同时保持相对较好的图像质量。使用 4∶1∶1 的采样结构,可以在图像中保留足够的亮度细节,同时对色度进行一定程度的抽样。这种抽样方式在某些应用中效果良好,尤其是对色彩信息要求相对较低的情况下。然而,在需要更高色彩保真度的应用中,可能需要更高级别的采样结构,如 4∶2∶2 或 4∶4∶4。4∶1∶1 的采样结构是一种常见的视频抽样方式,可以通过减少色度信号的采样点数量来降低数据量,同时保持相对较好的图像质量。

4)4∶2∶0

4∶2∶0 是一种色度信号的采样方式,它指的是在水平和垂直方向上,色度信号的采样点数量只有亮度信号的一半。然而,需要注意的是,在不同的技术标准中,4∶2∶0 的色度信号采样结构可能有所不同。

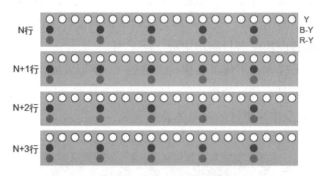

图5-9 4:1:1采样结构

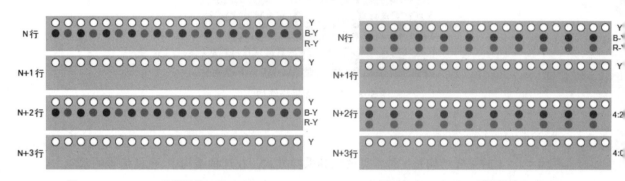

图5-10 4:2:0采样结构（MPEG-1）　　　　　图5-11 4:2:0采样结构（MPEG-2）

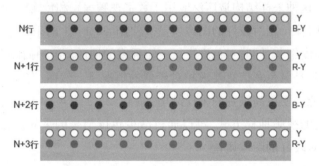

图5-12 4:2:0采样结构（DVB）

如果换一个角度,用像素数量来表示不同采样结构,可以参见图5-13、图5-14。

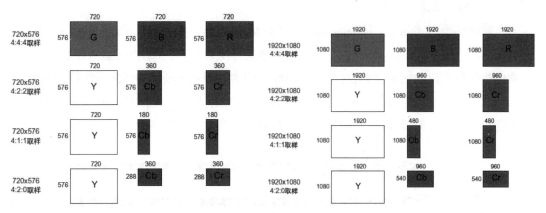

图 5-13 用像素数量表示的标清电视不同采样结构示意图

图 5-14 用像素数量表示的高清电视不同采样结构示意图

采用 4：1：1 和 4：2：0 等采样方式,色差信号的采样频率相对于 4：2：2 采样方式减去一半,导致丢失了一些后期制作中的重要色彩信号信息。由于色彩信号带宽信息减半,这些采样方式不适合进行高质量的多代编辑、复杂特技和校色等后期制作。然而,对于普通的新闻采访和专业级的节目制作编码,可以采用 4：1：1 或 4：2：0 非标准采样方式,以牺牲图像质量来节省设备费用。

在高级的后期制作中,尤其是特效合成和新一代的数字电影制作中,4：4：4 采样方式无疑提供了最优质的色彩和清晰度。

4：2：2、4：1：1、3：1：1、4：2：0、3：1.5：0 等色度采样方式是通过预滤波、亚采样等处理方法从 4：4：4 色度采样方式转换而来的。这些处理旨在以无损压缩的方式通过降低彩色分辨率来减少数字电视信号的码率。

5.2.2 视听内容压缩方式

(1) 有损压缩和无损压缩

视频压缩中的损失(Lossy)和无损(Lossless)概念与静态图像压缩类似。无损压缩表示压缩前后数据完全相同,解压缩后没有任何数据丢失。大多数无损压缩使用 RLE 行程编码算法。然而,有损压缩则意味着解压缩后的数据与压缩前的数据不完全一致。在压缩过程中,需要丢弃人眼或人耳不敏感的图像或音频信息,而这些丢失的信息是无法恢复的。为了达到低数据率的目标,几乎所有高压缩算法都采用有损压缩。丢失的数据量与压缩比相关,压缩比越小,丢失的数据越多,解压缩后的效果通常也会越差。此外,一些有损压缩算法还会采用多次重复压缩的方式,这会导致额外的数据丢失。

（2）帧内压缩和帧间压缩

帧内压缩（Intraframe compression），又被称为空间压缩（Spatial compression）或 I 帧压缩（I-frame compression）。在对一帧图像进行压缩时，只考虑当前帧的数据，而不考虑相邻帧之间的冗余信息，这与静态图像压缩的原理相似。帧内压缩通常采用有损压缩算法。由于压缩过程中各个帧之间没有相互关系，因此压缩后的视频数据仍可按帧进行编辑。然而，帧内压缩的压缩率一般不会太高。

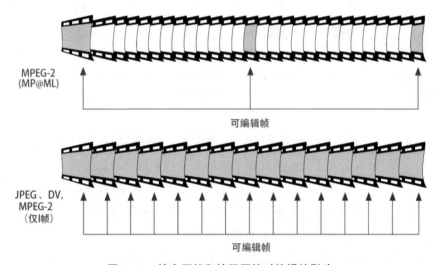

图 5-15　帧内压缩和帧间压缩对编辑的影响

帧间（Interframe）压缩，又称为时间压缩（Temporal compression），是指在连续的视频或动画中，前后两帧之间存在较大的相关性或信息变化较小的情况。这意味着在连续的视频中，相邻帧之间存在冗余信息。利用这一特点，我们可以通过进一步压缩相邻帧之间的冗余量来提高压缩效果，并减小压缩比例。帧间压缩通常是无损的。最常见的应用是 GOP 大于 1 的 MPEG-2。在这种情况下，MPEG-2 流包括 I 帧和预测的 B 帧、P 帧。没有 GOP 的情况下，预测帧无法单独解码，因此必须解码整个 GOP。这对于传输非常有利，但对于精确的编辑来说，却无法提供所需的灵活性。

不同的压缩算法都属于这两种基本的压缩方式，其压缩原理是一致的：要么在帧内去除冗余数据，要么在两帧或多帧之间去除冗余数据。各种不同的冗余数据识别和处理方式以及算法，形成了各种效率高低不同的压缩算法。

5.2.3　视频编码标准

视频压缩编码标准是由国际组织制定的，以下分别介绍。

（1）ISO

运动图像专家组（Moving Picture Experts Group, MPEG）是由国际标准化组织

(ISO)和国际电工委员会(IEC)合作组成的一个工作组,又称 ISO/IEC JTC1/SC29/WG11。其主要任务是制定与运动图像(视频)和音频相关的压缩、处理和播放标准。经过多年的发展,MPEG 已成功推出了一系列重要的音视频标准,其中包括 MPEG-1、MPEG-2、MPEG-4、MPEG-7 和 MPEG-21。这些标准由视频、音频和系统三个部分组成,形成了一个完整的多媒体压缩编码方案。通过使用 MPEG 标准,用户可以高效地压缩和传输音视频内容,同时保证播放的可靠性和兼容性。MPEG 的工作成果对数字娱乐、广播电视、通信等领域产生了巨大的影响,并为数字化时代的多媒体应用提供了坚实的基础。

(2)ITO

视频编码专家组(VCEG)是国际电信联盟标准化部门的一个工作组,下设 16 个子小组。其中,第 16 子小组的官方名称为 ITU-TSG16,致力于制定多媒体、系统和终端的国际标准。VCEG 的主要任务是制定与电信网络和计算机网络相关的视频通信标准,包括 H.261、H.263、H.263+、H.263++和 H.264 等。与 MPEG 标准不同,H.26x 系列标准专注于视频的压缩编码方法。这些标准为视频传输和存储提供了高效率和高质量的解决方案,并广泛应用于视频会议、流媒体、视频监控等各个领域。

(3)JVT

联合视频小组(JVT)由来自 ISO/IEC JTC1/SC29/WG11(MPEG)和 ITU-T SG16(VCEG)的专家组成。它的成立源于 MPEG 对先进视频编码工具的紧迫需求。JVT 的主要任务是促进 H.264 和 MPEG-4 第十部分的发布。这两个标准的发布对于视频编码技术的发展至关重要,并为用户提供了更高效、更优质的视频体验。

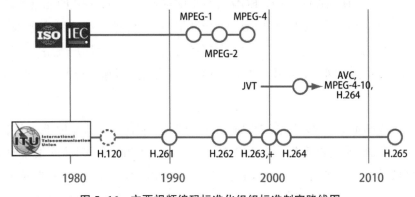

图 5-16　主要视频编码标准化组织标准制定路线图

计算法则是一种用于压缩和解压缩的信号编码解码器(Codec)算法。它包括压缩和解压缩过程中采用的标准。在视频压缩中,常见的标准有 MPEG-1、MPEG-2、MPEG-4/AVC/H.264、H.265、M-JPEG、JPEG 2000 和 DV 等。这些算法能够高效地压缩视频信号,并在解压缩后保持高质量。这些压缩标准的应用使视频文件的存储和传输变得更加快捷和便捷。

5.2.4 视频编码技术种类

(1)MPEG

MPEG(运动图像专家组)制定的压缩编码标准主要有 MPEG-1、MPEG-2 和 MPEG-4。

1)MPEG-1

MPEG-1 是一种专为 1.5MB/s 以下码率的数字存储媒体应用而设计的视音频编码标准。它旨在提供高质量的活动图像和相关音频编码。该标准于 1992 年 11 月发布,并被正式命名为"用于数字存储媒体的 1.5MB/s 以下的活动图像及相关音频编码"(ISO/IEC 11172)。

MPEG-1 视频压缩算法采用了三个基本技术,分别是运动补偿、离散余弦变换(DCT)编码技术和熵编码技术。通过应用这些技术,MPEG-1 能够有效地压缩视频数据,在有限的码率下传输高质量的图像和音频。

MPEG-1 仅针对逐行扫描的视频进行研究和开发。为了实现 1.5MB/s 的目标速率,输入的视频需要先转换为 MPEG-1 标准中的通用中间格式(CIF)输入视频格式。CIF 包括两种分辨率,分别是 352×288×25(适用于 PAL 制)和 352×240×30(适用于 NTSC 制)。

MPEG-1 的技术应用中最成功的产品之一是 VCD(Video Compact Disc)。VCD 是一种将经过压缩的视频存储在 CD-ROM 光盘上的格式,一个 650MB 的光盘可以存储约 72 分钟的视频。由于价格低廉,VCD 在 20 世纪 90 年代被广泛应用和普及。此外,MPEG-1 还被应用于数字电话网络上的视频传输,如非对称数字用户线路(ADSL)、视频点播(VOD)以及教育网络等领域。MPEG-1 的技术在多个领域展现了广泛的适用性。

2)MPEG-2

MPEG-2 制定于 1994 年,是 MPEG 工作组制定的第二个国际标准,正式名称为"通用的活动图像及其伴音编码"(ISO/IEC 13818)。MPEG-2 标准的发布对于视音频编码领域是一次重要的突破。相比于 MPEG-1,MPEG-2 进行了重要的改进和补充,以满足更高的图像质量和传输要求。首先,MPEG-2 引入了帧场自适应编码的支持,有效地处理电视的隔行扫描格式。这使 MPEG-2 能够更好地适应不同类型的视频信号,并提供更清晰流畅的图像。其次,MPEG-2 支持可分级的编码,根据需要进行不同程度的压缩,以满足各种应用场景的需求。再次,MPEG-2 还扩大了重要的参数值,可以处理更大的图像格式和更高的码率。最后,在编码算法细节上,MPEG-2

进行了很多补充,进一步提升了编码效果。MPEG-2 采用分层结构组织数据,其中视频数据流包括六个层次:图像序列(Video sequence)、图像组(Group of Pictures,GOP)、图像(Picture)、片(Slice)、宏块(Macro block)和块(Block)。这种组织方式有效地提高了视频的压缩效率和传输性能。总的来说,MPEG-2 的发布为数字存储、数字电视和视频通信等领域提供了高质量和高效率的编码标准,推动了数字媒体技术的发展和应用。

MPEG-2 技术通过利用视频帧之间的相似性,将视频划分为不同的帧类型,包括 I 帧、P 帧和 B 帧。

I 帧,也称为帧内编码图像帧(Intra-coded picture),仅利用本帧的信息进行编码,不依赖于其他图像帧。它为其他帧的生成提供了基础。

P 帧,也称为预测编码图像帧(Predictive-coded Picture),采用运动预测的方式,利用之前的 I 帧或 P 帧进行帧间预测编码。它只传送主体变化的差值,省略了大部分细节信息。新生成的 P 帧又可以作为下一帧的参考帧。

B 帧,也称为双向预测编码图像帧(Bidirectionally predicted picture),利用前后的 I 帧或 P 帧进行运动补偿预测,生成图像。B 帧只反映 I 帧、P 帧画面的运动主体变化情况,在重放时需要参考 I 帧和 P 帧的内容。B 帧在压缩比方面提供了最高的优势。

从数据量上来看,一个 I 帧所占用的字节数大于一个 P 帧,而一个 P 帧所占用的字节数又大于一个 B 帧。

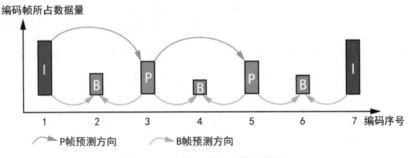

图 5-17　I 帧、P 帧、B 帧示意图

通过 MPEG-2 编码,采用了多种压缩技术来提高数据压缩比率。其中,帧内压缩方式和基于运动补偿的帧间压缩技术起到了关键作用。

具体而言,一个 GOP(Group of Pictures)由以 I 帧为起始的一串 I 帧、B 帧、P 帧组成。在帧序列中,从前一个 I 帧到下一个 I 帧之间的 B 帧数量决定了 GOP 的长度。例如,在序列"I1B2B3P4B5B6P7B8B9I10"中,从 I1 到 B9 的帧序列构成了一个 GOP 的长度。

不同帧重复方式会导致 GOP 长度的差异。当帧重复方式为只有 I 帧(全 I 帧压缩,也称为 I Only)时,GOP 的长度最短。当帧重复方式为 IB 时,GOP 稍长。而当帧重复方式为 IBP 或 IBBP 时,GOP 的长度较长,这会导致一定的延迟并影响存取速度。

总体而言,GOP 越短,码率越大,图像质量也会越好。而 GOP 越长,码率越小,但图像质量也会相应降低。从编码效率来看,较长的 GOP 效率更高,但在编辑过程中可能更加困难。

全 I 帧压缩和长 GOP 压缩的特点比较可以通过下表进行了解。

表 5-1　全 I 帧压缩和长 GOP 压缩的特点比较

	全 I 帧压缩		长 GOP 压缩	
压缩方法				
节省比特率	更小	只使用空间关联	更大	使用空间和时间关联
处理延时	更小	1 帧	更大	多帧
编辑难易程度	更容易	逐帧	较困难	基于 GOP
多代劣化	更小	帧内结构	更大	长 GOP 结构
误差传递	更小	最大 1 帧	更大	多帧
并行处理	更容易	最大 1 帧	较困难	多帧

为了满足不同应用需求,MPEG-2 引入了档次(Profile)和级别的概念。每个档次对应不同复杂度的编解码算法。MPEG-2 定义了 6 个档次,分别是简单档次(SP)、主用档次(MP)、MPEG-2 4∶2∶2(422P)、信噪比可分级档次(SNRP)、空间域可分级档次(SSP)和高档次(HP)。在每个档次内,可以通过选择不同的级别来确定参数,如图像尺寸、帧率和码率等,以获得不同的图像质量。MPEG-2 定义了 4 个不同的级别,包括低级别(LL)、主用级别(ML)、高 1440 级别(H14L)和高级别(HL)。

共有 24 种不同的组合方式,MPEG-2 选择了其中 11 种作为应用选择,并用"档次 @ 级别"来表示,例如 MP@ ML 表示主用档次+主用级别。各种组合方式的参数详见表 5-2,其中主用档次+主用级别的参考参数采用 I、B、P 三种图像编码方式,采样格式为 4∶2∶0,有效分辨率上限为 720×576,30 帧/秒,最大码率为 15MB/s。

表 5-2 MPEG-2 的档次和级别

	低级别(LL)	主用级别(ML)	高 1440 级别(H14L)	高级别(HL)
简单档次(SP)		I,P 4∶2∶0 720×576 30f/s 15MB/s		
主用档次(MP)	I,B,P 4∶2∶0 352×288 30f/s 4MB/s	I,B,P 4∶2∶0 720×576 30f/s 15MB/s	I,B,P 4∶2∶0 1440×1152 60f/s 60MB/s	I,B,P 4∶2∶0 1920×1152 60f/s 80MB/s
MPEG - 2 4∶2∶2 档次(422P)		I,B,P 4∶2∶0 720×576 50MB/s		
信噪比可分级档次(SNRP)	I,B,P 4∶2∶0 352×288 30f/s 4MB/s	I,B,P 4∶2∶0 720×576 30f/s 15MB/s		
空间域可分级档次(SSP)			I,B,P 4∶2∶0 1440×1152 60f/s 60MB/s	
高档次(HP)		I,B,P 4∶2∶0 4∶2∶2 720×576 30f/s 20MB/s	I,B,P 4∶2∶0 4∶2∶2 1440×1152 60f/s 80MB/s	I,B,P 4∶2∶0 4∶2∶2 1440×1152 60f/s 100MB/s

(2)MPEG-4 Part10/AVC/H.264

AVC/H.264 标准是由 ISO/IEC MPEG 与 ITU-T VCEG 联合成立的 JVT 于 2003 年 5 月制定的。这个标准有两个名称,一个是 ITU-T 组织的 H.26x 系列的继承,称为 H.264;另一个是 ISO/IEC 命名的高级视频编码(Advanced Video Coding,AVC),并被 MPEG-4 标准的第十部分采纳。

因此,对于视频编码而言,MPEG-4 Part 10、AVC、H.264 都指的是同一个标准(以下统一称为 H.264)。

作为新一代视频压缩标准,H.264 的主要目标是在相同带宽下提供更优秀的图像质量。相较于其他现有的视频编码标准,采用 H.264 标准后,图像在相同质量下的压

缩效率大约提高了两倍,相比以前的标准(如 MPEG-2)更为高效。H.264 标准的主要特点如下:

①更高的编码效率。与 H.263 等标准相比,H.264 能平均节省大于 50% 的码率。

②高质量的视频画面。在低码率情况下,H.264 能提供高质量的视频图像,并能在较低带宽上实现高质量图像传输,这是 H.264 的突出应用之一。

③提高网络适应能力。经过处理的 H.264 能在实时通信应用(如视频会议)的低延时模式下工作,也能在无延时的视频存储或视频流服务器中工作,从而提高网络适应能力。

④采用混合编码结构。与 H.263 相同,经过处理后的 H.264 采用了混合编码结构,包括 DCT 变换编码加 DPCM 的差分编码。此外,H.264 还增加了多模式运动估计、帧内预测、多帧预测、基于内容的变长编码、4×4 二维整数变换等新的编码方式,从而提高了编码效率。

⑤较少的编码选项。H.264 的编码选项较少,相比于 H.263,它的编码过程更为简洁,降低了编码的复杂度。

⑥适用于不同场合。经过处理后的 H.264 可以根据不同的环境灵活使用不同的传输和播放速率,并提供了丰富的错误处理工具,能有效控制或消除丢包和误码。

⑦具备错误恢复功能。经过处理后的 H.264 提供了解决网络传输包丢失问题的工具,特别适用于在高误码率传输的无线网络中传输视频数据。

⑧较高的复杂度。H.264 的性能改进是以增加复杂性为代价的,H.264 编码计算复杂度大约是 H.263 的 3 倍,解码复杂度大约是 H.263 的 2 倍。

目前网络上约 80% 的视频流都采用了经过处理的 H.264 编码解码标准。总之,MPEG 制定了一系列标准,这些标准主要确定了编解码技术和数据流传输协议等要求,而没有具体规定统一的实现方式。因此,具体的算法和编解码器实现需要由各个厂商的研发人员来完成,从而实现这些标准的应用。例如,按照 MPEG-1 标准制造的 VCD 和 MP3 产品,符合 MPEG-2 标准的 DVD 产品、多种磁带记录格式,以及遵循 MPEG-2 和 MPEG-4 标准的高清晰度电视等产品在市场上非常常见。

(3)H.26x

1)H.264

关于 H.264,上节已有介绍,这里不再赘述。它目前是应用最广泛的压缩算法。

2)HEVC(H.265)

在数字视频应用产业链的迅速发展中,视频应用的需求不断朝着高清晰度、高帧率和高压缩率的方向发展。然而,当前主流的视频压缩标准协议 H.264(AVC)的局限性逐渐凸显出来。为应对这一挑战,HEVC(H.265)协议标准应运而生,以满足更高清晰度、更高帧率和更高压缩率的视频应用需求。

为了制定下一代视频编码标准,ITU-T VCEG(Video Coding Experts Group)和 ISO/IEC MPEG(Moving Picture Experts Group)于 2010 年 1 月共同成立了 JCT-VC (Joint Collaborative Team on Video Coding)联合组织。这个组织的目标是统一制定高效率视频编码(High Efficiency Video Coding,HEVC)标准。

2013 年 1 月,国际电信联盟(ITU)正式批准了新的视频压缩标准 HEVC(H.265)。 ITU-T 第 16 小组已同意第一阶段批准此标准,正式名称为 ITU-T H.265 建议或 ISO/ IEC 23008-2。这一标准的最大特点是比特率减少了 50%,仅有过去版本的一半带宽占用率,从而大大降低了对网络带宽的需求。同时,HEVC 还有效降低了系统的负载, 但与 H.264 相比,计算复杂性提高了 3 倍。此外,HEVC 支持的最高分辨率可达 8192×4320。

(4) AV1 编码

AV 编码是由 Google、Mozilla、Cisco、Microsoft 等公司联合研发的一种全新视频编码技术。相比传统的视频编码标准,AV1 编码具备更好的压缩能力和更高的性能,旨在为网络视频传输提供更高效的解决方案。

AV1 编码基于 VP9 编码,其主要目标是在保证视频质量的前提下缩小视频文件的大小,从而提高视频传输的效率。为实现这一目标,AV1 编码采用了先进的预测和压缩技术,主要通过预测和压缩视频中的移动性和时间上的相关性来实现。

AV1 编码的主要特点包括更好的压缩能力、更高的效率和更广泛的应用。相较于其他视频编码标准,AV1 编码能够以更小的码率提供更好的视频质量,实现更高的压缩效果。同时,AV1 编码采用了多种技术手段,如扩展线搜索技术、自适应错误限制技术、变形滤波技术等,以提高编解码效率。此外,由于其开源、免费、无版权的特点,AV1 编码在网络视频和实时视频传输等领域得到广泛应用。

目前,AV1 编码已经应用于部分浏览器、视频播放器和视频剪辑软件。然而,AV1 编码也面临一些挑战和问题,例如算法复杂度高、对计算能力要求较高以及兼容性问题等。但随着技术的不断发展和优化,我们相信 AV1 编码将逐渐成为视频编码领域的主流标准。

5.2.5　超高清编解码格式和技术的未来发展

超高清编解码格式主要分为制播域和发布域两大类型。制播域格式主要用于节目制作、播出和存储,其主要特点是高码率母版级高质量。而发布域格式主要用于数字电视和互联网视频发布,注重低码率和高质量。

制播域格式主要由摄像机和非编厂家带动和主导,以通用编解码标准为基础扩展支持 422 色度和 10-12bit 编码为主要特点。目前,4K 的制播域格式主要以 XAVC 和

ProRes 为主流。然而,由于 XAVC 规范尚未扩展到 8K,而 ProRes 的码率过高,广电行业目前还没有找到满意的 8K 制播域格式。

近年来,JPEG XS 成为最新的浅压缩编解码标准,具有标准化、低延迟和低复杂性等优势。通过小波技术的应用突破,实际测试表明,它可以以 16∶1 的压缩率达到视觉无损的质量,满足 8K 编辑的质量要求,并且具有较高的编解码效率。因此,JPEG XS 有望成为一种能够满足制作、传输和播出需求的单一格式,对于提高超高清制播效率和降低成本具有重要意义。中央广播电视总台和北京电视台已经开始对 JPEG XS 技术进行尝试,其产品生态正在逐步完善。可以预见,JPEG XS 具备成为超高清制播域主流格式的潜力。

发布域格式是一种广泛应用的视频编码格式,备受 MPEG 组织和互联网厂家的关注和投入。H.265/HEVC 作为 H.264/AVC 的继任者,支持高清到 8K 的分辨率,并以较低的码率实现与 H.264 相近的编码质量。在国内,4K H.265/HEVC 已经达到商业化水平,主要应用于超高清赛事直播和大型综艺晚会超高清直播等领域。尽管 H.265/HEVC 在标准成熟度和硬件支持方面具有较大优势,但专利收费的复杂性和不确定性导致一些大型互联网公司(如谷歌)选择自行开发免版税的新编解码格式。

AV1 是由 AOM 组织开发的下一代视频编码格式,该组织是由谷歌、Facebook、亚马逊、英特尔等公司联合发起的非营利性组织。AV1 被设计为取代谷歌的 VP9,与 H.265/HEVC 竞争。AV1 在 VP9 和 HEVC 的基础上提高了约 25% 的编码性能。与 H.265/HEVC 相比,AV1 的优势在于免版税,但它也存在复杂度偏高、编码效率低和硬件支持较少的缺点。尽管过去推广 VP8 和 VP9 的结果并不算成功,但谷歌对 AV1 在自身生态系统中的积极推动和开放合作的态度,使 AV1 的应用前景比较乐观。

中国的 AVS 标准经过 20 年的发展,已经形成了三代标准,包括 AVS、AVS2 和 AV3,并且标准的先进性和产业化水平正逐步提升。AVS(AVS+)适用于高清视频,AVS2 是与 H.265/HEVC 相对应的标准,在国内的 4K 信号卫星传输和数字机顶盒中得到广泛应用。AVS3 作为最新的编码标准,面向 8K、VR 和流媒体等领域,其编码性能比 AVS2 提升了约 30%。2020 年的央视春晚,中央广播电视总台牵头建设了 8K AVS3 春晚直播,通过 8K 机位进行独立信号采集制作,并使用国产 8K AVS3 编码器将信号压缩成 120Mbps 的码流,统一传输到全国 11 个省市户外大屏进行同步播放。AVS 系列标准作为国内主导的编解码标准,在技术先进性、专利收费和自主可控性方面,在当前复杂的国际形势下具有很大的价值。

除了以上提到的标准,最新的 VVC(H.266)和正在制定中的 EVC 等标准,都是基于传统的搜索、变换和熵编码的编码框架,其编码复杂度的提升带来的质量提升逐渐变小。然而,各种视频应用,如虚拟现实和云游戏,对高帧率和高分辨率仍然有进一步提升的需求,因此需要在技术上有更大的突破。

新的编解码标准通常需要产业和生态的完善支持才能有生命力,而编解码标准的多样化会导致建立生态的难度越来越大。因此,基于现有编解码标准,使用人工智能技术进行编码过程优化是一种有价值的手段,已经有许多厂家在此方向进行尝试。通常,人工智能技术在编码预处理(如降噪、场景检测等)、RO 感兴趣区域编码、码率自适应算法、编码工具选择等方面都能进一步提高现有编解码器的性能并保持兼容性,有利于更好地利用现有数量庞大的终端设备。更进一步是端到端基于神经网络的智能编解码技术,采用像素概率重建、光流估计、感知编码、语义编码等方式实现超低码率的编解码。该方向还处于学术上的探索阶段,但随着算力的提升和人工智能技术的发展,这应该是编解码技术未来的发展方向。

总体来看,仅有一两个编解码格式就能够覆盖所有行业的情况已经过去。现有的编解码标准仍然具备生命力和提升价值,而国产化标准也有相当大的竞争力。对于新的编解码格式,很难预测哪一个能够成为超高清发布领域的主导格式,因此多格式支持很可能成为一种常态。

5.2.6　音频编码

音频通信技术中,高效编码音频信号至关重要。目前,低比特率编码技术主要分为感知编码和无损编码。

感知编码是一种有损编码技术,它结合了人耳的听觉特性和信号处理技术,从而在减小文件大小的同时避免对音质造成明显影响。通过感知编码,可以在保持较高音质的前提下,降低音频文件的尺寸。无损编码技术主要用于在传输过程中压缩文件大小,播放时能够恢复出原始文件,不改变音频的保真度。然而,无损编码无法达到有损编码技术的数据压缩率。

此外,还有感觉编码。感觉编码的意义在于放弃音频信号的物理同一性,而追求听觉上的同一性。通过使用描述人类听觉系统的心理模型,编码可以识别并移除人耳无法察觉的信号内容。

心理声学研究范围包括人耳的生理结构到对于听觉信息的心理解释。它揭示了人对每个声音的主观反应,试图探究声学刺激及其引发的生理或心理反应之间的关系。心理声学模型减少了音频信号所需的数据量,但也增加了量化噪声的存在。然而,许多量化噪声可以通过整形隐藏在与信号相关的听觉门限之下。

(1)MPEG

ISO/IEC MPEG 在 1992 年首次提出了数字音频压缩标准——MPEG-1 Layer I/II/III。该标准包括了三种不同的层级(Layer),层级越高能够达到的压缩比就越高,但相应地,复杂度、延时以及对传输误码的敏感度也越高。MPEG-2 对 MPEG-1 进行了扩展,增加了多声道(MC)和低采样率(LSF)的实现。目前,MPEG-2 已成为欧洲数字电视的音频标准。

MPEG-2 编码采用了可变比特率的方法,根据音频信号的变化来决定量化比特数。对于变化较平缓的信号,MPEG-2 采用较少的比特进行量化;而对于变化较剧烈的信号,则采用更多的比特进行量化。

此外,MPEG-2 还支持多语言通道。在一个多声道音频码流中,最多可以嵌入 7 个语言声道,每一种语言都使用 64kbits/s 的比特率,远低于多声道音频的比特率。

(2) ATRAC

自适应变换声学编码(ATRAC)是由索尼公司开发的一种算法,用于为 SDDS 影院声音系统提供数据。ATRAC 采用了改进的离散余弦变换和心理声学掩蔽技术,实现了 5∶1 的压缩比。其变换编码基于非一致的频率和时间分割概念,并根据比特分配算法制定了规则分配比特。该算法不仅考虑了听觉曲线的固定门限,还对音频节目进行动态分析,以充分利用掩蔽等心理声学效应。

最初的编码器被称为 ATRAC1,通常以 292kbit/s 的比特率进行存储。而 ATRAC3 拥有比 ATRAC1 强两倍的压缩能力,并在 128kbit/s 的比特率下提供相似的音质。而 ATRAC 3plus 则可在 48kbit/s、64kbit/s、132kbit/s 和 256kbit/s 的比特率下运行。

(3) AC-3

杜比 AC-3(Dolby Digital AC-3)编解码器是一种广泛应用于 DTV、DBS、DVD 视频和蓝光等模式中的音频编解码器。它主要用于传输多声道音频。AC-3 是 AC-2 编码器的一个派生物。AC-3 编码的一个显著特点是,它能够将一组多声道信号高效率地编码成一个单一的低速率比特流。为了实现更好的比特效率,编码器可以在一些被挑选出来的频率上使用声道耦合和重矩阵编码技术,同时保持听感上的空间准确度。此外,AC-3 的解码技术中还包含了两个重要功能,即白电平归一化和动态范围控制。这些功能可以确保音频信号在解码时得到适当的音量平衡,并保持动态范围的完整性。

(4) DTS

数字影院系统(Digital Theater Systems,DTS)编码,又被称为相干声学编码,用于对多种配置的多声道音频进行压缩编码。作为一种数字声频压缩算法,DTS 广泛应用于专业和业余领域。该算法具备高灵活性,能够满足各种不同需求。其整体设计目标是通过复杂算法编码结构实现编码器,并采用简单的被动式解码器。DTS 最常见的应用是对五声道加一个低频效果(LFE)声道进行编码,即 5.1 声道。这种编码方式能够提供逼真的环绕声效,令观众身临其境。

5.3 网络视音频文件格式

5.3.1 视听内容文件封装

在数字媒体创作中,文件封装是不可忽视的重要环节,尤其在视音频内容制作中,它起到了至关重要的作用。简而言之,文件封装是将视频、音频等媒体数据与描述信息封装在一起,形成一个完整的文件,以方便存储、传输和播放媒体文件。

为了达到最佳视听效果,我们需要选择适合的封装格式。目前主流的封装格式有MP4、MKV、AVI 等。其中,MP4 是最受欢迎的封装格式之一,它支持多种音视频压缩算法,因此具有出色的播放兼容性。而 MKV 支持更复杂的音视频流,同时能够保存多个字幕和音频流,因此被广泛应用于高清视频的制作和存储。AVI 是最早的封装格式之一,虽然不支持 H.264 等现代编码算法,但对一些老旧的音视频播放设备仍然有用。

文件封装涉及媒体数据、描述数据和索引数据,其中媒体数据是最重要的部分。封装格式可以对媒体数据进行压缩、编码和加密等操作,并将视频和音频数据封装在同一个文件中,使得它们可以同时播放。

描述数据通常包括视频分辨率、比特率、帧率、音频格式等信息,这些信息可以被播放器读取,从而正确播放媒体数据。索引数据则是一种快捷索引,可以让播放器快速定位到某一时间点的数据,从而实现快速播放。封装格式的选择不仅影响文件的播放兼容性,还会影响文件的质量和大小。例如,MKV 支持更多编码算法,因此可以压缩更多媒体数据,生成较小的文件,但对老旧的播放设备可能不兼容。

综上所述,视音频文件的封装过程是将视觉效果、音频效果和数据描述联系在一起的重要环节,是数字媒体制作中不可或缺的步骤。在选择封装格式时,需要考虑播放设备的兼容性和文件大小等因素,以实现最佳播放效果。

5.3.2 封装格式分类

(1)视频格式

1)MPG

动态图像专家组(Moving Picture Experts Group,MPEG,简称 MPG),是一种数字视频格式,最早由国际标准组织 ISO 提出。MPG 常用于存储影片、电视节目等视频文件,并在互联网视频的传输与播放中广泛应用。

MPG 格式有一个显著特点,即高压缩比。它能在保证视觉效果的同时减小视频文件的大小,这也是它在传输和播放文件时所需带宽和存储空间较小的重要原因之一。因此,MPG 格式在数字媒体领域被广泛应用,DVD、VCD 等数字影音光盘上都使用 MPG 格式。

此外,MPG 格式还支持多个音轨和字幕,并且有基本可用的播放器。常见的 MPG 文件通常采用标准的 MPEG 压缩算法,提供高达 60 帧每秒的播放质量。随着数字媒体技术的发展,MPG 格式也在不断更新,例如 MP4 格式的出现。尽管 MP4 格式的播放质量更高,但 MPG 格式依然活跃在数字媒体播放器的舞台上。

然而,MPG 格式不支持透明度。如果需要播放透明背景的视频,则需要将其转换为其他不透明背景的视频格式。此外,MPG 格式的播放和存储需要特定的参数(如码率、帧率、分辨率)配合,如果参数设置不正确,可能无法正常播放 MPG 格式的视频。总体来说,MPG 是一种非常常用的视频文件格式,广泛应用于数字媒体领域。凭借着高压缩比和可靠的播放性能,MPG 格式成为数字媒体传输和存储的重要选择之一。

2)MP4

在当今数字化时代,MP4 是最常见的视频文件格式之一。作为一种数字多媒体容器格式,MP4 可以存储视频、音频和字幕等多种信息,因此成为目前最受欢迎的视频文件格式之一。MP4 文件具有出色的兼容性,在各个领域都得到广泛应用。

MP4 文件主要由视频、音频和文本等具体数据组成。它同时规定了这些数据组织和压缩的参数。此外,MP4 还包括其他元数据,例如视频标题、作者和描述信息等。

MP4 格式的视频文件具有高压缩比,可以以较小的文件大小存储高质量的视频内容。此外,由于可以嵌入各种数据,例如播放器软件和字幕等,MP4 格式的文件具有高度的个性化定制性。因此,MP4 成为最常见的视频格式之一。

另外,由于 MP4 格式的强大兼容性,几乎所有播放器软件都能够识别和播放该格式的文件。目前,MP4 格式的视频文件已经广泛应用于在线视频、手机视频、电视节目等领域。

总之,MP4 视频文件格式是一种强大而普遍的数字多媒体容器格式,它的广泛应用给人们的生活和工作带来了许多便利。从压缩率和兼容性来看,使用 MP4 格式的文件是一个非常明智的选择。

3)MOV

MOV(Movie)视频封装格式是由苹果公司开发的一种常见的多媒体容器格式,它可以用来存储视频、音频和其他多媒体数据。MOV 格式最初是为 Macintosh 计算机系统设计的,但现在已经广泛应用于各种平台和设备上。

MOV 格式采用了一种基于快速时间戳(QuickTime)的多媒体容器格式,它可以容纳多种不同编码方式的视频和音频数据,并将它们封装成一个单一的文件。这种灵活性使 MOV 格式成为广播、电影、音乐和互联网视频等领域的首选格式之一。

MOV 格式支持多种编码方式,包括但不限于 H.264、MPEG-4、H.263、AAC 和 MP3 等。这种多编码支持的方式使 MOV 文件可以在不同平台和设备上播放,无论是在个人计算机、移动设备还是智能电视上。

MOV 格式还具有很好的可扩展性,它可以存储字幕、章节、元数据等扩展信息,使用户能够更好地管理和组织视频内容。与其他视频封装格式相比,MOV 格式的优势在于其高度的兼容性和可扩展性。许多主流的视频编辑软件和播放器都支持 MOV 格式,用户可以方便地编辑、转码和播放 MOV 文件。

然而,由于 MOV 格式是苹果公司的专有格式,因此在某些非苹果设备上播放 MOV 文件可能会遇到兼容性问题。在这种情况下,用户可以考虑将 MOV 文件转换为其他常见的视频格式,如 MP4 或 AVI,以确保在不同设备上的顺畅播放。

4)TS

TS(Transport Stream)视频封装格式是一种常见的多媒体容器格式,通常用于传输和存储音频、视频和其他相关数据。TS 格式最初是由数字视频广播联盟(DVB)开发的,用于数字电视广播和卫星通信等领域。

TS 格式采用了一种基于分组的封装方式,将视频和音频数据划分成小的封装单元,每个封装单元称为一个传输包(Transport Packet)。这种封装方式有助于提高数据传输的效率和可靠性,特别适合于广播和传输环境。

TS 格式支持多种编码方式,包括但不限于 MPEG-2、H.264 和 H.265。它还可以容纳多个音频轨道、字幕和元数据等附加信息,使用户能够更好地管理和组织视频内容。

TS 格式在数字电视广播和卫星通信等领域被广泛应用。它具有很高的容错能力,即使在信号受到干扰或丢失的情况下,也能确保传输的稳定性。此外,TS 格式还支持多路复用,即在同一传输流中传输多个节目,提供了更高的灵活性和效率。TS 格式也逐渐被应用于互联网视频和流媒体领域。对于在线视频平台和视频服务提供商来说,TS 格式可以实现高质量的视频传输和流畅的播放体验。此外,TS 格式还支持实时流媒体传输,使得用户可以方便地进行直播和实时互动。

与其他视频封装格式相比,TS 格式的优势在于其稳定性、可靠性和高效性。许多数字电视广播系统和流媒体平台都采用 TS 格式来提供高质量的视频和音频传输。然而,由于 TS 格式是一种相对较老的视频封装格式,它在某些方面可能不如现代的视频封装格式,如 MP4 或 MKV。在某些情况下,TS 文件可能无法在某些移动设备或播放器上正常播放,此时,用户可以考虑将 TS 文件转换为更常见的视频格式,以确保视频在不同设备上能够兼容并顺畅播放。

总体来说,TS 视频封装格式是一种稳定、可靠、高效的多媒体容器格式,广泛应用于数字电视广播、卫星通信和流媒体等领域。无论是广播行业专业人士还是普通用户,都可以通过使用 TS 视频封装格式来实现高质量的视频传输和播放体验。

(2)音频格式

这里说的音频格式,实际指的是音频文件的封装格式。常见的音频封装文件格式有以下几种。

1)WAV

WAV 格式,也称为波形声音文件,是微软公司开发的一种声音文件格式,是最早的数字音频格式之一。它在 Windows 平台及其应用程序中得到了广泛支持。每个 WAV 文件都包含一个文件头,其中记录了音频流的编码参数。WAV 格式支持多种压缩算法,并且适应不同的音频位数、采样频率和声道数。除了 PCM 编码之外,WAV 格式几乎可以用所有符合 ACM 规范的编码方式进行音频流的编码。

在 Windows 平台下,基于 PCM 编码的 WAV 格式是被广泛支持的音频格式之一。几乎所有的音频软件都可以完美地支持它。由于 WAV 格式本身具备较高的音质要求,因此在音乐编辑和创作方面被广泛使用,特别适合保存音乐素材。因此,基于 PCM 编码的 WAV 格式被广泛用作一种中介的格式,常用于不同编码方式之间的相互转换,如将 MP3 转换成 WMA 等。然而,由于 WAV 格式对存储空间的需求较大,不太便于交流和传播。

2)MP3

MP3 是目前最受欢迎的音频编码格式之一,通常被称为 MPEG-1 或 MPEG-2 音频层 III。它采用有损压缩技术,其规范标准被定义在 ISO/IEC 11172-3 和 ISO/IEC 13818-3 中。MP3 的发明和标准化是由德国埃尔朗根的 Fraunhofer-Gesellschaft 研究组织的工程师们于 1991 年完成的。其主要目的是通过 1∶10 甚至 1∶12 的压缩比,大幅度减少音频数据量并将声音压缩成更小的文件。

MP3 的码率是可变的,不同设定会在不同程度上影响声音文件的质量和大小。一般来说,较高的码率意味着声音文件中包含更多的原始声音信息,从而提高了回放时的声音品质。

根据码率的不同,MP3 可以分为两种类型:固定码率(MP3CBR)和可变码率(MP3VBR)。固定码率在整个音频文件中使用恒定的码率,因此无论声音的复杂程度如何,文件大小保持一致。而可变码率则根据声音复杂程度的不同,动态调整码率大小,在保证音质的前提下最大程度地限制文件大小。这种方式可以有效地缩小文件的体积,并保证较高的音质。

3）WMA

WMA（Windows Media Audio）格式音频文件在音质方面与 MP3 相当,但相比之下文件更小。这是因为 WMA 采用了先进的压缩算法,能够以较低的比特率获得更好的音质。因此,WMA 在低速率传输方面表现出色,适合在网络传输或带宽有限的情况下使用。

此外,与 MP3 相比,WMA 在频谱结构上更接近于原始音频,因此具有更好的声音保真度。虽然 WMA 也是一种失真压缩,损失了人耳极不敏感的极高音和极低音部分,但相对于 MP3 来说,这种损失较小。因此,使用 WMA 格式可以在保持较高音质的同时缩小文件大小,提升音频传输效率。

4）AIFF

AIFF（Audio Interchange File Format）代表着音频交换文件格式。AIFF 被用来存储数字音频或波形的数据。这种文件格式是由苹果公司开发的,并且被广泛应用于 Macintosh 平台及其相关应用程序中,它也是 QuickTime 技术的一部分。标准的 AIFF 文件通常使用扩展名".aiff"或".aif"作为文件名的后缀。

5.3.3　视听制作/交换素材文件格式

非线性编辑软件支持对主流视频格式进行原生格式编辑,无须转换。用户可以直接将这些格式的文件用于视频编辑制作,将不同分辨率、采样格式、宽高比和编码格式的视频透明地使用在同一个项目的时间线中,这也为用户带来了很大的便利。原生格式编辑省去了格式转换的步骤,但某些编码复杂、压缩比高的格式文件在进行多层复杂编辑时可能会占用大量系统资源,降低编辑和预览效率,无法实时预览。因此,在这种情况下,可以采用中间编码技术,将视频转码成中间编码格式进行编辑。

中间编码格式适用于视频后期制作,通常由软件厂商开发,并支持多种码率以适应不同需求。常见的中间编码格式有 Apple ProRes、Avid DNxHD、Canopus HQX、Cine-Form 等,它们都基于 I 帧编码,提供了良好的画面质量、处理效率和数据存储需求的平衡。其中,Apple ProRes 和 Avid DNxHD 是最著名的中间编码格式,已经成为行业标准。许多前期设备,包括摄像机和硬盘录像机,也支持直接记录这些格式的文件,以便与后期编辑设备无缝衔接。

（1）Apple ProRes

Apple ProRes 编解码器是一种结合了高质量图像和低存储速率的编解码器,特别适用于实时编辑和高性能的视频编辑。该编解码器专为 Final Cut Pro 而设计,充分利用多核处理和快速解码模式。所有的 Apple ProRes 编解码器都支持全分辨率的帧尺寸,包括 SD、HD、2K 和 4K。数据速率会根据编解码器类型、图像内容、帧尺寸和帧速率而有所不同。Apple ProRes 系列包括以下格式。

1)Apple ProRes 4444

适用于 4:4:4:4 源和涉及 Alpha 通道的工作流程,提供最佳质量。它具有全分辨率、无明显区别于原始素材的 4:4:4:4 RGBA 颜色,以及卓越的多代性能。Alpha 通道是无损且可实时回放的,最多支持 16 位。这种编解码器还提供高质量的储存和交换解决方案,适用于运动图形和复合视频。与未压缩的 4:4:4 HD 相比,它具有极低的数据速率(对于 1920×1080 和 29.97 fps 的 4:4:4 源,目标数据速率约为 330 Mbps)。它还支持直接编码和解码 RGB、Y′CbCr 像素格式。

2)Apple ProRes 422(HQ)

这种视频编解码器的视觉质量与 Apple ProRes 4444 相当,但适用于 4:2:2 的图像源。在视频后期制作行业中,Apple ProRes 422(HQ)被广泛使用,因为它以视觉上无损的方式保留了单链接 HD-SDI 信号所能携带的最高质量的专业高清视频。该编解码器支持 10 位像素深度的全宽 4:2:2 视频源,并通过多代解码和重新编码技术实现视觉上的无损。在 1920×1080 和 29.97 fps 的情况下,Apple ProRes 422(HQ)的目标数据速率约为 220 Mbps。

3)Apple ProRes 422

此编解码器几乎具备 Apple ProRes 422(HQ)的所有优点,但通过降低数据速率至 66%,能够实现更高的多流实时编辑性能。

4)Apple ProRes 422(LT)

该编解码器的目标数据速率相当于 Apple ProRes 422 的 70%,文件大小比 Apple ProRes 422 缩小了 30%。适用于储存容量和带宽有限的环境。

5)Apple ProRes 422(Proxy)

此编解码器适用于需要低数据速率但保留全分辨率视频的离线工作流程。目标数据速率约为 Apple ProRes 422 的 30%。

(2)Avid DNxHD

Avid DNxHD 的设计目标就是基于利用较少的存储空间与带宽来满足多次合成需要的理念,打造一款具备母带品质的高清编解码器。无论使用本地存储还是在实时协作性工作流中,Avid DNxHD 都可以打破实时制作高清产品的障碍。

Avid DNxHD 的主要优势有:优化了母带制作图片品质;多次生成后,品质退化最少;降低了存储要求;允许实时高清共享与协作;改进了多码流性能;Avid DNxHD 技术以 MXF 标准为基础,确保可与任何其他符合 MXF 规范的系统交换文件。

表 5-3　不同 **Avid DNxHD** 格式与常见高清磁带记录格式的参数对比

格式	Avid DNxHD 36	Avid DNxHD 100	Avid DNxHD 145	Avid DNxHD 220	Avid DNxHD 444	DVCPRO HD	HDCAM	HDCAM SR
比特数	8bit	8bit	8bit	8bit 和 10bit	10bit	8bit	8bit	10bit
采样格式	4：2：2	4：2：2	4：2：2	4：2：2	4：4：4	1280 亮度采样，4：2：2	1440 亮度采样，3：1：1	4：2：2
带宽	36Mbps	100Mbps	145Mbps	220Mbps	440Mbps	100Mbps	135Mbps	440Mbps

(3) Cineform

保持元数据的最佳选择是 Cineform 编解码器。Cineform 是一种高精度的中间编解码器,可将几乎任何摄像机格式(包括 RAW 和 DPX)转换为最高 8K 分辨率、4：2：2 或 4：4：4 色度空间文件。它不仅消除胶转磁和隔行扫描,还提供批预处理和后期处理的功能,使用内含的 HDLink(Windows)或 ReMaster(Macintosh)应用程序。此外,它还支持无损的元数据处理,可用于颜色校正、文字和时间码叠加以及摄像机和镜头数据的迁移。Cineform 软件包还提供对 3D 摄像机文件的支持。Cineform 解决方案的优点是在一次几乎无损编解码的非常高效的工作流程中实现极高质量的编辑,并支持元数据的处理。

表 5-4　常见中间编码格式的对比

编解码器	压缩比	码率(MB/s)	量化比特	采样格式	是否支持 Alpha 通道
ProRes	8：1(ProRes422)	147	10	4：2：2(Y′CbCr)	否
	5：1[ProRes422(HQ)]	220	10	4：2：2(Y′CbCr)	否
	7：1(ProRes444)	330	最高 12	4：4：4(RGB)	是
DNxHD	8：1	145	8	4：2：2(Y′CbCr)	否
	5：1	220	8 或 10	4：2：2(Y′CbCr)	否
HQX	25：1 至 2：1	45 至 600	10	4：2：2(Y′CbCr)	是
CineForm	10：1 至 3：1	120 至 400	最高 12	4：2：2(Y′CbCr)或 4：4：4(RGB)或 RAW	否

5.3.4　数据率及其计算方法

数字化后的视频和音频被转换为由"0"和"1"组成的数据流。这些数据的统计涉及另一个重要概念——数据率,也称为码率。数据率指的是系统在单位时间内传输的数据量。对于后期编辑而言,存储空间和带宽的规划与数据率密切相关,因此需要掌握基本的计算方法。

(1) 数据率

比特(bit)是计算机中数据量的单位,用小写字母 b 表示。它源于"binary digit"的缩写,指的是一个二进制数字中的一个 1 或 0。速率的单位是 b/s(比特每秒,或 bit/s,有时也写成 bps,即每秒的比特数)。当数据速率较高时,我们可以使用 KB/s(K=10^3)、MB/s(M=10^6)、GB/s(G=10^9)或 TB/s(T=10^{12})来表示。

另一方面,字节(byte)是用于计量存储容量和传输容量的单位,用大写字母 B 表示。一个字节等于 8 位二进制数,也就是 1B=8b。

比特(b)通常用来表示数据流、带宽或传输速率。举例来说,高清视频序列接口(HD-SDI)的带宽为 1.485Gbps,即每秒传输 $1.485×10^9$ 比特的数据。这个数值通常被称为比特率或数据率。而字节(B)通常用来描述存储需求。比如,一个标有 500GB 的硬盘可以存储最多 500G 字节的数据。此外,一个文件的大小为 300KB 表示它需要占用 300K 字节的存储空间。

在进行数据计算时,需要注意区分上述两个单位。

1)数据率的计算

为了确定 PAL、NTSC 和 SECAM 电视制式之间共同的数字化参数,国际无线电咨询委员会(CCIR)制定了广播级质量的数字电视编码标准,称为 CCIR 601 标准。该标准严格规定了采样频率、采样结构和色彩空间转换等参数。具体规定了以下参数:

①采样频率(fs=13.5MHz)

②分辨率与帧率

③根据采样频率 fs,在不同的采样格式下计算出数字视频的数据量

由于这种未压缩的数字视频数据量对于目前的计算机和网络来说无论是存储还是传输都是不现实的,因此在多媒体中应用数字视频的关键问题是数字视频的压缩技术。

2)数字电视信号的码率

码率的计算公式为:码率=采样频率×量化比特数。总码率是亮度信号码率和色差信号码率的和。

标清数字电视信号中,根据 ITU-R601 数字电视标准,如果采用 10 比特量化,亮度信号的码率为 13.5(MHz)×10(Bit)= 135 Mbps,两个色差信号的码率为 2×6.75(MH)×10(Bit)= 135 Mbps。因此,总码率为亮度信号码率+色差信号码率 = 135 + 135 = 270 Mbps。

高清数字电视信号中,根据 SMPTE 274M 数字电视标准,如果采用 10 比特量化,亮度信号的码率为 74.25(MHz)×10(Bit)= 742.5 Mbps,两个色差信号的码率为 2×37.125(MHz)×10(Bit)= 742.5 Mbps。因此,总码率为亮度信号码率+色差信号码率=742.5 + 742.5 = 1485 Mbps。

（2）数字电视信号的有效码率

有效码率(视频有效码率)是指在单位时间内与视频信号相关的数据量。由于在电视信号的水平和垂直消隐期间内没有视频信息,所以有效码率通常只占总码率的60%—80%。在使用磁带、硬盘或光盘存储数字视频信号时,可以仅记录有效码率所代表的视频信息。

有效码率的计算公式为:有效码率=每行的采样点数 × 有效扫描行数 × 量化比特数 × 帧频。

对于标清数字电视信号,根据 ITU-R601 数字电视标准,采用 10 比特量化时,576/50i(PAL)亮度信号的有效码率为 720×576×10×25 = 103.68 Mbps,两个色差信号的有效码率为 2×360×576×10×25 = 103.68 Mbps,总的有效码率为亮度信号有效码率+色差信号有效码率=103.68+103.68=207.36 Mbps。

对于高清数字电视信号,根据 SMPTE 274M 数字电视标准,采用 10 比特量化时,1080/50i 信号格式亮度信号的有效码率为 1920×1080×10×25 = 518.4Mbps,两个色差信号的有效码率为 2×960×1080×10×25 = 518.4 Mbps,总的有效码率为518.4+518.4=1036.8 Mbps。

（3）文件大小的计算

通过非线性编辑软件采集或最终输出的文件由音频流和视频流两个部分组成。对于这些文件大小的计算方法如下:音频和视频分别使用不同的编码率,因此一个视频文件的最终所占存储空间大小等于(音频数据率+视频数据率)×时长。现在有很多专门为专业人员设计的计算工具,可以方便地计算后期制作的存储需求。例如,AJADataRate Calculator 包含了各类常见的格式和压缩方法。

5.3.5 视听内容播出格式与发布文件格式

视听内容播出格式是指将音频和视频内容进行编码和压缩,并按照一定的标准和规范进行存储和传输的格式。它涉及编码、取样和量化等多个方面。

编码是指将原始的音频和视频信号转换为数字信号的过程。常用的音频编码格式有 MP3、AAC、FLAC 等,而常用的视频编码格式则有 H.264、H.265、VP9 等。这些编码格式通过压缩算法来缩小文件大小,同时保持较高的音视频质量。

取样是指将连续的音频和视频信号转换为离散的数据点。音频的取样频率通常以赫兹(Hz)为单位,常见的取样频率有 44.1kHz 和 48kHz。视频的取样则是将连续的图像分割为一帧一帧的离散图像,取样频率通常以帧率(FPS)表示。

量化是指将取样后的数据映射到较小的数值范围,以减小存储和传输的数据量。音频的量化通常以位数表示,如 16 位、24 位等,位数越高,精度越高,音质也越好。视频的量化则是通过降低图像的色度和亮度细节来减小数据量。

容器格式是将编码后的音视频数据封装为一个文件的格式,常见的容器格式有MP4、MKV、AVI 等。传输协议是指将音视频数据从一个地方传输到另一个地方所使用的协议,常见的协议有 HTTP、RTSP、RTMP 等。

在数字视频制作、交换和播出的过程中,挑选一个适合的视频编码格式是极为关键的。这是因为不同的编码格式在分辨率、取样方式、量化位数等关键参数上有所不同,这些参数直接决定了视频的质量和文件的大小。例如,表 5-5 列出的一些常见视频编码格式及相关参数,展示了各种编码格式的特点,这有助于读者深入理解各种格式的特性以及它们适用的场景。选择合适的视频编码格式,不仅需要考虑分辨率,还要考量取样方式、量化位数、GOP 结构、文件格式和码率等多个因素。通过对这些不同编码格式的特点和应用场景的掌握,使用者能够在实际操作中做出更加明智的决策,确保视频内容的最优呈现。

表 5-5　发布文件格式

		制作/交换		播出	
编码	ProRes 422 HQ	ProRes 422 LT	XAVC	H.264(AVC)	H.265(HEVC)
分辨率	3840×2160 像素				
取样	4:2:2			4:2:0	
量化	10 比特				
GOP 结构	帧内(1 帧,GOP=1)			帧间(IBP 帧,长 GOP)	
文件格式	MOV		MXF	—	
码率 MB/s	24P	707	328/471	240	27—46	14—23
	25P	737	342/492	250	28—48	14—24
	50P	1475	684/983	500	56—96	28—48
	60P	1768	821/1178	600	67—115	34—58

5.4　新媒体数据存储

在新媒体技术的影响下,信息传播呈现出大众化和多元化的特征。无论是传统媒体重装备的生产制作,还是与新媒体相适应的轻量化生产制作,都离不开丰富多元的视听素材。视听素材的价值在于一次记录多次使用,但要实现再次利用,就需要进行科学的管理和存储。视听素材的存储管理与其本身就像血肉对于身体,两者相互依存、不可分割。

5.4.1 新媒体内容前期制作存储介质

新媒体内容制作前期需要使用多种记录设备。输入设备主要包括键盘、鼠标和触摸屏等。图像信息记录设备则包括数码相机、数字摄像机和视频采集系统等。声音信息记录设备包括录音笔、录音机、手机以及其他语音和音频输入与合成系统。人机交互设备方面,有三维鼠标、空间球、数据手套和数据衣等,这些设备主要用于采集和交互运动数据。此外,还有数字终端设备等。根据记录方式的不同,可以将其分为单机记录和多机位记录。

图 5-18 图像信息和声音信息记录设备

图 5-19 人机交互设备:三维鼠标和数据手套

(1)单机记录与存储

在传统媒体内容制作中,单机记录也被称为电子新闻采集(ENG)。它指的是使用便携式的摄像和录像设备来采集视听素材,采用单机独立进行记录。单机可以是传统的摄像机、单反相机,也可以是手机、航拍无人机、运动相机、全景摄像机等。在记录环节中,对记录介质有多方面的要求,包括适应各种环境、抗冲击和抗震动、低维护成本、噪音小、低功耗等。这些存储介质主要是半导体存储介质。与传统介质(如硬盘、光盘)不同,半导体存储介质完全摒弃了机械结构,采用电荷擦写的方式进行记录。因此,它具有抗冲击、抗震动的特点,并且对于外界环境的温度、湿度不敏感。下面介绍几种常用的单机记录介质。

1)CF 卡

CF 卡,即 Compact Flash 卡,是 SanDisk 公司推出的一种用于便携式电子设备的数据存储设备。它采用了闪存技术,使数据存储的便捷性有了革命性的提升。CF 卡可以直接通过适配器插入 PC 卡插槽,也可以通过读卡器连接到 USB、Firewire 等多种常见的接口。由于 CF 卡具有价格低廉、体积小巧、存储容量大和高速传输等特点,因此广泛应用于数码相机、笔记本电脑等领域。

图 5-20　CF 卡

2)P2 卡

P2 卡是松下公司推出的一种专为满足专业音视频需求而设计的小型固态存储。它采用了 IT 行业广泛应用的 PC Card 接口标准,用户可以直接将 P2 卡插入笔记本电脑的卡槽中。卡上存储的音视频数据可以立即装载,每个剪辑都以 MXF 和元数据文件的形式存在。这些数据无须进行数字化处理,可直接用于非线性编辑或直接通过网络传输。

图 5-21　P2 卡

3)SxS 卡

SxS 存储卡是一种专业闪存记忆卡,由 SanDisk 与索尼公司合作开发。该存储卡符合 ExpressCard 行业规范,可通过高速 PCI-Express 总线直接连接至计算机系统。目前,SxS 存储卡主要用于索尼公司的 XDCAM EX 系列专业摄录一体机,如 PMW-EX1 和 EX3。

4)SD 卡

SD 卡是一种基于半导体快闪记忆器的记忆设备,由日本松下公司主导概念设计,并与东芝公司和美国 SanDisk 公司共同进行实质研发。SD 卡具备多种特点,如大容量、高性能和安全性,因此被广泛应用于便携式装置,如数码相机、数码摄录机和多媒体播放器。

图 5-22 SxS 卡　　　　图 5-23 SD 卡

5）蓝光光盘

蓝光光盘（Blu-ray Disc）是 DVD 之后的下一代光盘格式之一，由索尼及松下等公司推出，用以存储高品质的影音和大容量的数据。蓝光光盘的命名源于其采用波长为 405 纳米的蓝色激光光束进行读写操作，而 DVD 采用 650 纳米波长的红光读写器，CD 则采用 780 纳米波长。蓝光光盘的直径为 12 厘米，与普通光盘的尺寸相同。一个单层的蓝光光盘容量为 25GB 或 27GB，是现有普通光盘容量的 5 倍以上，足以存储长达 4 小时的高清影片。

图 5-24 蓝光光盘

（2）多机位记录与存储

多机位记录与存储，在传统媒体内容制作中可分为电子现场制作（Electronic Field

Production,EFP)和电子演播室制作(Electronic Studio Production,ESP)。两种制作方式已在前文中介绍,此处不做过多说明。以下介绍几种常用的多讯道制作记录介质。

1)磁带(录像带)

磁带是一种柔软的带状磁性记录介质,它利用磁记录技术来保存数据,成为一种相对廉价的存储方式。其中,录像带是磁带的一种,一般需要使用录放像机来进行录制和播放,它采用线性的影像储存方式。目前常用的录像带品牌包括索尼的 IMX、Digital-Betacam、HDCAM、DVCAM,以及松下的 DVCPRO 等。虽然磁带作为记录载体应用已经逐渐减少,它被存储卡替代,但由于其较高的安全性,在一些广播级制作领域仍有广泛应用。

图 5-25　磁带

2)SSD 硬盘

固态硬盘(SSD)是一种使用 NAND 闪存技术的存储设备,与传统硬盘相比,其最大的特点是没有机械结构,因此具有高度的移动性。此外,SSD 的数据保护不受电源控制,这使得它可以在各种环境下运作。相较于传统硬盘,SSD 具有低耗电、耐震、高稳定性和耐低温等多项优点。

图 5-26　SSD 硬盘

3) 蓝光光盘

蓝光光盘在前文已介绍,在此不再赘述。

4) 数字磁带录像机

数字磁带录像机(Digital Video Tape Recorder,DVTR)具有信号质量高、复制性能好、记录密度高、容易实现计算机处理等优点。

①Digital Betacam:索尼公司格式,分辨率 720×576,亮度与色差信号取样比为 4∶2∶2,10bit 量化的分量信号。采用帧内 DCT2∶1 压缩,码流 86Mbps,可记录 4 声道 48kHz 取样 20bit 量化的音频。

②MPEG IMX:也被称作 2001 版本的 Digital Betacam。分辨率 720×576,4∶2∶2 采样,8bit 量化的分量信号。采用 MPEG-2 I 帧 DCT 压缩方式,码流 50Mbps。

③Betacam SX:索尼公司格式,分辨率 720×576,亮度与色差信号取样比为 4∶2∶2,8bit 量化的分量信号。采用 MPEG-2 压缩方式,压缩比为 10∶1,码流 18Mbps。

④DVCAM:索尼公司格式,分辨率 720×576,4∶2∶0 采样,8bit 量化,帧内压缩,码率 25Mbps,录制 48kHz 取样 16bit 量化的两路音频,或是 4 路 32kHz 取样 12bit 量化的音频。

⑤DVCPRO25:松下公司格式,分辨率 720×576,4∶1∶1 采样 8bit 量化的分量信号,帧内 5∶1 压缩,码率 25Mbps,录制 48kHz 取样 16bit 量化的两路音频。

⑥DVCPRO50:松下公司格式,分辨率 720×576,4∶2∶2 采样,8bit 量化的分量信号,帧内 DCT 压缩,压缩比约为 3∶1,码率 50Mbps,录制 4 路 48kHz 取样 16bit 量化的音频信号。

⑦HDCAM:索尼公司格式,属于高清版的 Digital Betacam,分辨率 1920×1080,3∶1∶1取样,帧内 DCT 压缩,码率 144Mbps。

⑧DVCPRO HD(DVCPRO100):松下公司格式,分辨率 1920×1080,4∶2∶2 采样,8bit 量化,压缩码率为 100Mbps,压缩比约为 7∶1。

5) 硬盘录像机

硬盘录像机(Digital Video Recorder,DVR)是一种能够将模拟的音视频信号转换成数字信号的设备。它具备对图像和语音进行长时间录像、录音、远程监视和控制的功能。

硬盘录像机通过数字化高保真存储实现了模拟节目的数字化保存,同时提供了全面的输入输出接口、多种可选的图像录制等级和大容量长时间的节目存储功能。此外,它还具备先进的时移功能,完善的预约录制和播放节目功能,并提供了随心所欲的播放方式等。下文以 BlackMagic Design 公司的 HyperDesk Studio(硬盘录像机)为例,

图 5-27 数字磁带录像机

介绍其记录格式。

图 5-28 硬盘录像机

HyperDeck Studio 是一款专为广播行业设计的高级 SSD 硬盘录像机。它具备出色的性能,能够录制广播级别的 SD 和 HD 10bit 4∶2∶2 无压缩视频。此外,它还兼容 ProRes 和 DNxHD 行业标准压缩格式。它所录制的视频采用了业界通用的 QuickTime 文件封装格式,因此可以与 Final Cut Pro X、Adobe Premiere Pro CS6、After Effects CS6、Avid Media Composer 6、DaVinci Resolve 等热门视频软件完美兼容。这为用户提供了在剪辑、调色和完成项目时的灵活性和自由度。HyperDeck Studio 支持格式见下表。

表 5-6　HyperDeck Studio 支持格式列表

无压缩编码		
525NTSC	10bit@ 720×486@ 29.97fps	每秒 27MB,1 小时 94GB
625PAL	10bit@ 720×576@ 25fps	每秒 26MB,1 小时 93GB
1080i and 1080p HDTV	10bit@ 1920×1080@ 24fps	每秒 127MB,1 小时 445GB
	10bit@ 1920×1080@ 25fps	每秒 132MB,1 小时 463GB
	10bit@ 1920×1080@ 29.97fps	每秒 158MB,小时 556GB
ProRes HQ 编码		
525NTSC	720×486@ 29.97fps	每秒 63MB,1 小时 28GB

续表

无压缩编码		
625PAL	720×576@ 25fps	每秒 61MB,1 小时 28GB
720pHDTV	1280×720@ 50fps	每秒 184MB,1 小时 83GB
	1280×720@ 60fps	每秒 220MB,1 小时 99GB
1080i and 1080p HDTV	1920×1080@ 24fps	每秒 176MB,1 小时 79GB
	1920×1080@ 25fps	每秒 184MB,1 小时 83GB
	1920×1080@ 29.97fps	每秒 220MB,1 小时 99GB
DNxHD 编码		
720pHDTV	1280×720@ 50fps	每秒 175MB,1 小时 73GB
	1280×720@ 59.94fps	每秒 220MB,1 小时 92GB
1080i and 1080p HDTV	1920×1080@ 24fps	每秒 176MB,1 小时 73GB
	1920×1080@ 25fps	每秒 184MB,1 小时 77GB
	1920×1080@ 29.97fps	每秒 220MB,1 小时 92GB

以上的格式参数涉及两种主要的电视广播制式,即 PAL 和 NTSC。PAL 和 NTSC 的区别在于编解码方式和场扫描频率不同。PAL 制式每秒 25 帧,电视扫描线为 625 线,奇场在前,偶场在后,标准的数字化 PAL 电视标准分辨率为 720×576,色彩位深为 24 位,画面的宽高比为 4∶3。PAL 制式主要适用于中国、欧洲等国家和地区。而 NTSC 制式每秒 29.97 帧(简化为 30 帧),电视扫描线为 525 线,偶场在前,奇场在后,标准的数字化 NTSC 电视标准分辨率为 720×486,色彩位深为 24 位,画面的宽高比为 4∶3。NTSC 制式主要适用于美国、日本等国家和地区。

6) 蓝光光盘录像机

蓝光光盘录像机具备记录无压缩高清素材的能力,可以实现实时编辑,并提供专业光盘与磁带之间的线性对编功能。此外,由于其具备非线性、高存储密度和高传输速度优势,所以它能够快速搜索图像、建立图像索引并实现光盘随机访问,方便用户快速定位所需素材。以索尼公司的 XDCAM 系列产品为例,XDCAM 系列产品主要包含四种格式。

标清:DVCAM(25Mbps)、MPEG IMX(50Mbps)

高清:MPEG HD(4∶2∶0 HQ-35M SP-25M LP-18M)、MPEG HD422 (4∶2∶2)50Mbps

图 5-29　蓝光光盘录像机

5.4.2　新媒体内容制作后期的存储

（1）单机非编存储

单机非编的存储通常使用本地硬盘,而视听素材则需要借助移动存储介质(如移动硬盘、U 盘等)进行迁移。在单机非编过程中,常使用 DAS 存储设备,通过内置 RAID 卡或者雷电接口直接连接到非编工作站上进行使用。

（2）网络非编存储

网络非编是一种通过多台非编工作站与网络存储设备连接的技术,常用的连接方式包括以太网、FC 光纤通道和以太网双网等。同时,网络非编还需要配合相关的服务器、软件及文件系统等组件来实现。网络非编存储设备主要包括 NAS 存储设备、IP SAN 存储设备和 FC SAN 存储设备等。

NAS 和 SAN 是两种常见的网络存储架构,后面会对它们进行详细介绍。然而,网络非编并不仅仅是将非编设备连接到网络,其核心在于引入了专业的视听素材管理系统——媒体资产管理系统。

（3）云非编存储

云非编可以分为远程桌面式云非编、BS 架构云非编和 CS 架构云非编三种类型。不论是哪种类型的云非编,都需要强大的存储系统来满足传统非编的需求,包括采集上载、在线编辑、输出和大容量存储,以及融媒体时代内容生产的多维度诉求。例如,采集需要多路并发顺序写能力,编辑和审核需要高吞吐、低延时的高性能存储,各个子模块都需要高可靠、高可用和端到端安全的存储系统。

云非编存储,即云存储,类似于云计算的概念,它是从云计算概念发展而来的一个新概念。云存储通过集群应用、网格技术或分布式文件系统等功能,将网络中不同类型的存储设备通过应用软件集合起来协同工作,共同提供数据存储和业务访问功能。在后文中,将详细介绍云存储技术。

5.5 媒体资产管理系统

5.5.1 什么是媒体资产管理系统

新媒体技术的变革迭代给媒体行业带来了历史性的发展机遇和挑战。在媒体融合发展的大趋势下,如何进行自身与外部资源的融合,利用信息技术的力量推动传统媒体向融合媒体、智能媒体转变,成为媒体人面临的一个严峻问题。随着视听内容的不断丰富,视听产品形态也多种多样,涵盖政治、经济、文化、科技、娱乐、法律等各个领域。视听资料中包含大量的文档、图片、视频、音频等形式的信息,这些资料数量多、形式杂、容量大,既是巨额财力投入的结果,也是媒体人的劳动成果和智慧结晶,更是在未来激烈的市场经济竞争中持续发展的基础。

(1)视听资产

基于内容的海量视听资产是推动媒体行业发展的主要动力。视听内容以其多样性,包括视频、音频、图片、文档等形式,成为媒体资产的核心内容。新媒体时代带来了以内容为中心的全新技术,一次创建视听资产后,可以在不同形式、不同环境、不同渠道下进行编辑和利用。

创作过程中生成的视听素材被称为原始素材,与其相关的信息被称为元数据。"内容"是指原始素材与元数据的结合,而视听资产则是内容与权限的结合。只有拥有商业价值、生产价值、知识产权价值或标志价值的内容才会被人或机构愿意付费购买和使用,从而成为真正的资产。简而言之,视听资产或媒体资产就是指具有一定商业价值、生产价值、知识产权价值或标志价值的视听资料。

(2)媒体资产管理系统

从广义上来说,媒体资产管理系统(Media Asset Management)是负责处理视听素材的识别、捕获、数字化、存储、检索、利用和再利用的系统。其核心功能包括采集上传、编目、检索、存储管理和下载输出,同时还包括用户管理、工作流管理、系统管理和转码传输等功能。为了发挥视听资产的最大使用价值,系统的技术设计和实施应以实现资产使用价值的最大化为目标,因为资产使用价值的最大化也意味着利益的最大化。

近年来,视听资产受到越来越多的关注和重视,媒体资产管理系统在政府、企业、教育业、新闻出版业及其他行业领域的推广和使用越来越深入。国内也出现了许多媒体资产管理系统的研发厂商。媒体资产管理系统的应用已经从媒体行业扩展到其他行业和多样化的应用场景。

5.5.2 媒体资产管理系统建设

随着海量视听资料的增加,对于编目索引、内容简介、权限等相关信息的管理要求也越来越高。为了提高媒体内容的保存、格式转换和应用效率,厂商们开始转向云媒体资产管理平台解决方案的开发与研究。随着云计算、智能识别、智能检索等信息技术的不断革新与成熟,这些平台能够满足更多的需求。无论是传统媒体资产管理平台还是云媒体资产管理平台,系统建设的基本原则和功能没有发生颠覆性的改变,但它在内容来源、形式、组织方式、管理、发布和交互方式等方面有了更多的需求。

(1)系统建设原则

为了最大化发挥视听资产的使用价值,媒体资产管理系统的设计应遵循以下原则。

①实现视听资料管理功能。媒体资产管理系统应具备存储、归档、检索和管理各种视频、音频、图片、文档等资料的功能。

②促进视听资料的再利用。媒体资产管理系统应为媒体生产提供服务,便于搜索和利用珍贵历史素材,丰富媒体制作内容,提高生产效率,改进工作流程。

③与其他系统互联互通。媒体资产管理系统应能与后期制作系统、播出及发布系统、数字电视节目平台、IPTV 以及所属机构综合信息系统互联互通,并为它们提供服务。

④进行资料的交换与运营管理。媒体资产管理系统应包括资料的交换与运营管理功能,通过网络进行节目交流或作为商品在线销售,最大化实现视听资产的价值。

⑤进行用户认证、版权控制及系统安全管理。媒体资产管理系统应具备用户认证、版权控制及系统安全管理等功能,以实施更好的安全防护措施,保护视听资产的安全性。

(2)系统基本架构

1)传统媒体资产管理系统

传统媒体资产管理系统主要由服务器、上下载工作站、编目工作站、检索工作站、交换机、磁盘阵列、数据流磁带库及相关软件等组成。该系统支持在线、离线和近线三级存储模式,并且可以根据需求进行组合使用。在引入该系统时,校园电视台可以根据自身需求简化一些软件和硬件设备。下图是一个典型的传统媒体资产管理系统应用架构示例。

通过采集上载工作站、卫星收录工作站或转码工作站,各渠道的视音频信号会分别被处理成数字化的素材文件。这些文件会在经过审查后存储到磁盘阵列中,并自动

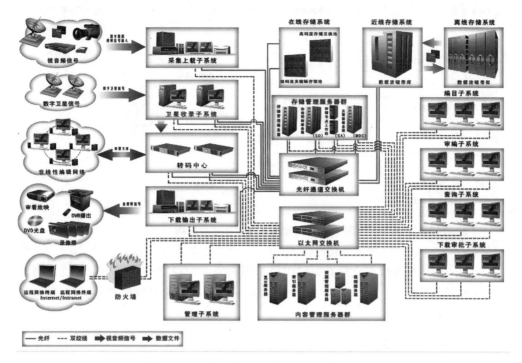

图 5-30　传统媒体资产管理系统典型应用架构

将文件的相关信息,如文件名称、格式、容量、时长等元数据信息写入数据库。在这个过程中,编目工作站会自动产生一条待编目对象。人工操作完成的素材文件的文字描述信息和标引信息录入后,审编通过就可以归档并发布。通过查询系统,可以浏览已发布的素材文件,并可以提交下载申请获取所需素材。下载申请审批通过后,可以使用下载工作站以数字或模拟视音频信号的形式进行素材下载,并输出至磁带、光盘或非编工作站。

2) 云媒资管理系统

云媒资管理系统需要与传统媒体生产制作系统进行对接,并满足新媒体各类业务的需求。该系统应体现新媒体的高效便捷、无地域限制和碎片化等特点。为实现这一目标,云媒资基础架构平台采用 IT 资源池化管理,应用云存储和虚拟化技术构建资源动态分配的服务器集群系统。同时,该平台还搭建了统一的"私有云"计算平台,实现媒资系统数据的存储、处理和使用等业务的集群化处理。

云媒资管理系统支持多渠道的 PGC、UGC 和广播电视节目收录,包括人工上载和 IP 流接收,将全媒体内容资源聚集入库进行管理。系统支持统一入库、分类、编辑、编目、检索、审核、归档和发布等管理功能。此外,系统还可以面向两微一端、融合指挥中心、演播室、官方门户、OTT、IPTV、传统播控平台等进行内容发布输出,并通过自动终

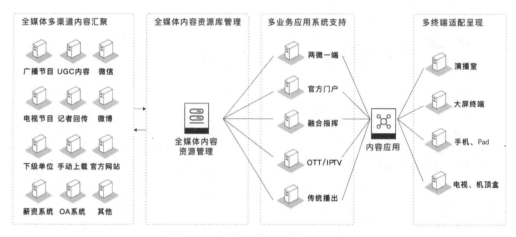

图 5-31　云媒资管理系统业务架构

端适配和多协议传输技术支持各类展示终端的覆盖。云媒资系统采用与传统媒资系统完全不同的"强交互"发布运行模式,并以此为基础开展更多增值服务,以实现各类资源的最大利用。

(3) 系统功能组成

根据媒资系统业务流程,本系统可以划分为以下八个模块。

1) 媒资上载/导入模块

该模块用于数字化和规范化视听资料的采集和导入。它支持单个或批量导入素材文件,并经过转码处理得到源码率素材和镜像低码率文件。这些文件将用于资料归档、编辑制作、播出发布和视听资料的编目和检索预览。

2) 媒资转码/处理模块

该模块根据上载/导入模块和检索浏览模块提供的任务信息,对指定的视听资料进行转码/处理。它可以根据任务请求情况进行任务分配,并将源素材文件转换成目标格式。此外,该模块还支持资料片段的剪辑合并,并对转码/处理完成的素材文件进行质量审核。

3) 媒资著录/编目模块

该模块用于对媒资库中的视听资料进行编目和分类。可以排定编目计划并分配编目任务,对视听素材进行节目层、片段层、场景层、镜头层的编目。同时,可以对编目的描述信息进行审核和修改。

4) 媒资存储管理模块

该模块作为视听资料归档、检索和调用的存储中心,为各种业务数据提供安全可靠的集中保存空间。它提供在线和近线的归档/迁移功能,以及相应的任务管理、分配和审核功能,还支持视听素材的存储和检索访问。

5)媒资检索浏览模块

该模块可实现媒资库中资料的发布,并提供用户的检索浏览功能。它支持多种检索浏览机制,如全文检索、图像检索、视频检索、语音检索等。

6)媒资下载/导出模块

该模块用于管理用户的下载请求,并提交所需视听资料。根据下载申请的要求,该模块完成视频切割、组合和转码,最后将视听资料迁移到指定位置。

7)媒资信息发布模块

该模块支持将视听资料编排至发布端进行展示,并根据发布平台的需求提供不同的编码格式。对于具有视听内容访问权限的用户,该模块提供内容查找、浏览和下载功能。

8)系统管理模块

该模块用于实现整个媒资系统的管理功能,包括版权管理、资料管理、信息统计、核算管理、权限管理、业务流程管理、业务流程定制、业务流程监控和网络管理等。

(4)系统应用领域

目前,媒体资产管理系统的应用范围已经从广电行业扩展到了更广泛的领域和多样化的应用场景。除了广电行业,政府部门、企业、教育业、图书馆、博物馆、新闻出版业等领域都广泛应用媒体资产管理系统。

在公安司法工作中,媒体资产管理系统可以满足执法记录仪、办案及审判现场的监控视频的统一存储、随时调阅、监督考核等多种业务需要,为执法办案规范化提供帮助。在图书馆,媒体资产管理系统能够为读者提供更丰富的信息,提供更具交互性的阅读体验。在博物馆,媒体资产管理系统激发了文化资源的生命活力,让收藏在禁宫里的文物、陈列荒野的遗产、深埋民间的艺术精华都焕发出新的活力。在新闻出版和互联网领域,媒体资产管理系统能够为用户提供更多样化的新闻资讯和更富原创性的新鲜节目。在各大高等院校,媒资管理系统不仅能够有效保存、管理和再利用学校多年累积下的视音频资料,还可以模拟电视台、报业、视频运营商等媒体平台的生产工作场景,自定义不同场景下的全流程和子流程,实现学生对实际就业岗位的模拟实践。

图 5-32　媒资管理系统首页样例

(5)信息组织与媒资编目

1)元数据

元数据是指用于记录数据的数据。在媒体制作领域,元数据的定义是关于媒体信息的格式化描述信息,前一个信息是指记录媒体信息的数据,而后一个信息是指该媒体信息的格式化描述。举个例子来说,"个人信息表"就是一个包含了姓名、性别、出生年月、民族、籍贯、政治面貌、照片、学历等信息的元数据(见表5-7)。

表 5-7　个人信息表

姓名		性别		出生年月		
籍贯		民族		健康状况		
身高	厘米	体重	公斤	应聘岗位		照片
政治面貌	□团员 □预备党员 □党员 □入党积极分子 □群众 □其他党派			可到岗时间		
婚育状况				身份证号码		
技术职称				参加工作时间		
目前薪资	_____元/月(或_____万/年)			期望薪资	_____元/月(或_____万/年)	
最高学历		所学专业		培养方式	统招　成教　自考	
毕业时间		毕业学校				

第二学历		所学专业		培养方式	统招　　成教　　自考		
毕业时间		毕业学校					
外语语种 及水平		计算机语 言及水平			QQ		
现住址及 住房性质					联系电话		
家族 主要 成员	与本人关系	姓名	工作单位及职务			联系电话	
	父亲						
	母亲						
	配偶						
	兄弟						
	姐妹						
主要工作经历							
起止时间		工作单位		职务/工种	证明人	联系电话	

再例如,每张数码照片都包含 EXIF 信息,它就是一种用来描述数码图片的元数据。

Image Description 图像描述、来源. 指生成图像的工具
Artist 作者 有些相机可以输入使用者的名字
Make 生产者 指产品生产厂家
Model 型号 指设备型号
Orientation方向 有的相机支持, 有的不支持
XResolution/YResolution X/Y方向分辨率 本栏目已有专门条目解释此问题
ResolutionUnit分辨率单位 一般为PPI
Software软件 显示固件Firmware版本
DateTime日期和时间
YCbCrPositioning 色相定位
ExifOffsetExif信息位置, 定义Exif在信息在文件中的写入, 有些软件不显示
ExposureTime 曝光时间 即快门速度
FNumber光圈系数
ExposureProgram曝光程序 指程序式自动曝光的设置, 各相机不同,可能是Sutter Priority（快门优先）、Aperture Priority（快门优先）等等
ISO speed ratings感光度
ExifVersionExif版本
DateTimeOriginal创建时间

图 5-33　图片编目元数据项

2) 信息 (元数据) 的组织方式

为了更好地进行信息检索,信息的组织方式要遵循几个原则:客观性原则、系统性原则、目的性原则、现代化原则、方便性原则、重要性递减原则。

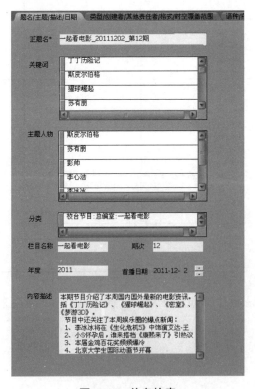

图 5-34　信息检索

3) 信息组织的过程

① 信息采集

② 信息描述 [分析、选择、记录（查重、描述、复核并输入）"节目层"]

③ 信息揭示（"片段层"）

④ 信息存储

⑤ 信息分析（渗透在信息管理的各个环节）

⑥ 信息服务（检索和下载）

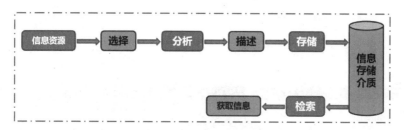

图 5-35　信息组织的模型

编目是为了更有效地进行媒体素材的著录和标引,以便完成更精确的检索。它通过抽象的定义来规范元数据,从而提高检索的效率。合理的编目结构有助于信息的有序化和系统化,方便进行信息检索和再利用,促进数据交换和信息资源共享。

图 5-36　编目的模型

编目可以根据结构级别的不同分为单级编目和多级树状编目。单级编目的特点是结构简单,所有与描述相关的信息存储在一个数据表中,操作和查询都比较简单明了。然而,它的缺点也很明显,就是缺乏层次感和个性化描述。另一种是多级树状编目,它的特点是以描述节点为基本单元,多个节点组成树状结构。这种编目方式可以详细记录节目或素材的每一个细节,具有较大的伸缩性。但是,它的缺点是结构较为复杂,对编目人员的素质要求较高。

在媒资编目中,视频的完整文件可以分为节目层信息、片段层信息、场景层信息和镜头层信息等不同层次的描述。节目可分为多个片段,片段可以分为多个场景,场景可分为多个镜头,层层递进。

图 5-37 媒资编目不同层次的描述

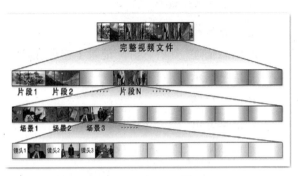

图 5-38 媒资层层递进

节目层编目信息样例如下图所示：

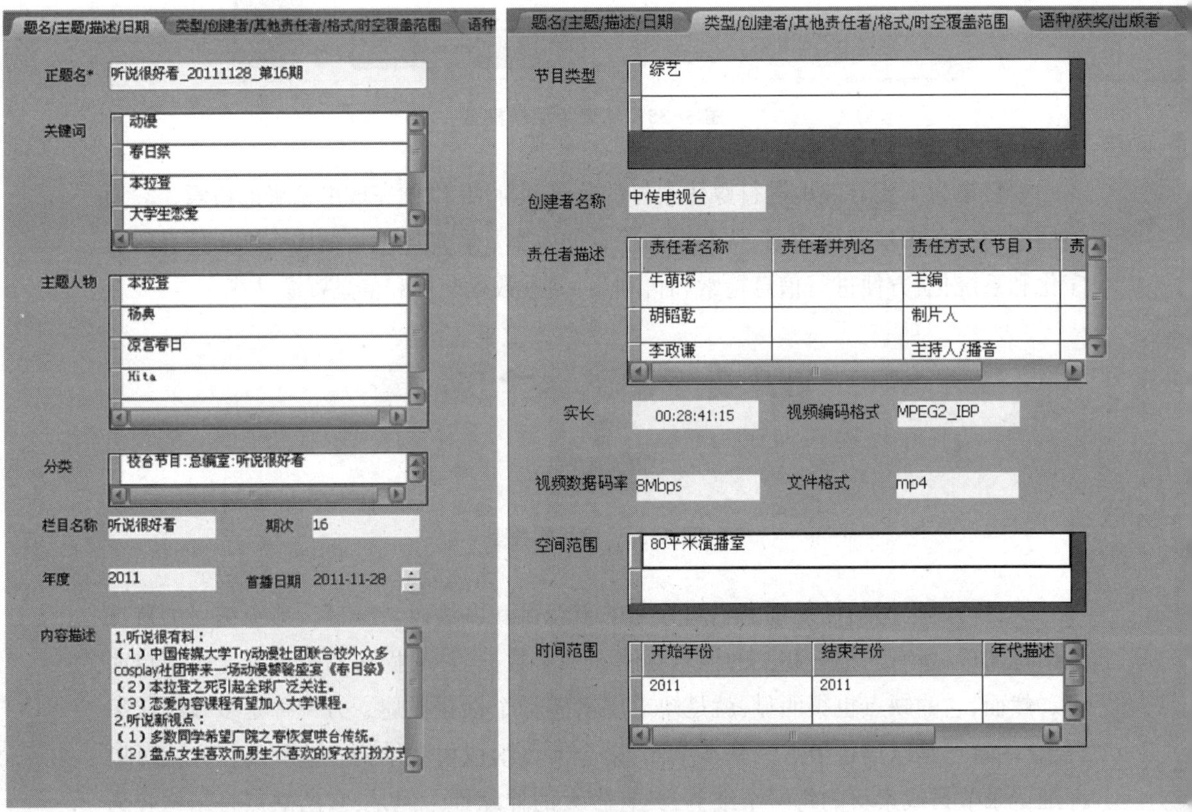

图 5-39 节目层编目信息样例

片段层编目样例如下图所示：

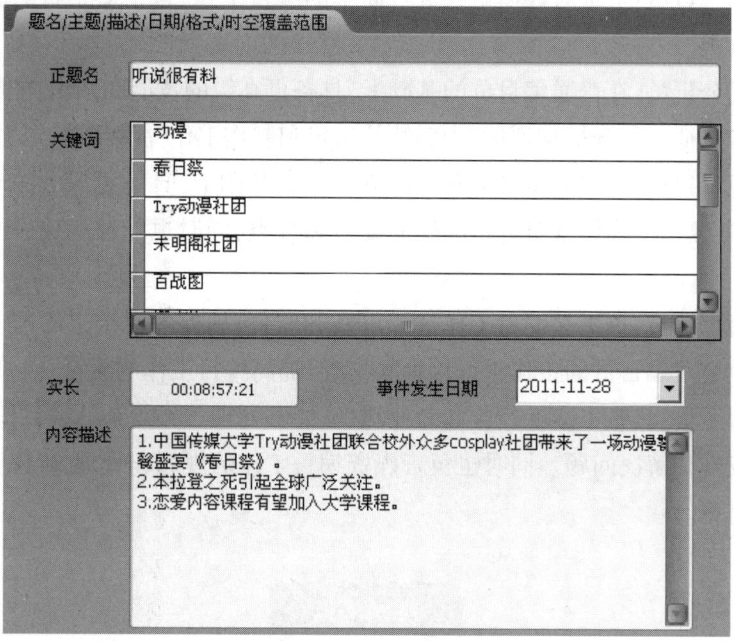

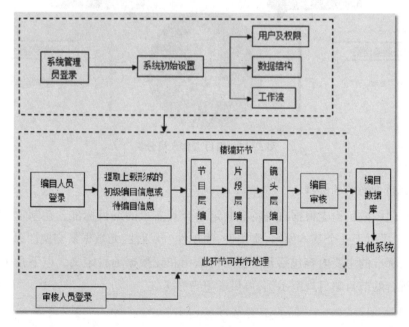

图 5-40　片段层编目样例

编目系统整体流程如下图所示：

图 5-41　编目系统整体流程

4）媒资编目工作人员分类

①普通编目员：负责对媒体素材进行简单的编目工作，包括对素材的基本信息进行录入和分类。

②画面分析员：在普通编目员的基础上，具备更高级的技能和知识，能够对素材的画面质量和特征进行分析和评估，为后续的编辑和制作工作提供帮助。

③高级编目员：在普通编目员和画面分析员的基础上，具备更深入的专业知识和技能，能够对复杂的媒体素材进行准确的编目和分类，同时也能够解决一些技术性的问题。

④编目审核员：负责对编目工作进行审核和监督，确保编目结果的准确性和一致性。同时也会对编目员的工作进行培训和指导，提高编目工作的质量。

⑤编目专员：具备丰富的经验和专业知识，能够处理各类复杂的编目任务，并在编目过程中发现和解决问题。同时也负责媒资编目工作的规划和管理，确保整个编目流程的顺利进行。

图 5-42　编目工作人员分类

5）视听资料编目标准

每个组织或机构应根据自身特点制定适合其需求的编目标准。在制定编目标准时，需要考虑以下几个基本原则：实用性、简单性、灵活性、元数据易交换性以及可扩展性。编目标准的主要内容包括元数据层次结构和元数据项目定义。以下是中国传媒大学电视台的节目编目规范示例，可供学习者参考。

图 5-43　中国传媒大学电视台的节目编目规范示例

5.5.3　目前媒资系统存在的问题

目前,大约有 80% 的数据是非结构化的,而且这些数据以 60% 的速度呈指数级增长。其中,视频、音频和图片等媒体资料在非结构化数据中所占比重越来越大,已经成为重要的数字文化资产。

媒体声像资料主要以录音、录像、照片和文档等形式存在,其中许多都是企事业单位的重大活动、形象宣传、领导活动、会议、事件的音视频、文稿资料,以及单位在新媒体平台(如微博、微信、抖音)上宣传的相关图片、视频和稿件资料。这些媒体资料往往都是具有高价值的重要数字资产,具有很高的历史价值,需要进行长期安全存储和管理。从业务角度来看,企事业单位的宣传活动通常会随时调用历史图片、视频等重要媒体资料,以实现媒体宣传的需要,进而增加企业的社会价值,符合企事业单位的长期效益和社会效益。

然而,传统媒体内容的管理存在一个巨大的问题,大多数单位没有媒体资产管理的专门岗位人员来编目著录资料,这导致过去的媒资库资料往往无法找到,媒体资产管理的真正价值得不到用户的认可。

另外,在数字化时代,人工智能成为全球关注的热门话题,它正在成为国际学术界的新热点、新焦点以及产业合作的新机遇,其迅速发展将深刻地改变人类的社会生活,改变世界。近年来,我国在人工智能领域密集地出台了相关政策,并在 2017 年和

2018 年的政府工作报告中多次提及"人工智能"。这表明在世界各大主要国家纷纷制定人工智能战略、争夺人工智能时代的制高点的大环境下,中国政府将发展人工智能提升为国家战略。

对于海量高价值媒体而言,引入与人工智能相关的技术和应用以实现数字资产的高价值管理已经成为必然趋势。通过多模态的人工智能内容识别,我们可以自动识别与视音频、图片内容相关的人物、事件、时间、地点、画面、场景和文字,并自动进行标签化和标引,这已经逐步成为内容生产管理的发展方向。

目前在进行媒体声像资料管理的过程中,经常会碰到以下这些问题。

(1) 海量媒体资料缺乏统一收集存储

企业单位长期以来积累了大量的媒体资料,包括视频资源,这些资源以多种不同的格式存在,文件体积也很大,导致识别和管理变得困难。此外,单个文件过大也使文件交换变得困难。仅依靠人工和简单的目录化方式几乎不可能实现有效的管理。媒体资料散布在各个业务人员的电脑和存储设备上,缺乏统一的收集和存储管理机制。

(2) 缺少岗位人手专门对媒体资料进行编目管理

对于大多数企业客户而言,缺乏专业的媒体资料管理人员导致媒体存储存在严重的管理问题。随着媒体资料数据不断增长,企业需要依靠机器自动化的方式来进行编目、著录和维护管理,以实现对媒体资料的有效挖掘和资产化。

(3) 缺乏标准化科学管理

由于企业单位组织跨部门合作,一些资源管理措施需要同时考虑日常工作要求和资料类别的分类组织管理。此外,部分资源需要经过审核后才能统一发布,而不同部门对于管理规范和要求的理解却存在不一致的情况。同时,媒体资料的管理也缺乏科学的标准化管理方法。

(4) 资料存储与调用缺乏安全保障

视音频是一种特殊的媒体资料,其文件较大,处理和存储视音频资料需要专业的 IT 设备。对于具有高价值的视音频媒体资料来说,需要长期安全存储,甚至可能需要存储 100 年以上。然而,许多企事业单位缺乏长期归档存储的安全系统和解决方案。

此外,媒体资料的调用与共享也面临问题。一些单位使用移动硬盘进行存储,但这种方式存在安全隐患。第一,移动硬盘容易导致数据丢失或泄露。第二,大量企业资料处于无序状态,缺乏有效的管理,这会导致数据意外丢失、访问调用权限不明确等问题,从而无法保障资料的安全调用。

(5) 媒体资料查找缓慢,效率低下

在日常业务工作中,我们需要频繁查询历史媒体声像资料。然而,传统的人工查询方式和资料柜管理已显得缓慢且烦琐。即便在数字化的计算机上搜索,从大量文件

中找到所需资料,甚至某个视频镜头都需要耗费大量时间和精力。此外,大多数文档、照片、视频仅可通过简单标题检索,无法进行全文检索。这种情况导致信息和资料获取延迟,从而影响工作效率。

(6) 媒体资料无法有效快速共享

目前,绝大多数媒体声像资料都是员工的个人资源,散落在各种环境中,缺乏统一的收集和整理,这导致了资料快速共享和获取的困难。尤其是在制作环境和办公环境中交换视频类大文件时,需要通过移动硬盘或网络共享来获取这些资源,但效率非常低下。

(7) 无法形成价值,精细化管理举步维艰

许多企业内部存在经验分享和知识共享环境不良的问题,缺乏集中、精细化的媒体资料管理方式,导致资源的浪费。若没有有效的媒体资料管理手段,将无法准确量化和统计业务工作,难以实现精细化管理。

为了解决上述工作中面临的问题,需要建立一套专业的信息系统。该系统应具备以下特点:集中统一管理媒体声像资源,确保资源的完整性和一致性;根据不同业务特点进行整理和分类,以提高工作效率;规范管理相关资料信息,确保资料的准确性和可靠性;具备完善的安全机制和安全存储保障能力,以确保数据的安全性和保密性;具有高效的查找搜索功能,能够快速定位所需内容,提高工作效率;具备简单、安全、可控的资源共享功能,促进协作和合作;将媒体资料纳入资产管理和精细化管理范畴,防止资产流失。

5.5.4　媒资系统的智能化需求

数字化时代的快速发展以及社交媒体的普及使媒资系统的智能化需求变得越来越重要。在这个变革的背景下,传统的媒资系统已经无法满足企业和机构的需求,因此,智能化的媒资系统正在成为行业的新趋势。

首先,智能化的媒资系统可以帮助企业更好地管理和组织海量的媒体内容。随着媒体内容的不断增加,传统的媒资系统往往面临内容分类和检索困难的问题。但智能化的媒资系统可以利用人工智能和机器学习技术,通过自动标签、语义分析和内容智能推荐等功能,有效地解决这些问题。用户只需简单的关键词搜索,即可快速找到所需的媒体内容,从而提高工作效率。

其次,智能化的媒资系统可以提供更加个性化的用户体验。传统的媒资系统通常只提供基本的浏览和下载功能,缺乏互动和定制化的功能。而智能化的媒资系统可以根据用户的喜好和需求推荐相关的媒体内容,提供更加个性化的用户体验。用户可以根据自身的兴趣和偏好,定制自己的内容订阅和推荐。因此,媒体内容可以更加精准

地传递给目标用户。

最后,智能化的媒资系统还可以提供更加精确的数据分析和洞察。传统的媒资系统通常只提供基本的数据统计功能,难以深入分析和洞察用户的行为和需求。而智能化的媒资系统可以通过数据挖掘和大数据分析,获取更加详细和准确的用户数据,为企业决策提供科学依据。同时,智能化的媒资系统还可以通过智能报告和可视化分析,将复杂的数据转化为直观的图表和图形,帮助企业更好地理解和利用数据。

综上所述,智能化的媒资系统是当前媒体行业发展的必然趋势。它可以帮助企业更好地管理和组织媒体内容,提供个性化的用户体验,同时还能够提供精确的数据分析和研究。随着人工智能和大数据技术的不断发展,智能化的媒资系统将进一步提升媒体产业的效率和竞争力。

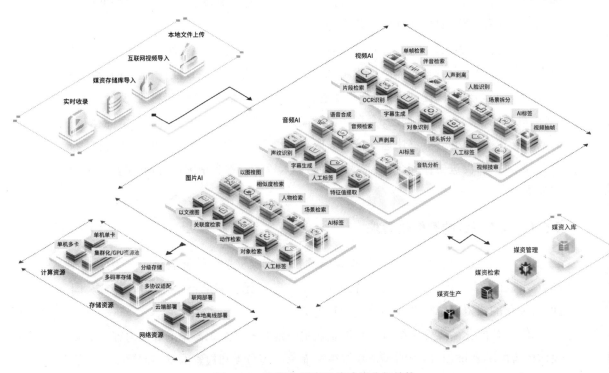

图 5-44 智能化媒资系统功能分析结构

5.5.5　智能媒资系统的功能和架构

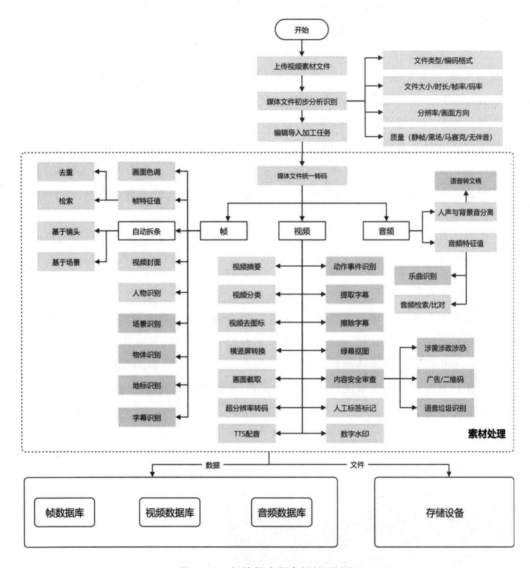

图 5-45　智能视音频素材处理流程

(1)媒资内容入库

智能媒资系统应提供多种入库方式,以确保数据收集的全面性。主要的媒资入库方式包括以下几种。

①浏览器上传:对于大部分的图片、文档和一般视频,用户可以直接通过浏览器上传,实现媒体的快速入库。

②PC 客户端:系统提供专属客户端,基于 Windows 平台,可满足大规模、大批量的

视频集中上传需求。该客户端支持私有协议、文件夹上传,同时也支持断点上传、定时上传等功能。

③手机 App 上传:基于手机 App,用户可以随时随地上传资料,方便进行相关媒体业务的资料上传,包括珍贵素材的上传。

④第三方系统:系统支持目录扫描或互联方式,实现其他视频业务的重要节目或素材的入库,比如非编、融媒业务等。此外,系统还支持指定存储设备的自动扫描功能,可以定时自动扫描连接媒资系统的存储设备,识别并入库存储设备上新增加的素材文件。用户只需将待入库的资源文件拷贝至指定路径,目录扫描软件会定期自动扫描该文件夹并导入符合条件的资源,无须人工介入。这种方式适用于松耦合资源交换且业务量不太大的场景。如果外部系统具备条件,也可以采用 XML 描述文件加媒体文件的方式,目录扫描软件通过解析 XML 描述文件获取资源的元数据信息,便于资源信息的有效继承,同时减轻后续的工作量。

⑤历史数据迁移:系统提供针对用户海量历史数据的导入工具,可以有针对性地实现数据的继承和数据挖掘。

(2)内容基本分析

智能媒资系统通过识别文件时长、文件大小、画面宽度、画面高度、视频像素格式、视频帧数量、视频码率、音频编码格式、音频采样格式等参数,对媒体内容进行基本分析。这些分析结果对于媒体制作、发布和使用非常重要,能够帮助用户更好地管理和利用媒体内容。随着人工智能技术的不断发展,智能媒资系统将进一步提升媒体行业的效率和竞争力。

图 5-46　内容基本分析示例

（3）智能搜索

智能媒资系统的内容检索功能充分利用了标签、智能识别、标题、说明等数据资源，以实现精细化的媒资搜索结果。其主要功能如下：

①检索数据库的智能标签、智能识别结果、媒资标题、媒资说明、媒资编目等信息。

②支持汇集各类检索条件进行混合检索，以满足用户多样化的搜索需求。

③可按照图片、视频、音频、文件夹、文档、数字报等分类进行筛选，方便用户快速找到所需的媒资素材。

④可按照媒资素材所在库（如个人库、公共库、归档库）进行筛选，提供更精准的搜索结果。

⑤支持在检索结果中高亮显示检索关键词，使用户更容易找到相关内容。

⑥对于视频类检索结果，系统能够展示该视频的时间轴，并在时间轴上标注关键词的出现位置，帮助用户更直观地了解媒资内容。

⑦媒资列表页能够明确标识搜索命中的条件，让用户清晰了解搜索结果与搜索条件的匹配程度。

图 5-47　媒资智能搜索示例（一）

在完成搜索后打开媒资详情，提供搜索结果提示。用于标识搜索结果中，哪些条件被检索到。针对检索到的内容，定位到视频中的具体时间段，用于更快捷地查看搜索目标。

图 5-48　媒资智能搜索示例(二)

(4)智能算法引擎

1)语音识别

音频信号转换为文本的自动语音识别(ASR)技术,是利用机器学习或人工智能实现的。在过去的几十年里,这个领域受到了广泛的关注,并成为人机通信研究的重要领域。早期的方法主要依赖于手动特征提取和传统技术,如高斯混合模型(GMM)、动态时间规整算法(DTW)和隐马尔可夫模型(HMM)。然而,近年来,递归神经网络(RNN)、卷积神经网络(CNN)和最新的 Transformer 等神经网络已被成功应用于 ASR,并取得了卓越的性能。这些新的方法利用深度学习的优势,能够更准确地将语音信号转换为可读文本。

一个典型的自动语音识别系统通常包括以下处理步骤:预处理、特征提取、深度学习模型处理和音频信号的预处理。预处理步骤旨在改善音频信号,主要内容包括以下几个方面的优化:

①减少声道数量:音频文件的声道数会影响说话人识别系统的性能。单声道音频只有一个通道,而立体声音频则有两个或多个通道。将立体声录音转换为单声道有助于提高说话人识别系统的准确性和性能。

②检测语音活动:语音活动检测算法的目标是确定信号中哪些是语音片段,哪些不是。通过使用仅包含语音的数据帧进行识别,VAD 算法可以提高系统的性能。

③降噪:几乎所有的声学环境中都存在噪声。即使使用专业麦克风录制,语音信号中也会包含大量噪声,如白噪声或背景声音。过多的噪声会扭曲或掩盖语音信号的

特征,降低整体质量。噪声检测和降噪一般通过使用数字滤波器实现,也可以通过线性滤波器处理有噪声的语音,获取干净的语音。

④特征提取:特征提取是将原始声学信号转换为紧凑表示,以识别语音信号中的独特特征。从语音样本中提取特征可以使用多种技术,如线性预测编码、梅尔频率倒谱系数(MFCC)、功率归一化倒谱系数等。这些特征可以在说话人识别等任务中发挥重要作用。

梅尔频率倒谱(MFCC)是一种常用于语音识别的特征提取方法。其工作原理类似于人耳,通过线性和非线性倒谱表示声音。如果我们对 MFCC 特征进行一阶导数运算,就可以得到 DeltaMFCC 特征。与一般的 MFCC 特征相比,DeltaMFCC 特征可以有效地表达时间信息,并且能够捕捉到帧与帧之间的变化。

在进行特征提取时,常用的两个工具有 NumPy 和 Scikit-learn。NumPy 作为一个开源 Python 模块,提供了高性能的多维数组对象及用于处理数组的多种函数。Scikit-learn 作为一个免费的 Python 机器学习库,拥有多种分类、回归和聚类算法,它可以与 NumPy 和 SciPy 库一起使用,提供更强大的数据处理和模型训练能力。

在深度学习时代,神经网络在语音识别任务中的应用取得了显著进展,包括卷积神经网络(CNN)、递归神经网络(RNN),此外,Wav2Vec 2.0 模型拥有很好的性能。

Wav2Vec 2.0 是 Meta 在 2020 年发布的无监督语音预训练模型,其核心思想是通过向量量化(Vector Quantization, VQ)构建自监督训练目标,对输入进行大量掩码操作,并利用对比学习损失函数进行训练。模型的结构如图 5-49 所示。

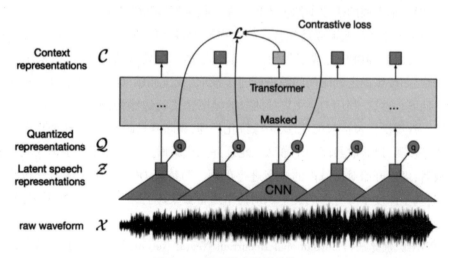

图 5-49　深度学习模型结构

在图中,底部的 X 代表原始音频数据,例如采样率为 16000 的 wav 文件。经过 CNN 卷积网络的处理,将 X 编码为音频帧的特征序列 Z(即隐层语音表示)。然后,通过 VQ 模块将每个音频帧的特征转换为离散特征 Q,并将其作为自监督目标。同时,经过隐蔽操作的帧特征序列进入 Transformer 模型,得到上下文表示 C。最后,通过对比学习损失函数,拉近隐蔽位置的上下文表示与对应的离散特征 Q 之间的距离,即正样本对。

Wav2Vec 2.0 模型的优势在于它是一种可以实现自监督学习任务的深度学习模型,通过预测被隐蔽部分(masked parts)的语音单元来完成建模任务。

2)视频字幕识别

光学字符识别(OCR)是人工智能、模式识别和计算机视觉领域的重要研究方向之一。OCR 已经成为一项成熟的技术,它通过电子方式识别图像文件或物理文档中的文本,并将其转换为机器可读的文本形式,以用于数据加工。在计算机视觉中,OCR 可以通过检测文本区域、裁剪区域并识别文本,从而读取自然场景中的文本。裁剪区域识别文本的任务被称为场景文本识别(STR)。

视频字幕识别是 STR 技术在音视频制播领域中的一种具体应用形式。视频字幕识别方法通常包括四个模块:视频帧处理模块、视频字幕检测模块、视频字幕识别模块和结果去重模块。

视频帧处理模块对视频文件或视频流进行抽帧处理,获取静态图片。视频字幕检测模块对静态负片进行分析,在视频帧中检测和定位字幕区域。视频字幕识别模块将字幕区域图像转换为文本。结果去重模块完成多个识别结果间的去重和降噪处理,输出最终的识别结果。在这四个模块中,字幕识别模块使用的 OCR 技术已经相对成熟。因此,视频字幕提取的研究工作主要集中在视频字幕检测模块上。

视频字幕检测的基础是将视频序列帧提取为多个单帧图像文件。目前常用的技术手段是使用 FFMPEG 完成视频帧的抽取。根据节目处理的需要,可以采用不同的抽取策略,如按照固定的时间间隔进行连续抽取,或按照帧间画面变化的差异程度进行动态抽取。然后,利用 OpenCV 对抽取的帧图像进行边缘检测,大致确定字幕的候选区域。常规操作包括灰度处理、边缘锐化处理、剔除背景画面、水平和垂直方向的区域联通等步骤,以获取封闭的字幕区域轮廓并完成画面剪裁。完成对字幕区域的定位和剪裁后,可以开始对区域内的文字进行识别。与传统 OCR 的单字符切分和单独识别不同,基于深度学习方法的文字识别技术通常在文本行维度进行一次识别,避免字符切分操作的不确定性。

CRNN 识别算法(Convolutional Recurrent Neural Network)主要用于对不定长的文本序列进行识别。与传统的切割单个文字的方法不同,CRNN 将文本识别转化为时序依赖的序列学习问题,是一种基于图像的序列识别方法。整个 CRNN 网络结构包含以下五个模块。

第一模块:CNN 网络,使用轻量化网络 MobileNetv3 对输入图像进行特征提取,得到特征图。输入图像的高度统一设置为 32,宽度可以为任意长度。经过 CNN 网络后,特征图的高度缩放为 1。

第二模块:Im2Seq,将 CNN 获取的特征图变换为 RNN 需要的特征向量序列的形状。

第三模块:双向 LSTM(BiLSTM),使用双向 LSTM 对特征序列进行预测,学习序列中的每个特征向量并输出预测标签分布。这里将特征向量的宽度视为 LSTM 中的时间维度。

第四模块:全连接层,使用全连接层获取模型的预测结果。

第五模块:CTC 转录层,解码模型输出的预测结果,得到最终输出。

3) 智能标签

视频是由一系列连续的图像序列组成的,为了正确标记视频内容,需要正确理解每个帧展示了什么,并能够关联帧之间的相关性。相比图像,视频内容更为复杂,因此单个标签难以完整地表征视频内容,视频内容理解分析通常是多标签分类问题。

目前主流的视频分类方法有三种:基于 LSTM 的方法,基于 3D 卷积的方法和基于双流的方法。

基于 LSTM 的方法使用卷积网络提取每个帧的特征,并将每个特征作为时间点逐个输入 LSTM 中。由于 LSTM 没有序列长度限制,可以处理任意长度的视频。然而,LSTM 存在梯度消失和爆炸的问题,难以训练出令人满意的效果,并且由于逐帧输入的需求,速度相对较慢。

基于 3D 卷积的方法将原始的 2D 卷积核扩展到 3D,类似于 2D 卷积在空间维度的作用方式,可以根据时间维度自底向上地提取特征。这种方法通常能够达到不错的分类精度。然而,由于参数量的增加,网络速度会相应下降。

基于双流网络的方法将网络分为两支。一支使用 2D 卷积网络对稀疏采样的帧进行分类,另一支提取采样点周围帧的光流场信息,并使用光流网络进行分类。两支网络的结果融合以得到最终的类别标签。基于双流的方法可以很好地利用预训练的 2D 卷积网络,并通过光流建模获取运动信息,因此通常具有较高的分类精度。然而,光流的提取过程较慢,整体速度受到制约。

最终智能媒资系统选择使用了基于长期循环卷积网络(LRCN)的架构。LRCN 结合了 TSN 网络和 LSTM 基础网络。具体而言,LRCN 模型首先通过共享参数的 TSN 模型处理单个视频帧,然后将其连接到单层 LSTM 网络。这种结构能够有效地提取深层次的视觉特征,即 TSN 特征提取器,并学习识别时间变化的能力。

除了网络架构的选择,准备一个适当的数据集也是训练模型的重要工作之一。一般来说,根据分类模型训练的经验,如果最终的分类标签差异较大且总数较少,每个分类下大约有 200 个训练样本就可以满足需求;但如果各个分类之间的差异很细微并且总数超过了 50 个分类,那么每个分类的训练样本至少应该达到 1000 个。

为了能够快速开始模型的训练和验证,智能媒资系统最终选择了由 Google 开源

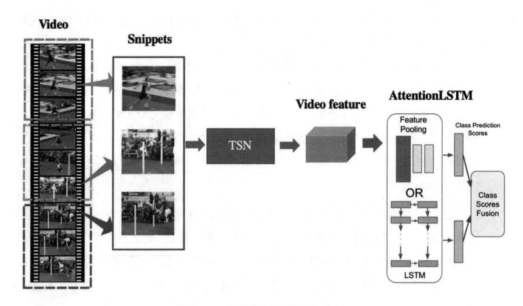

图 5-50　视频智能标签标记流程

的 YouTube-8M 数据集。该数据集包含两部分,第一部分是视频层级的标注,总共包含 610 万个已标注的视频,3862 个分类。平均而言,每个视频被标注了 3 个标签。第二部分是视频片段标注,选择了 1000 个分类,对视频中随机抽取的 5 秒片段进行标注。该部分总共有 23.7 万个标注数据。

经过训练和测试之后,智能媒资系统便可以导出模型的结构文件和权重文件,然后部署在预测引擎中,提供视频 AI 标签的预测服务。

4)人脸识别

人脸识别是一种技术,利用人脸的生物特征来判断给定的面部图片是否与某个已知人物之间存在有效的一一映射关系。虽然这对人类来说是一个简单的问题,但对计算机来说却是一个复杂的问题。60 年来,检测静态图像和视频序列中的人脸并对其进行识别已成为计算机视觉领域研究最广泛的主题之一。这项技术在监控、执法、生物识别、营销等领域有广泛的应用。

一个典型的人脸识别应用通常包含四个处理环节:人脸检测、人脸对齐、特征提取和人脸识别。

①人脸检测:在图像中找到一个或多个人脸,并用边界框标记出来。

②人脸对齐:通过几何和光学变换,将人脸投影到归一化后的坐标系中。

③特征提取:从人脸中提取可用于识别任务的特征。

④人脸识别:将人脸与准备好的数据库中的一个或多个已知人脸进行匹配。

在 20 世纪 50 年代,认知科学家开始研究人脸识别,20 世纪 60 年代,人脸识别工程应用研究正式启动。那时候,人脸识别主要依靠人脸的几何结构,通过分析人脸器官特征点及其之间的关系来进行识别。1991 年,著名的"特征脸"方法第一次将主成分分析和统计特征技术引入人脸识别领域,使研究取得了显著进展。然而,这些方法在人脸姿态和表情变化时精度严重下降。

进入 21 世纪,随着机器学习理论的发展,学者们开始尝试用多种方法进行人脸识别,包括遗传算法、支持向量机、boosting、流形学习和核方法。随后,学者们提出了基于局部描述子算法进行特征提取的思路。

大约在 2014 年,随着大数据和深度学习的发展,人脸识别技术逐渐转向了机器学习。机器学习是人工智能的一个子领域,其主要任务是通过学习数据和经验来提高计算机的性能,而无须明确地编程。在机器学习中,算法通过自我训练从大型数据集中发现模型内部的相关性,然后基于数据分析结果做出最佳决策和预测。机器学习应用具有自我演进的能力,数据越多,准确性越高。

在基于机器学习的人脸识别技术领域,谷歌的 FaceNet 和脸书的 DeepFace 是两个典型的案例。DeepFace 是脸书在 2014 年的 CVPR 会议上提出的,可以说它是卷积神经网络在人脸识别方面的奠基之作。接下来以 DeepFace 为例,详细解释如何利用深度学习来获取人脸特征值。

DeepFace 的架构并不复杂,层数也不深。网络架构由 6 个卷积层+2 个全连接层构成,如图 5-51 所示。

图 5-51　DeepFace 架构

该网络在运行时,从左至右依次执行如下的操作。

图片的 3D 对齐:这部分的目标是生成正面人脸图像,以应对输入图像中可能存在的不同姿势和角度的人脸。首先,我们使用六个基准点在输入图像中检测人脸,包括眼睛、鼻尖和三个嘴唇上的点。其次,利用这六个基准点,我们从原始图像中裁剪出 2D 人脸图像。再次,在裁剪后的 2D 图像上应用 67 个基准点,以便进行 2D 到 3D 的转换。为了生成 3D 模型,我们使用通用的 2D 到 3D 模型生成器,并在生成的 3D 模型上绘制出这 67 个基准点,我们建立了 2D 和 3D 之间的关系映射。最后,对对齐后的人脸进行正面化处理,因为在人脸识别任务中,正面照片的分辨率效果最好。

人脸特征值的提取:从人脸图像到分类信息的过程如下。完成 3D 对齐后的 RGB

图像经过卷积层和池化层,从图像边缘和纹理中提取低级特征。接下来,利用局部连接层,提取人脸不同位置上的各种不同局部特征。然后,通过全连接层捕捉人脸距离较远区域的局部特征之间的关联性,如眼睛的位置和形状与嘴巴的位置和形状之间的关联性。这个层次在几乎所有的人脸识别模型中都存在。除此之外,在第一个连接层,还需要对特征值进行归一化处理,将特征值转换为 0 至 1 之间的数值。在第一个全连接层,可以输出人脸的向量表示,即为每个人脸图片生成一个唯一的特征向量。这个特征向量可以用于在整个数据集或人脸数据库中进行搜索和匹配。在最后一个全连接层,即第二个全连接层,可以输出用于人脸分类的 softmax 层 K 类。DeepFace是一个分类网络,可以输出 4030 种人脸的分类信息。通过利用这个分类信息,我们可以进一步分析人脸照片的特征值,完成对其年龄、性别、种族和情绪的分析。

5) 智能拆条

编目是媒资管理中至关重要的环节,高质量的编目是资源分类归档和检索的有力支持。然而,目前国内媒体机构普遍采用人工编目方式,这种方式原始且粗放,很难确保编目质量和进度。随着"媒体融合向纵深发展"这一目标的提出以及人工智能等新技术的快速发展,媒资编目已经开始向智能化转变。

目前行业内广泛采用国家广电总局颁布的《广播电视音像资料编目规范》,采用 4层编目结构,对节目进行分片段、场景和镜头的描述。其中,片段指节目或素材中一段连续的视音频,由相互关联的场景构成;场景指节目或素材中背景或场面不变的一段连续视音频部分,由时间或空间上相关的一个或多个镜头构成;镜头指同一摄像机连续摄录的画面。

因此,快速准确的智能拆条是实现媒资系统智能编目的重要基础。智能拆条的技术原理是通过对非结构化的视频数据进行特征或结构分析,然后采用视频分割技术将连续的视频流划分为具有特定语义的视频片段。

主要的技术环节包括:第一步,完成视频帧的特征提取,将视频文件分解为最小的数据单元,即帧图片。第二步,将单帧图像内的亮度、色度和饱和度分别转换为特征值向量,接着进行镜头变换的检测,通过检测相邻图像帧之间的特征变化,选择合适的阈值来确定镜头边界的位置。在左右两个边界之间的帧序列构成一个镜头片段。第三步,获取镜头片段的特征,从镜头片段中提取头、尾和中部的三个关键帧(I 帧),将其送入训练好的机器学习模型中,得到一个 512 维的特征值向量。最后一步,通过计算相邻镜头片段之间的特征值距离,完成近似镜头的拟合,将多个镜头片段合并成一个场景片段。智能拆条完成后,可以自动获取镜头片段和场景片段的分割点时间信息,并保存在数据库中。编目和审核人员可以利用这些信息进行预览,也可以导出为XML 文件,与外部的非编系统进行集成。

图 5-52 智能拆条界面

(5)智能媒资系统软件结构

智能媒资系统采用平台化软件结构,充分利用云架构基础计算资源。软件采用微服务的分层设计体系,实现服务与模块的灵活解耦,可根据业务负载情况按需横向扩展。

媒资服务平台依托智慧分析与处理服务层,通过开放的 API 接口向各个业务、应用提供 AI 接口访问能力。软件结构以后台服务为支撑,包括策略引擎、内部流程引擎、检索引擎、日志采集引擎、存储管理引擎、归档服务引擎等多种底层支撑引擎,为上层应用提供多种业务应用模块,如资源入库、筛选整理、资源管理、资源调用、资源处理和资源交换等功能。

系统采用微服务架构体系,实现模块间、服务间的关联关系解耦,保证系统的高吞吐、高安全性,并根据业务负载情况按需动态灵活扩展某些服务的弹性伸缩机制。每个服务可以独立扩展,并根据需要部署到适合的基础资源上,实现更灵活的弹性和更高效的资源利用。

系统具备高可靠性和容错性,一个服务的内存泄露不会影响整个系统的运行,容错机制能够保障可用服务的正常运行。系统不受限于某个技术栈,每个微服务模块可以选择最适合的技术栈。

智能媒资系统在软件架构上也采用了服务分层架构,确保系统访问的可靠性和安全性,避免内部核心服务直接暴露对外带来的安全隐患。用户访问使用应用层,应用层调用核心服务层,最终核心服务层访问数据库、基础计算资源和设施等,实现媒资服务平台的链路访问安全和数据访问安全。

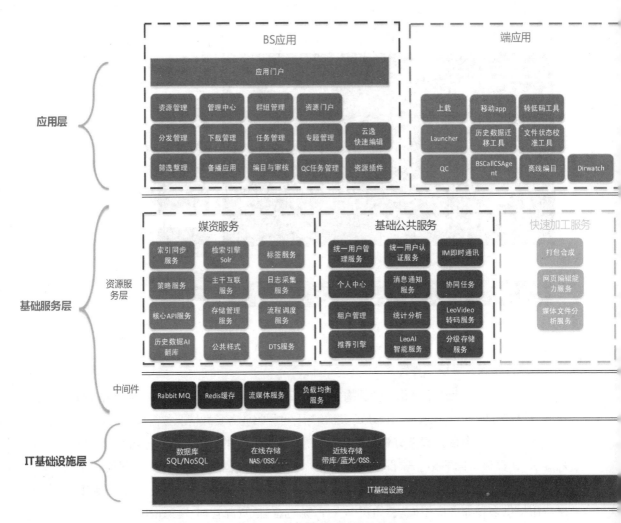

图 5-53　智能媒资系统的软件结构

5.5.6　智能媒资系统的应用领域

(1)海量资源数字化存储

针对用户拥有海量资源需要存储和管理的场景。用户通过页面上传、移动端回传、融媒体系统稿件自动回传等方式,将媒体资料上传入库。经由 AI、人工的协同编目,将海量资源转换为数字资产,便于后续检索再利用。

(2)与融媒体业务深度融合,赋能生产

通过深度对接,智能媒资系统为融媒体系统提供了视频、图片、音频、新媒体稿件等多种类型媒体资料的存储、管理、转码、AI 编目和媒资检索等功能。各类型稿件会自动存入媒资系统,同时媒资系统的资源也可以被融媒体系统用于新稿件的生产。这样一来,融媒体生产系统和媒资管理系统之间的业务就能够实现深度融合。

(3)媒资系统全面升级,本地历史资源迁移上云

对于大量媒体早期建设的媒资管理系统而言,一方面编目简略不利于搜索,另一方面与生产系统的业务割裂,媒资内容难用于生产。通过采取本地媒资系统迁移上云的方式,不仅可以实现与生产系统的无缝对接,将历史媒体资料用于生产或多渠道分发,还可以通过人工智能的技术手段对历史媒体资料进行翻库打标,解决因编目不足而导致搜索困难、使用受限的问题。这样一来,历史媒体资料的搜寻和利用将变得更加便捷和高效。

(4)多级资源汇聚,共享协同

通过智能媒资系统,实现各级资源的汇聚、管理和共享,从而实现资源的共融共通和多级联动。该系统适用于各类总—分结构的集团、组织,以及国家级、省级、市级的媒体联盟。

5.6 网络存储技术

媒体数据文件的最大特点是数据量庞大,因此,如何安全、快速、有效地存储和获取媒体数据成为视听素材管理的首要问题。随着数字化视听素材和数字化网络化多媒体处理业务的不断增加,人们希望通过集中管理的方式来摆脱空间和物理限制,并实现对资料的自由和高效调用。然而,集中管理也会带来一些不便,增加管理费用,因此,通常情况下,数据仍然分散存储在各个地方。

为了解决上述问题,选择适合的存储方式至关重要。本节将介绍一种能逐步解决上述问题的网络存储技术。简单来说,网络存储技术是将存储技术和网络技术结合起来,通过网络连接各个存储设备,实现存储设备之间以及存储设备与服务器之间的数据高性能传输。

5.6.1 大容量存储介质

(1)磁盘与磁盘阵列

1)磁盘

磁盘利用磁记录技术在涂有磁记录介质的旋转圆盘上存储数据,具有存储容量大、数据传输率高、存储数据可长期保存等特点。磁盘分为软盘和硬盘,其中硬盘的存取速度更快、容量更大。

硬盘由固定面板、控制电路、磁头、盘片、主轴、电动

图 5-54 磁盘

机、接口及其他附件组成。在逻辑上,硬盘划分为磁道、柱面以及扇区。为提升硬盘容量,可增加盘片数量或盘片的数据密度。硬盘转速对传输率有直接影响,应尽量选择高转速的硬盘。

然而,单盘磁盘的容量和传输速率有限,大容量磁盘价格昂贵,给用户带来负担。因此,如何提升存取速度、防止数据丢失、有效利用磁盘空间一直是用户的主要问题。人们迫切希望创造出一种能接入众多磁盘、具有数据保护功能、可以集中存储的大规模独立设备。磁盘阵列的诞生为数据集中大规模存储提供了可能。

2)磁盘阵列

磁盘阵列是指将多个磁盘组合成一个整体,以单一磁盘的形式运行,并且将数据以条带方式存储在不同的磁盘上。当访问数据时,阵列中的相关磁盘会一起进行操作,从而大大减少数据访问的时间,并且能够更有效地利用存储空间。

磁盘阵列通常作为一个独立的外部设备与主机直接连接或通过网络进行连接。它通常具有多个端口,可以连接到不同的主机或不同的端口。对于磁盘阵列而言,用于向主机提供服务的部分称为"前端",用于内部管理的部分则称为"后端"。根据前端和后端接口的不同,磁盘阵列可以分为 SCSI-FC 盘阵、FC-FC 盘阵、SATA-FC 盘阵等不同类型。

图 5-55　磁盘阵列

(2)磁盘阵列的文件存取方式

在磁盘阵列中,普通文件并不是以顺序存储的方式存放。这样做无法充分利用磁盘阵列的多通道同时读写数据的优势。为了克服这个问题,文件采用了分块存储的方式,即将一个文件分成多块,并分别存储在不同的硬盘上。

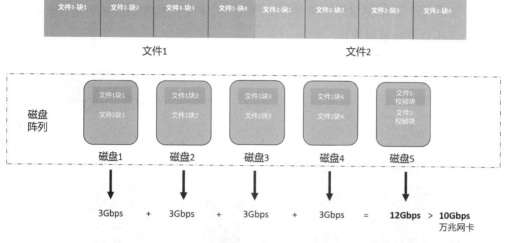

图 5-56　磁盘阵列中的文件块存储方式

（3）磁盘阵列最重要的技术点：RAID

独立冗余磁盘阵列（Redundant Array of Independent Disks，RAID），是一种通过组合多块独立硬盘形成一个硬盘组的技术，旨在提供比单个硬盘更高的存储性能和数据备份能力。通过并发访问和读写多块磁盘，RAID 实现了更快的读写速度，并通过多种 RAID 级别提供更安全可靠的数据读写。

最流行的 RAID 级别包括 RAID 0、RAID 1 和 RAID 5。

RAID 0 是一种将数据平均分散在多个磁盘上以提升磁盘性能的方案。为了实现这一目的，RAID 0 将数据分成预定义大小的块，每个块分别写入不同的磁盘，从而实现更快的读写速度。RAID 0 的主要优点是提供极高的 I/O 性能，并且相对于其他 RAID 级别而言成本较低。然而，RAID 0 也存在缺点。由于数据分散在多个磁盘上，一旦任何一个磁盘故障，整个系统将崩溃。为了解决 RAID 0 的这个问题，可以采用 RAID 1、RAID 5 或 RAID 6 等其他 RAID 级别来提高磁盘的容错能力。

RAID 1 通过数据复制的方式，将相同的数据同时写入两块磁盘，即使其中一块磁盘故障，数据仍可从另一块磁盘中恢复。

RAID 5 使用奇偶校验的方式实现数据备份，将每个数据块的奇偶校验位存储在不同的磁盘中，一旦磁盘故障，可以通过奇偶校验位恢复数据。

RAID 6 是 RAID 5 的扩展版本，相对于 RAID 5 更安全，因为 RAID 6 可以在两个磁盘故障的情况下恢复数据。

总之，磁盘阵列技术是一种强大且实用的技术，可以提升磁盘性能和容错能力。在选择不同的 RAID 级别时，需要仔细考虑，以便在不同的应用场景下选择合适的 RAID 级别，以获得最佳结果。下面介绍几种常用的 RAID 形式。

1）RAID 0

即条带技术,所有磁盘完全地并行读、并行写;不带校验的磁盘区块条带化;没有容错能力;I/O 吞吐量最快。

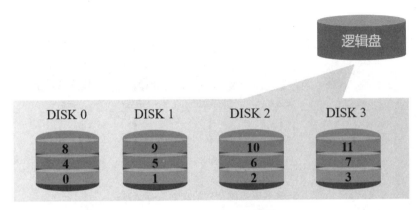

图 5-57　RAID 0 示例图

2）RAID 1

即镜像技术,镜像写,并行读,可靠性最高。特点是非校验磁盘镜像,数据保护性最好。

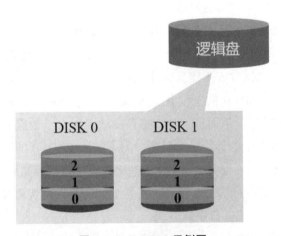

图 5-58　RAID 1 示例图

3）RAID 5

至少需要三块硬盘,它不是对存储的数据进行备份,而是把数据和相对应的奇偶校验信息存储到组成 RAID 5 的各个磁盘上,并且奇偶校验信息和相对应的数据分别存储于不同的磁盘上。RAID 5 和它的升级版本 RAID 6 是最常用的 RAID 技术方式。

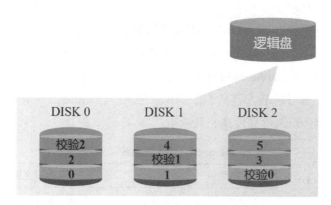

图 5-59 RAID 5 示例图

(4)LTO 数据流磁带与磁带库

LTO(Linear Tape Open)技术是由 HP、IBM、Seagate 三家厂商于 1997 年 11 月联合制定的线性磁带开放协议。LTO 数据流磁带是一种柔软的带状磁性记录介质,以相对廉价的方式利用磁记录技术来保存数据。与传统磁带相似,存储数据的 LTO 磁带作为计算机的存储外设,以计算机文件形式存储数字信息,并具备严格的数据校验功能,因此只能通过专用的磁带机读取数据。

LTO 数据流磁带具有存储容量大、价格低廉、携带方便等特点,可以脱机保存和互换读数。虽然相对于硬盘等存储设备,磁带机的读写速度较慢,但由于其高容量和低成本的优势,在大容量数据备份领域仍然发挥着不可替代的作用。

LTO 磁带库是基于磁带的备份系统,由多个驱动器、海量的磁带槽位和机械手臂组成,并可通过机械手臂实现磁带的拆卸和装填。它可以实现多个驱动器的并行工作,也可以将几个驱动器指向不同的服务器进行备份。此外,LTO 磁带库具备连续备份、自动搜索磁带等功能,并且在管理软件的支持下实现智能恢复、实时监控和统计,是集中式网络数据备份的关键设备。LTO 磁带库具有以下技术特点:

①灵活方便的扩展性

②稳步提高的性能

③广泛兼容的连接性

④逐渐进步的可靠性

(5)专业光盘与 ODA

专业光盘是蓝光技术的一个分支,采用非接触读写的相变记录方式。为应对 ENG 拍摄可能遇到的恶劣工作环境,专业光盘增加了抗静电的数值保护外壳,并引入了安全恢复技术,其重复写入次数超过 1000 次。目前,常用的两种专业光盘容量分别为 50GB(PFD50DLA)和 23GB(PFD23A)。

ODA(Optical Disc Archive)是专业光盘技术的最新发展,适用于长期保存海量数据。专业光盘技术遵循 IT 行业的"摩尔定律",存储密度随着记录层数的增加而不断增长。ODA 的存储媒介是 ODA 光盘,每个 ODA 光盘的盘盒内装有 12 片裸盘,具有专业光盘的高可靠性和耐用性,并内置了可远距离读写的 RFID 芯片。目前,ODA 光盘共有 6 种容量,可重写的最大容量为 1.2TB,一次写入多次读出的最大容量为 5.5TB。其特点包括存储寿命长、可靠度高和低成本。

表 5-8　ODA 光盘种类

存储容量	规格型号	可读写类型
300GB	ODC-300R	单层只读 ODA 光盘
	ODC-300RE	单层可擦写 ODA 光盘
600GB	ODC-600R	双层只读 ODA 光盘
	ODC-600RE	双层可擦写 ODA 光盘
1.2TB	ODC-1200RE	三层可擦写 ODA 光盘
1.5TB	ODC-1500R	四层只读 ODA 光盘
3.3TB	ODC-3300R	双面(每面三层)只读 ODA 光盘
5.5TB	ODC-5500R	双面(每面三层)只读 ODA 光盘

ODA 光盘库是一种配备自动换盘机的光盘数据存储设备,内部集成了一个光盘驱动器,能够容纳最多 30 张 ODA 光盘。

外观和尺寸上,ODA 驱动器与 LTO 驱动器相似,并配置了一个 USB3.0 接口。它采用了单光头/双通道光驱,读取速度可达 330Mbps。对于只读光盘,其写入速度为 210Mbps;而对于可重写光盘,写入速度则为 130Mbps。

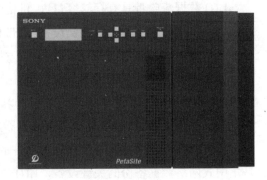

图 5-60　ODA

ODA 提供了在 Windows 和 Mac 操作系统上单机使用的便利,只需将 ODA 驱动器通过 USB3.0 接口连接到电脑并安装驱动器自带的驱动程序,即可在操作界面上看到 ODA 驱动器的盘符。该驱动器内置 12 片盘片,可以将其作为一个卷进行管理。用户可以随意向 ODA 光盘写入任意格式的文件,与普通存储设备相比,操作方式完全相同。此外,ODA 还附带了一些实用的应用工具,如文件恢复、溯回和驱动器固件升级等功能。

5.6.2　数据存取方式

采用合理的存储方式,是解决海量视听资料存储问题的关键。目前,数据存储方式主要分为在线、近线和离线三级。

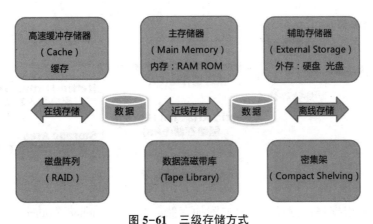

图 5-61　三级存储方式

(1)在线存储

在线存储,也被称为联机存储,是指将数据存放在本地存储设备或者本地可以直接访问的存储设备中。通常,在线存储采用磁盘阵列构成,主要用于存放需要频繁访问和反复使用的数据。

(2)近线存储

近线存储一般采用自动化的光盘库或者数据流磁带库作为存储设备,结合相应的存储管理软件来实现数据的交换。近线存储综合了在线存储的高性能和离线磁带存储高容量、成本低的优点。近线存储系统通常同时拥有硬盘和磁带两种存储介质,可以根据数据的访问频率将其分别存放在硬盘和磁带中。

(3)离线存储

离线存储,也被称为脱机存储,是指将数据存放在本地之外或者本地无法直接即时访问的存储设备中,需要通过人工操作来访问数据,并将离线介质插入相应的数据读写驱动器以完成数据的交换。离线存储介质包括光盘、磁带、软盘、MO 以及其他可移动存储器,通常用于存储不常用或者数据量极大的数据。

5.6.3　存储网络架构

对于需要承载海量视音频存储的服务器而言,通常内置的存储空间或磁盘是不足以满足存储需求的。因此,为了扩展存储空间,服务器需要采用外置存储的方式。

根据服务器类型的不同,存储可以分为开放系统和封闭系统两种。开放系统指的是基于 Windows、UNIX、Linux 等操作系统的服务器,而封闭系统主要指大型机。开放系统的存储又可以分为内置存储和外挂存储两类。其中,内置存储是指内置在设备内的存储器,这里主要介绍的是开放系统的外挂存储。

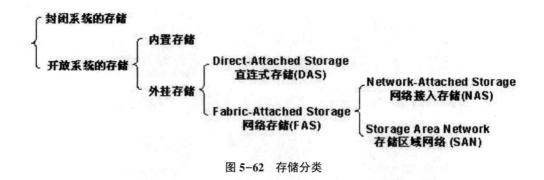

图 5-62　存储分类

外挂存储根据连接方式分为直连附加存储(Direct-Attached Storage,DAS)和网络化存储(Fabric-AttachedStorage,FAS)。网络化存储根据传输协议又分为网络接入存储(Network-Attached Storage,NAS)和存储区域网络(Storage Area Network,SAN)。

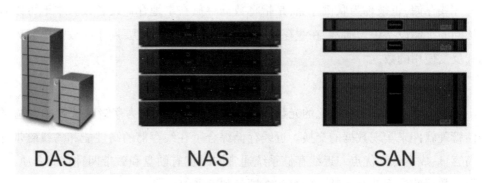

图 5-63　不同存储架构使用的存储设备

(1)直连附加存储(DAS)

DAS 是指直接连接在各种服务器或客户端扩展接口下的数据存储设备。它可以通过内置 RAID 卡或者雷电接口直接连接到一台工作站上来使用。DAS 本身是硬件的堆叠,不带有任何存储操作系统,它依赖于服务器的性能。DAS 具有以下优点:购置成本低、配置简单、性能优越,适合中小型用户使用,可以实现单机直接连接,使用起来非常便捷。然而,DAS 也存在一些缺点:服务器本身容易成为系统瓶颈;当单机发生故障时,数据无法访问;对于多用户访问来说,设备分散,不易管理,而且无法进行视听素材共享和后期扩展。

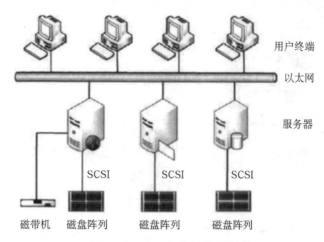

图 5-64　DAS 拓扑结构示意

(2) 网络共享存储(NAS)

NAS 是一种技术,它能够将分布的、独立的数据整合成大型的、集中化管理的数据,以便不同的主机和应用服务器进行访问。NAS 设备可以直接连接到 TCP/IP 网络上,通过 TCP/IP 网络进行数据的存取和管理。

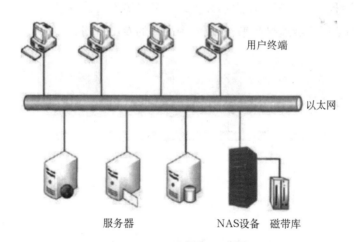

图 5-65　NAS 存储架构示意

网络附加存储(NAS)具有多个优点:第一,它的安装和部署非常简单,使用起来也很方便。第二,NAS 可以直接让客户端在其内部存取数据,无须通过服务器,这有助于减少服务器的负担和系统开销。然而,NAS 也存在一些缺点:第一,因为数据是通过普通的数据网络传输,所以会受到网络上其他流量的影响,容易产生数据泄露等安全问题。第二,NAS 只能以文件方式访问数据,无法像普通文件系统那样直接访问物理数据块,这在某些情况下可能会严重影响系统效率。

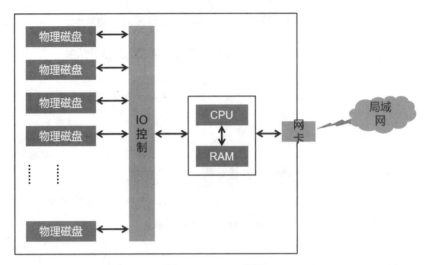

图 5-66 NAS 部署

(3)存储区域网络(SAN)

SAN(存储区域网络)是一种专门为存储而建立的独立于 TCP/IP 网络的专用网络。它通过光纤集线器、光纤路由器和光纤交换机等连接设备,将磁盘阵列、磁带库等存储设备与相关服务器连接起来,形成一个高速的专用子网。

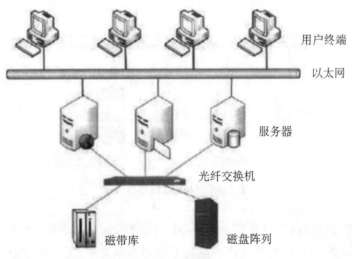

图 5-67 SAN 存储架构示意

SAN(Storage Area Network)的优点在于它能够实现大容量存储设备的数据共享,使多台计算机可以同时访问和存取这些存储设备中的数据。SAN 还通过高速互联技术,实现了计算机与存储设备之间的快速数据传输,提高了系统的整体性能。同时,SAN 具备灵活的存储设备配置要求,可以根据实际需求灵活地调整存储设备的容量和组织形式。SAN 还能够快速地备份数据,提高了数据的可靠性和安全性。然而,SAN 也存在一些缺点。第一,SAN 的价格较高,不论是 SAN 阵列柜还是 SAN 光纤通道交换机,都需要较高的投资成本。第二,搭建 SAN 还需要单独建立光纤网络,这增加了对于其部署和维护的复杂性。第三,由于 SAN 的异地扩展比较困难,这也限制了其在分布式环境下的扩展能力。

5.6.4　云存储技术

随着云计算技术的兴起,云存储已经成为信息存储领域的热门话题。云存储提供了一种存储服务,用户可以根据需要申请存储服务,并将本地数据资源存放在在线存储空间中。这种方式不仅避免了重复建设存储空间,还可以节约软硬件基础设施投资。云存储的核心在于将存储设备与应用软件相结合,以应用软件为载体实现存储设备向存储服务的转变,形成一个以数据存储和管理为核心的云计算系统。用户可以随时随地通过 Web 服务应用程序接口或 Web 界面连接云存储系统,并访问云存储数据。

(1) 云存储结构模型

云存储系统是由服务器、存储设备、网络设备、应用软件、客户端、公用访问接口、接入网等多个部分组成的复杂系统,以存储设备为核心,通过应用软件对外提供数据存储和数据访问服务。该系统可分为四个层次:存储层、基础管理层、应用接口层和访问层。

1) 存储层

存储层是云存储系统的基础部分,包括光纤通道存储设备、IP 存储设备、DAS 存储设备等。这些存储设备通过网络连接在一起,上面有一个存储设备管理系统,用于管理和监控硬件设备。

2) 基础管理层

基础管理层是云存储系统的核心部分,通过集群、网络计算和分布式文件系统等技术,实现存储设备之间的协同工作,提供统一的数据访问服务。该层还包括 CDN 内容分发系统和数据加密技术,以保护数据的安全性,并采取备份和容灾技术,确保数据的可靠性。

3) 应用接口层

应用接口层是最灵活多变的部分,不同的云存储运营商可以根据市场需求开发不同的应用服务接口,提供各种应用服务,如视频监控、IPTV、视频点播、网络硬盘、远程数据备份等。

4）访问层

授权用户可通过公用应用接口访问云存储系统，并使用云存储服务。不同的云存储运营商提供不同的访问类型和方式，用户可以根据需求选择合适的访问方式。

（2）云存储架构

云存储架构方法一般可分为两类：通过服务来架构和通过软件或硬件设备来架构。

传统的系统采用紧耦合对称架构，而下一代架构已经采用松耦合非对称架构。

1）紧耦合对称架构

传统系统通常采用紧耦合对称架构来解决高性能计算和超级运算等问题。这种架构在一定程度上限制了传统 NAS 系统的发展。产品利用紧耦合对称架构的方式，同时具备分布式锁管理和缓存一致性功能。这种解决方案对于单文件吞吐量问题非常有效，但需要一定程度的技术经验才能安装和使用。

2）松耦合非对称架构

云计算环境下的存储系统主要采用松耦合非对称架构。这种架构通过一个中央元数据控制服务器在数据路径之外实现集中控制，从而实现新层次的扩展。松耦合非对称架构的优势包括：存储节点不需要处理来自网络节点的确认信息，可以将重点放在提供读写服务上；节点可以利用不同存储配置和品牌硬件 CPU，在云存储系统中发挥作用；用户可以通过硬件性能和虚拟化实例来设置调整云存储；可以消除维护节点之间共享所需的状态开销，进一步降低运营成本；不同结构硬件的匹配和混合使用让用户可以根据需要在当前经济规模下扩大存储，并提供永久性的数据可用性。

（3）云存储类型

1）块存储

块存储是将同一数据写入不同的硬盘，以获得更大的单次读写带宽。它适用于需要快速读写单个数据的应用和数据库。块存储的优点是快速读写单个数据，但缺点是运营成本较高，并且无法实现真正的海量数据存储。块存储主要适用于需要频繁更改的单一文件系统和高性能计算中大量写入单一文件的场景。

2）文件存储

文件存储是基于文件级别的存储，将同一文件放在同一硬盘上。如果文件过大，需要进行拆分，但仍需放置在同一个硬盘上。文件存储的缺点是读写速度受硬盘性能限制，但优点是对于多文件和需要多人使用的系统，随着存储节点的增加，总带宽会扩展，并且存储架构可无限扩容，成本较低。文件存储主要适用于文件较大、多个文件同时写入的应用场景。

3）对象存储

对象存储是一种规模庞大且易于使用的存储类型，它在一个容器中存储文件，并使用唯一的关键字来检索文件。对象存储可以使用较少的元数据来存储和访问文件，从而减少管理元数据的开销。对象存储系统主要满足云服务和数据归档的需求，并广泛应用于存储资源池、网盘应用、集中备份、归档和分级存储等场景。

对象存储的优点在于以下几个方面：可扩展性强、高可用性、低成本和简单易用。首先，对象存储可以轻松地扩展到数百甚至数千个节点，以满足不断增长的数据存储需求。其次，对象存储的数据通常会被多个节点复制，确保即使某个节点发生故障，数据仍然可以被访问。相对于传统的存储类型，对象存储通常具有更低的存储成本。最后，对象存储不需要进行复杂的管理和配置，因此使用起来更加简单易用。

然而，对象存储也存在一些明显的缺点。首先，由于对象存储通常需要较长时间来处理数据请求，不适合需要低延迟的应用场景。其次，对象存储通常只支持追加写入和覆盖写入，不支持随机写入。这意味着对于需要频繁修改数据的应用场景，对象存储可能不是最佳选择。最后，由于对象存储需要一定的元数据来管理文件，对于大量小文件的存储需求，对象存储可能不是最佳选择。

（4）云存储关键技术

1）存储虚拟化

存储虚拟化利用虚拟技术将不同的存储设备相互连接，并将系统中各种不同结构的存储设备统一映射为一个资源池。通过虚拟存储技术对资源池进行统一管理，屏蔽了存储设备的物理区域位置和差异特性，从而实现存储资源对用户的透明性，减少了相关维护成本，提高了存储资源的利用率。

2）数据容错

数据容错技术是云存储领域的关键技术之一。通常通过冗余机制来实现，在部分数据丢失的情况下可以通过访问冗余数据来实现数据的恢复。虽然冗余机制提高了容错性，但同时也增加了资源损耗。因此，在保证数据容错的同时，应尽量提高资源的利用率。

3）数据备份

在信息化时代，数据备份技术非常重要。数据备份技术将数据按照一定要求在某一时间状态下按照指定格式进行存储，以备在数据丢失、错误修改、恶意加密等情况下能够快速准确地恢复数据。数据备份技术是一种数据保护机制，旨在防止突发事件对数据造成损害，重复有效地利用和保护数据资源。

4) 数据缩减技术

随着数据存储量的不断增长,人们对存储技术提出了更高要求。数据缩减技术可以高效快捷地处理海量存储数据,实现存储的高可靠性、高安全性和可扩展性等基本性能,以满足存储信息爆炸式增长的趋势。该技术在一定程度上节约了成本,提高了效率。

5.7 实践指导:云媒资系统编目实践——以智能媒资系统为例

随着媒体内容的不断增加和多样化,媒资管理的重要性日益凸显。云媒资系统作为一种先进的媒资管理工具,为媒体机构提供了高效、智能的媒资管理和共享平台。在实际应用中,正确的编目实践对于云媒资系统的有效运营至关重要。

(1) 梳理媒资库结构

在开始编目之前,首先需要对媒资库的结构进行梳理。根据实际需求和媒资特点,合理划分和组织媒资库的层级结构,确保不同类型的媒资能够清晰、有序地归类和管理。例如,可以按照媒体的类型、时间、地域等因素进行分类,同时保证结构的简洁和易用性。

(2) 定义元数据规范

元数据是媒资管理的核心,对于云媒资系统的编目来说尤为重要。在定义元数据规范时,应根据媒资的特点和需求,选择合适的元数据字段,并进行合理的命名和分类。同时,需要定义元数据的格式和输入要求,确保数据的一致性和准确性。例如,可以包括媒资的名称、关键词、描述、作者、时长、分辨率等字段。

(3) 制定编目规则和流程

编目规则和流程是保证编目工作高效进行的关键。在制定编目规则时,应考虑到媒资的特点和使用需求,制定统一的命名规则和分类标准。同时,还需要明确编目的责任和流程,确保每个环节的人员都清楚自己的任务和要求。例如,可以设立统一的编目团队,由专人负责编目工作,并定期对人员进行培训。

(4) 利用智能媒资管理技术

智能媒资管理技术可以极大地提高编目效率和准确性。在云媒资系统中,应充分利用智能分析和识别技术,实现自动化的元数据提取和标注。例如,可以通过图像识别技术自动提取媒资中的关键信息,通过自然语言处理技术自动标注媒资的内容特征。同时,也可以利用智能搜索技术提供更精准的媒资检索和推荐功能。

云媒资系统编目实践是实现媒资管理的重要环节,正确的实践指导对于云媒资系统的有效运营至关重要。通过梳理媒资库结构、定义元数据规范、制定编目规则和流程、利用智能媒资管理技术并持续对其进行优化和改进,可以更好地实现云媒资系统编目的目标,提高媒资管理的效率和质量。

第6章 视听内容传输

6.1 视听数据的传输

6.1.1 信号传输的协议

(1)基带信号的传输

在广播级节目制作中,基带信号的传输是非常重要的一个环节。基带信号是指未经调制的信号,是从录制的音频、视频信号中提取出来的。为保证基带信号完整、准确传递,并避免引入新的干扰信号,需要选择适当的传输方式和手段。

目前,常用的传输方式有模拟传输和数字传输两种。

模拟传输是将基带信号通过传输线路或无线电波进行传输。模拟传输具有传输距离远、传输速度快等优点,但也存在传输线路或无线传输过程中引入的噪声、干扰等问题,可能导致信号质量下降、失真等。

数字传输是将基带信号经过数字化处理后,通过数字传输系统发送到接收端。数字传输具有误码率低、传输精确度高的优点,但传输距离受限,数字化处理也可能引入噪声、失真等问题。

在实际的广播电视制作中,可以采取不同的传输方式和手段相互配合,以减少可能遇到的问题。例如,通过数码信号的压缩技术,可以降低传输数据量,减少传输成本和增加传输距离。

在基带信号传输过程中,还要考虑传输信道选择、传输数据安全性、传输速率和传输距离等因素。在信道选择方面,要考虑信道的可靠性、带宽和传输速率等因素,选择最适合的传输信道。为保证传输数据的安全性,可采用加密算法等技术。在传输速率和传输距离方面,要选择适当的调制方式和传输协议,确保信号准确传输到接收端。

综上所述,基带信号的传输在广播电视制作中非常关键。为保证传输过程的准确性和稳定性,要选择适当的传输方式和手段。

（2）IP 化信号传输

1）什么是 IP 化

目前，视频制作领域已经进入全媒体、超高清时代，数字化和网络化的升级促进了这一进展。随着融合媒体和 4K 等超高清技术的发展，从数字广播电视传输到节目制作播出，带宽和线缆问题变得越来越突出。现有的以 SDI 基带视频接口和专用 SDI 数字视频矩阵为基础的技术架构已经难以满足需求。虽然 SDI 作为一种通过同轴电缆传输高清数字视频的传输标准，在标清或高清（1080P）时代仍具有一定的优势，但在即将到来的超高清（4K 及以上）时代，继续采用传统 SDI 信号会带来一系列问题，主要体现在以下几个方面。

电缆数量多且维护困难：电视台内部的矩阵交换一根电缆只能承载 1 路 SDI 的 TS 信号，一般电视台有几百甚至上千条 SDI 电缆。这些电缆长度长且捆绑在一起，一旦发生故障，无法更换，只能新增电缆，这给电视台的维护带来困难，同时也增加了扩充的成本。

SDI 信号传输距离的限制：SDI 信号的传输距离不超过 100 米，部分现有线路无法传输高清节目信号，导致传输过程中易产生误码和图像失真。

SDI 高清产品及其传输线缆和后端存储产品的品种单调、价格较高，导致系统方案选择性较少、整体造价较高。

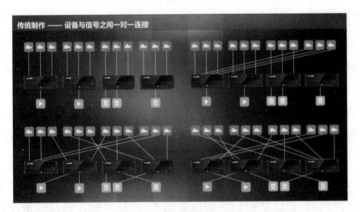

图 6-1　传统制作示意图

相比之下，IP 化在视频制作领域具有一定的优势。首先，IP 网络覆盖范围广，传输技术成熟。其次，IP 化的布线简单，设备可重用，相对于传统设备而言，能够节约投资成本。最后，IP 信号压缩编码方式非常成熟，上下游业务以及相关设备的 IP 化进程也在不断加快。

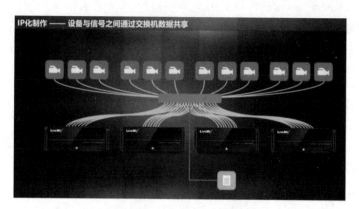

图 6-2　IP 化制作示意图

2）IP 化关键技术

NewTek 公司于 2015 年推出网络设备接口协议（Network Device Interface，NDI）。它是一种开放式协议，使视频兼容产品能够通过局域网实现视频共享。NDI 的出现使视频在 IP 空间的传输变得简便高效，这一特性和应用将在很大程度上取代目前行业特定的有线连接和传输方式，比如 HDMI、SDI 等。

通过进行 NDI 编码，音视频信号能够实时传输和接收多重广播级质量的信号，并具备低延迟、精确帧视频、数据流相互识别和通信等特点。NDI 能够对视频（RGBA）、音频和控制进行压缩、编码和传输。

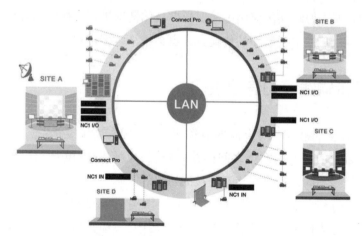

图 6-3　NDI 网络

通过使用 NDI 网络互连，传统的 SDI/HDMI 视频信号可以可靠地传输到基于 IP 的现场制作设备中，例如各种软硬件制作设备、视频混合器和图像系统，无须复杂连线，从而节省了复杂的设备成本和维护成本。

NDI 技术支持多通道传输,每个信号源都可以被多个接收端利用,并且任何设备的 NDI 数据流可以相互连接和通信。此外,对于复杂的多工序节目制作工作流,一旦部署了 NDI,各个工作环节就可以在线分散式并行处理,极大地提高了节目制作的效率。

6.1.2 信号传输的方式

广播电视制作是一门技术含量极高的行业,需要运用多种技术手段进行传输。常用的传输方式有有线传输和无线传输。

有线传输是指通过电缆、光缆等物理媒介进行信号传输。它的优点是传输速度快、信号稳定、传输距离远,以及抗干扰能力强。在广播电视制作中,有线传输起着非常重要的作用,可用于传输视频、音频和控制信号。在电视转播中,有线传输将信号传输得更加稳定,确保了良好的画面和声音效果。

与有线传输不同,无线传输是通过电磁波在空气中传输信号。无线传输的优点是传输距离长,不受物理媒介限制,具有灵活性和便捷性。在现代广播电视制作中,无线传输主要应用于现场转播,如体育赛事和新闻报道。无线传输使摄影机的移动更加自由,提高了电视转播的观赏性和实时性。

实际应用中,有线传输和无线传输通常同时应用。在电视转播中,有线传输用于传输主信号和控制信号,无线传输则用于传输主摄像机和辅摄像机的信号。这种方式保证了整个电视转播过程的稳定性和灵活性,使到场观众获得更好的视听享受。

总的来说,有线传输和无线传输都是广播电视制作中非常重要的传输方式,每种方式都有各自的优缺点,实际应用中需要根据具体情况进行选择。随着技术的进步和应用场景的拓展,广播电视制作的传输方式也会越来越多样化和复杂化。

6.2 常见传输线缆和信号接口

信号传输主要依赖于三种介质的串联:接口、线缆和连接器。

接口(Interface)是不同实体之间的互联协议,包括机械、电气和信号格式等。简而言之,接口是指不同设备之间相互连接的协议。

线缆(Cable)是光缆、电缆等物品的统称。线缆具有多种用途,主要用于控制安装、设备连接和电力传输等多方面。在日常生活中,线缆是常见且不可或缺的东西。由于线缆带电,安装时需要特别谨慎。

连接器(Connector),也称为接头或插座,是各种设备之间进行信号传递的物理接口,如视频、音频等设备。

6.2.1　同轴电缆与 BNC

串行数字接口（Serial Digital Interface，SDI）是一种用于传输无压缩数字视频数据的广播级接口。在电视节目制作中，我们常常会在摄像机、录像机和非编设备上看到这种接口的存在。

刺刀螺母连接器（Bayonet Nut Connector，BNC）是一种用于同轴电缆的连接器，这个名称形象地描述了接头的外形。BNC 接头的引入可以减少视频信号之间的干扰，从而实现最佳的信号响应效果。此外，由于 BNC 接口的特殊设计，连接非常牢固，不会出现接口松动导致的接触不良问题。

图 6-4　BNC 接头

传输信号的种类有数字信号和模拟信号，信号类型有高清和标清，对应的线缆是同轴电缆。根据传输距离来看，SDI 在 270MB/s 的码率下可以传输 300 米，HD-SDI 接口采用同轴电缆，使用 BNC 接头作为线缆标准，它的传输有效距离为 100 米，而 12G-SDI 的传输有效距离大约在 50 米。SDI 接口一般用于专业的视音频制作，而民用级的制作通常会选择更简单的 HDMI 接口来传输视音频内容。

6.2.2　HDMI 和 DP

高清晰度多媒体接口（High Definition Multimedia Interface，HDMI）主要用于传输高清数字视音频信号，传输距离可达 10—15 米。HDMI 规范自诞生以来经历了多次升级，从最初的 HDMI 1.1 到如今的 HDMI 2.1。不同版本的 HDMI 支持不同的带宽，例如 1.4 版本支持 10Gbps 的带宽，2.0 版本支持 18Gbps 的带宽，而 2.1 版本支持 48Gbps 的带宽，可确保 8K 内容传输的稳定性。使用 HDMI 的好处是，只需一条线缆即可同时传送无压缩的视频和音频信号。DP 则是指 DisplayPort，它可以被视为 HDMI 协议的视频部分，功能与 HDMI 类似。

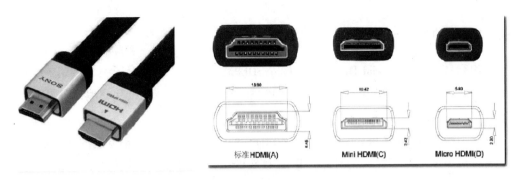

图 6-5　HDMI 线缆及分类

6.2.3　VGA

　　VGA(Video Graphics Array)是 IBM 于 1987 年提出的一种使用模拟信号的电脑显示标准。VGA 接口是指电脑使用 VGA 标准输出数据的专用接口,共有 15 针,分成 3 排,每排 5 个孔。它是目前应用最广泛的显卡接口类型,绝大多数显卡都配备了此种接口。该接口传输红、绿、蓝的模拟信号以及同步信号(包括水平和垂直信号)。

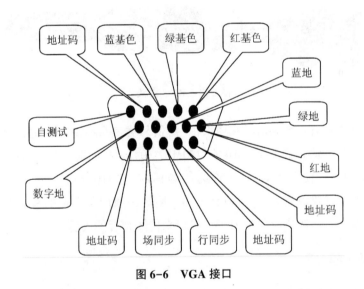

图 6-6　VGA 接口

6.2.4　音频线缆与接口

　　音频线缆通常分为模拟音频线缆和数字音频线缆。模拟音频线缆用于传输模拟音频信号,常见的类型有 6.35 毫米插头、XLR 插头和 RCA 插头等。这些线缆广泛应用于音响系统、乐器和麦克风等设备之间的连接。数字音频线缆则用于传输数字音频信号,常见的类型有光纤、同轴电缆和 USB 线等。数字音频线缆适用于连接电脑、音频接口、音频转换器和其他数字音频设备。

音频接口是连接线缆的插座,常见的有 6.35 毫米插孔、XLR 插孔和 RCA 插孔等。每种接口都有其特定的用途,例如,6.35 毫米插孔通常用于乐器和音频设备之间的连接,而 XLR 插孔则适用于专业音频设备和麦克风,RCA 插孔常用于家庭影音设备之间的连接。

选择合适的音频线缆与接口是确保音频设备之间正常工作的关键。更好的线缆和接口意味着更稳定的信号传输和更高的音质。此外,还需要考虑线缆长度、适配器和转换器等因素,以确保设备之间的兼容性和灵活性。

总而言之,音频线缆与接口在音乐、录音和影视制作等领域扮演着非常重要的角色。选择合适的线缆和接口能够确保高质量的音频传输和设备之间的顺畅连接。对于任何涉及音频设备的项目,了解和选择适当的音频线缆与接口是非常重要的一步。

6.2.5　网线与 RJ45

双绞线是一种由多条细线构成的数据传输线。它价格低廉,因此被广泛应用,如常见的电话线等。双绞线通常与 RJ45 水晶头相连接。

图 6-7　网线

表 6-1　网线分类

	传输带宽	传输距离	结实程度
五类线(CAT5)	100Mbps	100 米	低
超五类(CAT5E)	1000Mbps	80 米	中
六类(CAT6)	10000Mbps	120 米	高

6.3　光纤传输

6.3.1　光纤通信

光纤,全名为光导纤维,英文名为 Optic Fiber,是一种由玻璃或塑料制成的纤维,用于光传导,主要用途是通信。目前通信中使用的光纤主要是石英系光纤,由高纯度石英玻璃(即二氧化硅,SiO_2)组成。光纤通信系统利用光纤传输携带信息的光波,以实现通信的目的。

(1) 光纤通信的特点

①通信容量巨大：一根光纤可以同时传输 100 亿个话路,目前已经成功实现同时传输 50 万个话路的试验,相比传统的同轴电缆和微波等传输方式,光纤通信的容量高出几千乃至几十万倍。

②中继距离长：光纤具有极低的衰耗系数,结合适当的光发送设备、光接收设备、光放大器、前向纠错与 RZ 编码调制技术等,中继距离可达数千公里以上,而传统电缆只能传送 1.5km,微波传输距离为 50km,无法与光纤相媲美。

③保密性能好：光纤通信具有较高的保密性能,难以被窃听和干扰。

④适应能力强：光纤通信不受外界强电磁场的干扰,且具有耐腐蚀等优点。

⑤体积小、重量轻：光纤的体积小且重量轻,便于安装和布线。

⑥原材料来源丰富、价格低廉：光纤制造所需的原材料易于获取且价格较低。

(2) 光纤工作原理

当光线从光密媒质射向光疏媒质,且入射角大于临界角时,就会产生全反射现象。

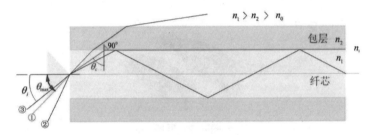

图 6-8　光纤工作原理

6.3.2　光纤的分类

光纤种类非常多样化,根据其组成成分的不同可以分为石英光纤、含氟光纤和塑料光纤。而根据光纤剖面折射率分布的方式,光纤又可分为阶跃型光纤和渐变型光纤。根据传输模式的不同,光纤还可以分为多模光纤和单模光纤。此外,光纤还可以根据其工作波长的不同进行分类,短波长光纤一般波长的典型值为 850nm,长波长光纤波长为 1310nm、1550nm。

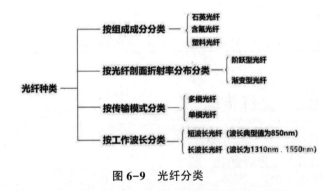

图 6-9　光纤分类

(1) 单模光纤与多模光纤

单模光纤(single-mode fiber,SMF),只能传一种模式的光,因此其模间色散很小,适用于远程通信。

多模光纤(multimode fiber,MMF),可传多种模式的光,但其模间色散较大,这就限制了传输数字信号的频率,而且随距离的增加会更加严重。

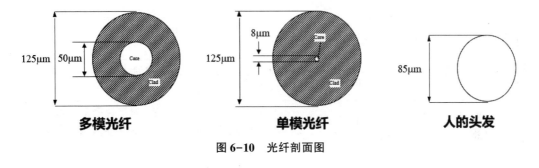

图 6-10　光纤剖面图

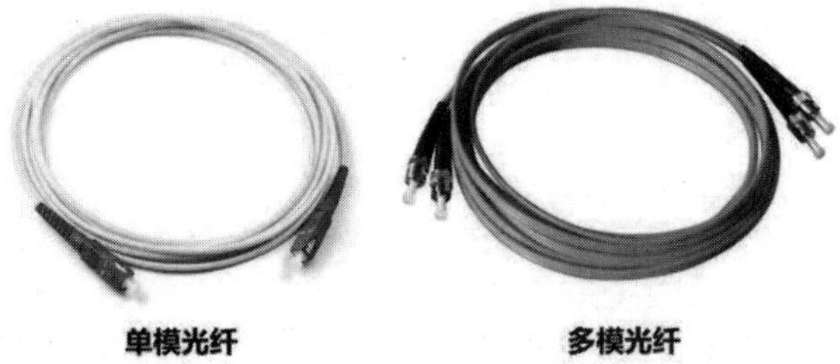

图 6-11　单模光纤和多模光纤

表 6-2　多模光纤和单模光纤的对比

对比	单模	多模
光纤材料成本	不太贵	比较贵
传输设备	更昂贵(激光二极管)	基本的、成本低
衰减	低	高
传输波长	1260nm 到 1640nm	850nm 到 1300nm
使用	连接更复杂	芯径更大,易于处理
距离	接入网/中等距离/长距离(>200km)	本地网络(<2km)
带宽	几乎无限的带宽	有限的带宽(短距离为 10Gbps)
结论	提供更高的性能,但初次建设比较贵	光纤更贵,但网络开通不昂贵

表 6-3 多模光纤和单模光纤的应用

ITU 标准	光纤类型	名称	适用场合
G.651	多模	多模光纤	多模光纤,适合光波波长为 850nm/1310nm 短距离传送(局域网)
G.652	单模	色散非位移单模光纤	适合光波波长为 1310—1550nm(接入网)
G.653	单模	色散位移光纤	适合光波波长为 1550nm 长距离传送(主干网,海底光缆)
G.654	单模	截止波长位移光纤	适合光波波长为 1550nm 长距离传送(海底光缆不支持 DWDM)
G.655	单模	非零色散位移光纤	适合光波波长为 1550nm 长距离传送(主干网,海底光缆支持 DWDM)
G.656	单模	低斜率非零色散位移光纤	非零色散位移光纤的一种,对于色彩的速度有严格的要求,确保了 DWDM 系统中更大波长范围内的传输性能
G.657	单模	耐弯光纤	根据 FTTx 技术的需求及组装应用而生的新产品

注:各种光纤由于模场直径不一样,因而不能混用(影响光纤接续时的纤芯对中),同时,由于长距离传送光缆价格较高,在接入网一般不会采用,接入网用光纤一般均为 G.652。

6.3.3 光纤的接口

光纤接口是连接光纤设备和光纤之间的重要部分,不同类型的接口适用于不同的应用场景。以下是一些常见的光纤接口类型及其特点。

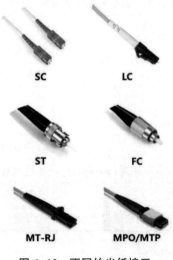

图 6-12 不同的光纤接口

①FC(Fiber Connector):FC接口是一种圆形带螺纹接口,广泛用于配线架上。它具有良好的连接性能和稳定性,适用于高速数据传输和长距离传输。

②ST(Straight Tip):ST接口是一种卡接式圆形接口,适用于一些老式设备。它使用扭转卡扣机制进行连接,具有良好的机械稳定性和可靠性。

③SC(Subscriber Connector):SC接口是一种卡接式方形接口,是路由器和交换机上最常见的接口类型。它具有较小的尺寸和较高的可插拔性能,适用于高密度布线和光纤网络。

④LC(Lucent Connector):LC接口的形状与SC接口相似,但尺寸较小。它是一种高密度接口,适用于需要更多连接端口的场景。

⑤MT-RJ(Mechanical Transfer Registered Jack):MT-RJ接口是一种方形接口,一头具有双纤收发一体的能力。它适用于多模光纤和需要节省空间的应用。

⑥MPO/MTP:MPO/MTP接口是多纤光纤连接器,能够同时连接多个光纤。它常用于高密度数据中心和光纤通信系统中。

通过选择适合的光纤接口类型,可以实现高效、可靠的光纤连接,并满足不同应用场景的需求。

6.3.4 光模块

光模块是光纤通信系统中的重要器件,全称为光收发一体模块(Optical Transceiver)。在网络设备中,常见的光模块包括以下种类。

①SFP(Small Form-factor Pluggable transceiver):采用小封装和可插拔设计,支持多种速率,如100M、155M、622M、1000M、1250M、2500M,使用LC接口。

②GBIC(GigaBit Interface Converter):千兆以太网接口转换器,使用SC接口。

③XFP、SFP+(10-Gigabit small Form-factor Pluggable transceiver):是SFP接口的万兆升级版,具有独立于通信协议的光学收发功能。通常传输光的波长为850nm、1310nm或1550nm,广泛应用于10Gbps的SONET/SDH、光纤通道、gigabit Ethernet、10 gigabit Ethernet等场景,外观与SFP相似。

④XENPAK(10 Gigabit EtherNet Transceiver PAcKage):采用集合封装和SC接口,用于万兆以太网接口的收发功能。

图6-13 光纤通信模块种类

6.3.5 光纤数据传输通道的建立

（1）光纤通道交换机构建的光纤网络

光纤组网的核心设备是光纤通道交换机，又称为光纤交换机。光纤交换机是一种高速的网络传输中继设备，相较于普通以太网交换机，它采用光纤作为传输介质，具有速度快和抗干扰能力强的优点。光纤交换机主要分为两种类型：一种是用于连接存储的 FC 交换机，另一种是以太网交换机，其端口为光纤接口，外观与普通电接口相似，但接口类型不同。

图 6-14　光纤交换机

（2）光纤通道板卡

光纤通道板卡是一种用于数据中心和网络设备的关键组件，它提供了高速、可靠的光纤传输通道。光纤通道板卡通常用于连接和传输大量的数据和信号，能够满足高带宽、低延迟的需求。

光纤通道板卡的主要功能是将电信号转换成光信号，并通过光纤传输。它通常包含多个光纤接口，用于连接不同的设备和网络。这些接口可以是多模光纤或单模光纤，根据传输距离和需求进行选择。

光纤通道板卡的一个重要特点是高速传输能力。它可以支持高达几十个甚至上百个光纤通道，并且能够在极短的时间内传输大量的数据。这使得光纤通道板卡成为大型数据中心、云计算和超级计算机等高性能计算环境中的理想选择。

图 6-15　光纤通道板卡

此外,光纤通道板卡还具有低功耗和高可靠性的特点。它采用了先进的光纤传输技术,能够在长距离传输中保持信号的稳定性和一致性。光纤通道板卡还可以通过冗余设计和故障自动检测等功能来提高系统的可靠性和容错能力。

光纤通道板卡在各种应用场景中都有广泛的应用。在数据中心中,它被用于连接服务器、存储设备和网络交换机等设备,实现高速数据传输和通信。在广播电视和音视频领域,光纤通道板卡可以传输高清视频和音频信号,提供更高质量的传输效果。

总之,光纤通道板卡作为数据中心和网络设备中的关键组件,提供了高速、可靠的光纤传输通道。它能够满足高带宽、低延迟的需求,并且具有低功耗和高可靠性的特点。在不同的应用场景中,光纤通道板卡都起着至关重要的作用,为数据传输和通信提供了稳定和高效的解决方案。

6.4 5G 直播信号传输

6.4.1 移动互联网简介与发展历程

随着科技的不断进步,人们的生活方式也在不断演变。移动互联网作为一种全新的互联网应用模式,已经彻底改变了人们的交流、娱乐、生产和消费等方方面面,并迅速崛起,带来了无限的潜力。

移动互联网通过无线技术将互联网应用融入移动终端上,实现了信息的传递、交流和交易。如今,人们可以通过手机、平板电脑、笔记本电脑等各种移动终端设备随时随地上网,并通过各种应用程序进行沟通、娱乐、购物和工作等活动。这不仅实现了信息的即时交流和共享,也为个人和企业提供了更广阔的市场和发展空间。

然而,移动互联网的快速发展既带来了机遇,也带来了风险。一方面,不断涌现的新型应用程序和技术满足了用户多样化和个性化的需求;另一方面,移动终端流量、带宽、网络频繁交互等方面也面临许多挑战。

目前,移动互联网已经成为人们日常生活中不可或缺的一部分,它正在改变人们的购物方式、思维方式、娱乐方式以及工作方式。随着信息技术的进一步进步和人们对信息世界的深入了解,移动互联网一定会迎来一个更加美好的未来,它将继续推动社会的发展和变革,为人们带来更多的便利和创新。

移动互联网是指以移动设备为基础,通过移动网络提供服务和内容,让用户随时随地接收和传递信息的一种新型互联网。自 20 世纪 90 年代末期以来,移动互联网一直处于不断发展壮大的过程中。以下简要介绍了移动互联网发展的不同阶段。

①第一阶段:WAP 时代(1999—2004 年)。WAP(无线应用协议)是一种为移动

设备设计的互联网协议。在 WAP 时代,由于移动网络技术的限制,移动互联网服务以短信为主,并且使用的是有限制的文字和简单的图片。

②第二阶段:3G 时代(2005—2010 年)。随着 3G 技术的发展,移动互联网进入了一个全新的时代。用户能够通过移动设备访问更丰富、多样化的互联网内容,包括视频、音频、游戏等,而不仅仅是文字和图片。

③第三阶段:智能手机时代(2010 年至今)。智能手机的普及和广泛应用推动了移动互联网的快速发展。随着 4G 技术的出现,用户可以在移动设备上流畅地观看高清视频和玩 3D 游戏。

④第四阶段:5G 时代(2020 年至今)。5G 技术的广泛应用将进一步加快移动互联网的发展。5G 网络的低延迟和高速率将为移动互联网带来更多创新和变革,例如增强现实(AR)/虚拟现实(VR)技术、物联网等。

总之,移动互联网的发展历程中,涌现各种新技术、新应用和创新模式,改变了人们的生活和工作方式,成为推动信息化发展的一股强劲力量。

6.4.2　5G 网络的特点

随着时代的演进和人们对通信技术的需求不断增长,5G 网络应运而生。作为第五代移动通信网络,5G 技术是目前最先进的通信技术,相比前一代的 4G 网络,它具有许多显著的特点。

首先,5G 网络具有更快的数据传输速度。理论上,5G 网络的传输速度最高可达 1Gbps,这使人们在下载、上传和共享内容时能够更快速地完成各种任务,从而提高工作和生活的效率。其次,5G 网络还拥有更低的延迟时间,约为 1 毫秒,比 4G 网络更低。这意味着用户可以更迅速地发送或接收信息,并且在线游戏、视频会议等互动应用也能更加流畅地进行。再次,5G 网络的稳定性也优于 4G 网络,无论是高速移动还是人口密集区域,5G 网络都能够提供更稳定的连接,这使用户能够随时保持联网状态,更方便地获取各种信息。并且通过增加更多的小型基站,5G 网络的覆盖范围也更加广泛,可以在街道灯杆、建筑物墙壁等各种环境中安装,从而提高网络信号的覆盖范围。最后,5G 网络的设计也更加人性化,不仅可以连接传统设备,如手机、电脑和平板电脑,还可以连接其他物联网设备,如智能家居、自动驾驶汽车等。这使人们能够更方便地进行各种控制和管理,拥有更智能、更高效的生活方式。

综上所述,5G 网络以其出色的特点,包括更快、更稳定、更广泛、更人性化等优点,为数字化的进步提供了有力的推动,促进了经济、文化、社会等各个领域的发展。

6.4.3　5G 直播信号传输系统

随着人们对超高清视频认知度的提高,以及国家相关产业政策的出台,以 4K 为代表的超高清视频产业将迎来快速发展期。根据党中央的部署,广电媒体将积极推进"5G+4K/8K+AI"发展战略,构建数字化、网络化、智能化媒体融合技术体系,推动新技术、新产品、新应用的开发和应用,实现传统媒体的转型升级。发展超高清视频产业对于提升我国信息产业和文化产业整体实力具有积极意义,同时也能推动以视频为核心的行业智能化转型升级,培育经济新动能。此外,发展超高清视频产业还有助于培育中高端消费新增长点,更好地满足人民对美好生活的需求。

5G直播信号传输系统利用第五代移动通信技术(5G)进行视频直播传输。相对于传统的4G网络,5G网络具有更高的传输速度、更低的时延和更大的连接密度,为视频直播提供了更稳定和更高质量的信号传输。

首先,5G网络具有高带宽的特点,可以提供更快的传输速度。这意味着视频直播的内容可以更快地传输到用户端,减少视频加载时间,提升用户观看体验。高带宽还能够支持更高分辨率的视频传输,如8K分辨率,让观众可以欣赏到更清晰、细腻的画面细节。其次,5G网络具有低时延的特点,可以实现实时的视频传输。相比于4G网络的时延,5G网络的时延更短,可以将视频直播的画面和声音几乎实时地传输到观众端,让观众能够第一时间收看到演唱会或其他活动的精彩瞬间。最后,5G网络还具有更大的连接密度,可以同时连接更多的终端设备。

在5G直播信号传输系统中,除了网络技术的支持外,还需要配备高质量的视频拍摄设备和专业的调试和优化技术。通过将高清画面和声音采集、压缩、编码后传输至5G网络,再由观众端解码展示,实现了全程高质量的视频传输。

5G直播信号传输系统以其高带宽、低时延和大连接的优势,为观众带来了更稳定、更高清晰度的视频直播体验。随着5G网络的发展和普及,相信5G直播系统将在媒体行业中发挥重要作用,为观众提供更多样化、精彩纷呈的视听体验。

6.5　传输路由中的信号转换

6.5.1　光纤通信系统

随着节目内容质量的提高,视音频码率不断增加,传统的传输线缆和接口已经无法满足需求。尽管SDI接口已经扩展到12Gbps的传输能力,但传输距离更短。为了解决这个问题,大量采用光纤通路进行高码率信号的传输。通过光传输转换设备将标准制作信号(如SDI信号)转换为光信号,然后从光信号发送端设备传输到接收端,再将接收到的光信号转换为标准制作信号,进入接收端的制作系统中。

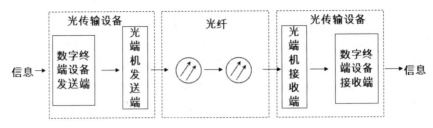

图 6-16   光纤通信系统

6.5.2   光传输设备

光传输设备是一种非常重要的通信设备,它可以将各种不同类型的信号转换成光信号,并通过光纤进行传输。现代的通信领域中,光传输设备已经成为必不可少的技术。常见的光传输设备包括光端机、光 MODEM、光纤收发器、光交换机、PDH、SDH、PTN 等。这些设备可以满足不同传输需求,具有传输距离较远、信号不易丢失以及波形不易失真等特点,因此在各种场所都得到了广泛的应用。

随着科技的不断发展,越来越多的场所开始选择使用光传输设备来代替传统的通信设备。相比传统设备,光传输设备具有更高的传输速度和更稳定的传输质量,能够更好地满足现代通信的需求。光传输设备的使用不仅可以提高通信的可靠性和稳定性,还能够大幅提高数据传输的效率和速度。尤其是在需要长距离传输信号的场合,光传输设备更是不可或缺的选择。

可以说,光传输设备已经成为现代通信领域中的核心技术之一。随着技术的不断进步和创新,光传输设备将会继续发展,为人们的通信生活带来更多的便利和创新。

6.6   实践指导:使用无线图传设备进行信号传输

在影视直播拍摄过程中,由于环境复杂,布线不便,拍摄团队通常使用无线图传设备进行信号传输。无线图传设备具备远距离传输、无须布线等特点,为影视直播拍摄提供了更便捷安全的解决方案。

图 6-17   通过无线图传将摄像机信号传输至切换台的信号示意图

以下是无线图传设备的安装步骤。

①安装天线：通常，无线图传设备由发射端和接收端组成。在使用设备之前，需要将天线分别安装在发射端和接收端。建议调整天线角度，以获得更稳定的传输质量。

②连接接口：安装好天线后，需要使用线缆将上级摄像机的输出接口与无线图传设备的发射端输入接口连接起来。同时，使用线缆将无线图传设备的接收端输出接口与下级监视器或切换台的输入接口连接起来。根据支持的接口类型（SDI 或 HDMI），选择合适的线缆，在安装过程中，确保所有天线、电池、视频电缆连接可靠且正确。

③架设无线图传设备：将发射端固定在摄影机上，通常通过螺丝扣或怪手进行固定。接收端使用灯光三脚架将其架高，或者使用大力胶固定在高处。确保发射端和接收端之间没有遮挡物，以增强传输信号强度。

④频点设置与设备调试：完成天线安装、接口连接和设备架设后，开机观察切换台或监视器接收到的视频信号是否稳定。如果出现信号不稳定的问题，可以尝试切换到其他频道，将发射端和接收端更换到同一组频道上进行测试。在无线图传设备的发射端和接收端的电子显示屏上，会显示信号制式、电池电压、信号质量等参数。在使用过程中，要时刻关注设备状态和传输信号质量，及时更换电池或调整频道设置。

图 6-18　猛犸传奇 2000 无线图传发射端和接收端的状态显示

第7章 视听内容的发布与播出

7.1 新媒体内容发布

7.1.1 自媒体的发布与传播

你是否曾经遇到过这种情况:明明在电脑上观看的视频非常清晰,但一旦上传到视频网站后,画质却变得糟糕不堪？这往往是因为视频网站根据自己的视频码率标准对上传的视频进行评估,并采取一种"嫌贫爱富"的方式进行二次压缩。

视频网站会根据视频的清晰度来决定二次压缩的程度。如果视频网站认为这个视频是高清或者超清的,它会采取相对较小比例的二次压缩,以尽量减少画质的损失。然而,如果视频网站认为这个视频的清晰度较低(实际上是码率较低),那么它将会进行更大比例的压缩,导致画质损失更为严重。

这种二次压缩是视频网站的必要操作,因为他们需要在视频上加入自己的 Logo 或其他标识,所以都会对上传的视频进行一定程度的压缩处理。对于用户来说,如果希望在视频网站上保持较好的画质,可以尝试以下几种方法。

①提高视频的码率:在上传视频之前,可以选择较高的码率来保证视频的清晰度。较高的码率会占用更多的存储空间,但可以减少视频被二次压缩时的画质损失。

②选择合适的视频格式:视频网站对于不同的视频格式,二次压缩的方式和程度也可能不同。尽量选择视频网站推荐的格式,或者常用的格式,可以减少画质损失。

③优化视频的编码参数:通过合理设置视频的编码参数,如分辨率、帧率、编码方式等,可以提高视频的画质和压缩效果。

④选择合适的视频网站:不同的视频网站对于上传视频的处理方式也有所不同。如果对视频的画质要求比较高,可以尝试选择一些专业的视频网站,他们可能会更注重保持视频的原始画质。

7.1.2 手机视频的发布

发布手机视频时,以下因素需要考虑。

①视频格式：选择与目标平台兼容的格式，如 MP4、MOV 等。这样可以确保视频能够在各种设备上流畅播放。

②分辨率：根据目标平台和观众设备的特性，选择适当的分辨率。常见的手机分辨率包括 720p 和 1080p 等。较高的分辨率可以获得更清晰的画面，但也会增加文件大小和加载时间。

③长度和大小：根据平台的限制和观众的偏好，控制视频的长度和文件大小。较短的视频更容易引起观众的兴趣。

④音频质量：除了视频，音频质量也很重要。确保音频清晰，消除背景噪声，以提供更好的观看体验。

⑤视频编辑和后期处理：在发布之前，可以使用视频编辑软件对视频进行剪辑、转场、添加字幕等后期处理。这些编辑可以提升视频的质量和专业度。

在发手机视频之前，建议先了解目标平台的要求和建议，并进行适当的测试和调整，以确保视频的质量和兼容性。

7.1.3　视频网站的内容发布

视频网站的内容发布中的技术标准是非常重要的。为了保证用户能够流畅地观看视频，视频网站通常会采用一系列的技术标准来优化视频的播放体验。

首先，视频网站会要求上传的视频符合特定的视频编码标准。常见的视频编码标准包括 H.264、H.265 等。这些编码标准可以有效地压缩视频文件的大小，减少带宽占用，同时保证视频的清晰度和流畅性。

其次，视频网站还会要求视频的分辨率和帧率符合一定的要求。高分辨率和高帧率的视频可以提供更好的观看体验，但同时也需要更大的带宽和更快的网络连接。因此，视频网站会根据不同的设备和网络环境，设置适当的分辨率和帧率要求，以平衡视频质量和用户体验。

再次，视频网站还会对音频进行一定的要求。通常情况下，视频网站会要求视频的音频采用特定的音频编码标准，如 AAC 或 MP3，以保证音频的质量和兼容性。

最后，为了提供更好的用户体验，视频网站还会对视频的加载速度进行优化。通过使用缓存技术、CDN 加速等手段，视频网站可以将视频文件分发到离用户较近的服务器上，以减少加载时间，提高播放速度。

综上所述，视频网站的内容发布中的技术标准对于保证视频的质量和用户体验至关重要。通过遵守这些标准，视频网站可以提供更流畅、更清晰的视频观看体验，满足用户的需求。

7.2 传统电视节目的制播

7.2.1 电视台节目制作与播出的关联

广播电视作为重要的媒介平台,一直以来都是人们获取信息、娱乐休闲的重要途径,然而,这离不开电视台的节目制作和播出。电视台节目制作和播出相互关联、相互促进。

节目策划在电视台的节目制作中起着决定性的作用。这一环节需要根据社会热点、文化需求、受众反馈等多方面考虑,确定节目主题,并编排节目形式。在制作环节中,需要投入大量人力、物力、财力,包括选题、撰稿、演播、录制等。节目制作的成功关键在于整体策划和团队配备,而节目播出需要保证节目的质量、效果、效益等方面。这需要确保各类设施的完好,合理安排节目单,制定调试和监视系统等保障措施,以确保一切运行正常。

电视台节目制作和播出的形式多样、类型丰富,从标准的新闻、综艺到全年的大型体育赛事直播,每一个环节都是相互联系、相互依存的。一方面,节目制作的成败关系到节目收视率、质量、话题等方面,直接影响节目播出效果。另一方面,节目播出的效果也会对节目制作产生反馈,包括受众反馈、市场效益、收视率等数据的分析反馈,对前期的节目制作和后续的改进都具有重要的参考作用。

总之,电视台的节目制作和播出是密不可分的,两者相互支持、相互促进。只有加强节目制作的各个环节,提高质量和效率,才能创造更多高品质的电视节目,满足广大观众的需求,为广播电视事业做出新的贡献。

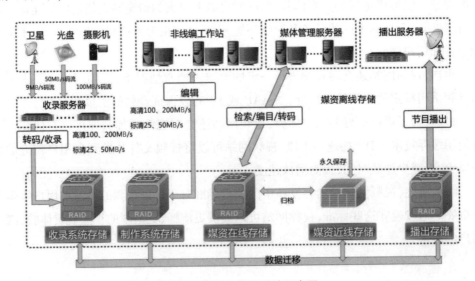

图 7-1 电视台节目系统示意图

7.2.2 电视节目播出的技术系统

(1)播出业务流程分析

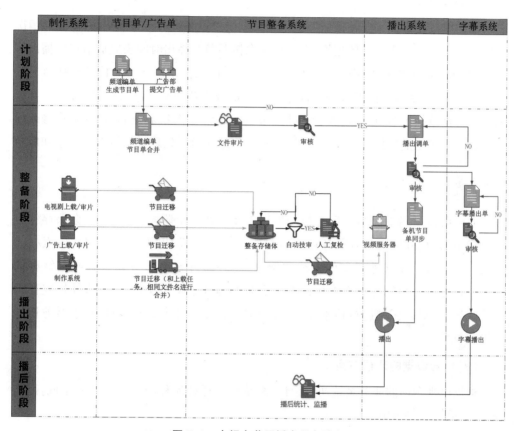

图7-2 电视台节目播出业务流程

1)计划阶段

计划阶段的工作主要包括播出计划和广告编单。播出计划阶段的节目单是由各频道的编单工作站根据节目播出计划、直播通知和修改通知等制作的。而广告部则负责制作和修改广告串联单,然后使用编单软件将广告单发送至播出系统的编单工作站。最后,各频道将节目单和广告单合并,形成最终的播出串联单,并经过频道的审核后再发送至播出系统进行播出。

2)备播阶段

备播阶段是播出业务的关键阶段,它直接关系到后续的播出阶段的安全播出。备播阶段又可以分为二级存储体备播和视频服务器备播两个阶段。在二级存储体备播阶段,新节目的素材会从外部系统提交至二级存储体进行文件技术审查和人工复检。这些素材包括电视剧素材、广告素材以及其他制作系统所需要的素材。而在视频服务器备播阶段,经过技术审查和人工复检的素材会根据备播策略迁移至视频服务器。

3)播出阶段

播出阶段是播控工作站按照节目单来控制受控设备进行正常播出,并对紧急情况和应急情况进行处理。具体地说,播出系统会按照节目播出时间表完成节目的播出工作,由播出控制工作站来完成。在播放过程中,播控工作站还会实时检测待播节目是否准备就绪,包括检查播出节目是否存在以及是否成功加载并准备就绪。同时,如果需要实时修改播出节目单,通常会由播出节目单编辑工作站来完成,然后再将修改后的节目单发送至播出控制软件。此外,播控工作站还负责处理播出线上的紧急和应急操作。

4)播后阶段

播后阶段是指播出结束后进行的处理工作。在这个阶段,播出系统会保存和发布已播节目单,并删除视频服务器的素材等。具体地说,电视剧素材和广告素材会通过远程上载工作站进行文件上载和导入,然后通过 FTP 服务器迁移到二级存储内。制作系统素材则存储在专用的共享存储目录下,通过 GMP 备播软件指定目录存储区域,并对该区域进行检索,将存储目录下的节目素材通过 FTP 服务器剪切到二级存储内。

(2)内容数据的迁移方案

根据电视台内的业务系统初步设计,系统整体迁移流程图主要分为三个域:播出外域、备播域和播出域。

播出外域主要包括台内的广告备播系统和制作系统。备播域包括上载服务器、多功能上载审片工作站(兼人工复检)和自动技审,以及播出的二级存储。播出域主要是播出视频服务器。

在播出外域中,通过互联迁移服务器将媒体文件和元数据迁移到播出的二级存储中。外系统的素材通过互联迁移服务器迁移至二级库。系统提供文件采集功能,人工复检工作站负责文件采集和节目审核,同时配置自动技审,完成对进入二级存储的素材的审核。在播出域中,通过同步迁移服务器,将二级存储中的素材迁移至播出视频服务器。

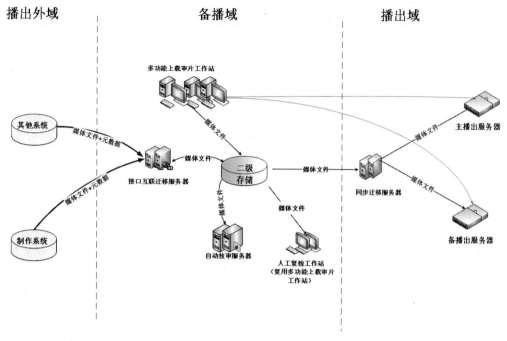

图 7-3　系统数据迁移

7.3　节目内容的全媒体直播

7.3.1　视频直播的发展

近年来,视频直播作为一种新兴的传媒形式,已经取得了显著的发展。从技术创新到商业应用,视频直播正成为全球范围内各个领域的关注焦点。

视频直播的发展与传媒技术的突破息息相关。20 世纪末,斯蒂芬·威尔科克斯发明了流媒体软件,为视频直播的实现奠定了技术基础。随后,视频编解码技术的进步以及网络带宽的提升,为视频直播的实时传输提供了坚实的技术支撑。视频分享平台 YouTube 成立于 2005 年,标志着视频直播开始普及。用户可以免费上传和观看视频内容,同时推动了视频直播技术的发展。2010 年,Ustream 成立并推出了第一个大规模的视频直播平台。该平台为用户提供了实时传输内容的方式,使个人、企业和组织可以通过视频直播与观众进行互动,进一步推动了视频直播的商业化应用。2015年,Facebook 推出了 Facebook Live 功能,使用户能够直接在其平台上进行视频直播。这进一步推动了视频直播的发展,将视频直播与社交媒体的功能有机地结合在一起。2016 年,中国的短视频平台抖音推出了直播功能,在中国市场引起了广泛的关注并吸引大量用户参与。与此同时,中国的直播平台斗鱼和虎牙相继在纳斯达克上市,标志着视频直播行业逐渐进入成熟阶段。2020 年,全球范围内暴发的新冠疫情使视频直播得到了更广泛的应用。人们通过视频直播进行在线学习、远程工作和娱乐活动,使视频直播成为人们生活中不可或缺的重要方式。

视频直播作为一种新兴的传媒形式,在过去几十年中取得了巨大的发展。从传媒技术的突破到商业化应用的兴起,视频直播不断创新和进步。随着技术的不断演进和用户需求的不断增长,视频直播行业的发展前景非常广阔。

7.3.2 直播的技术手段

直播作为一种实时传输的媒体形式,涉及多种技术手段来实现。

视频采集是直播的基础环节,通过摄像机、手机或电脑摄像头等设备,将实时场景转换为数字信号。这些设备利用光学传感器将实时场景转化为电子信号,为后续的处理和传输提供基础。

音频采集是将实时声音转化为数字信号的过程。主播使用麦克风、音频接口等设备,将实时声音转化为数字信号,供直播平台采集和传输。

在采集到视频和音频信号后,编码将采集到的视频和音频信号转化为网络友好的数据流。通过编码算法,视频和音频信号可以被压缩成较小的文件,以便于传输和存储。常见的视频编码标准有 H.264、H.265 等,音频编码标准包括 AAC、MP3 等。

传输协议是直播过程中不可或缺的一部分,指在网络环境下实现视频和音频数据传输的规范和标准。常见的传输协议包括 RTMP、HLS、RTSP 等。这些协议能实现实时传输、高稳定性和流畅性的要求,确保直播质量和效果。

在直播过程中,服务器和 CDN 扮演关键角色。服务器接收和处理来自主播端的视频和音频数据,同时将数据分发给观众端。CDN 通过将数据缓存到全球范围内的服务器节点上,实现就近传输,提高观看体验。观众可以更快速地获取直播内容,减少延迟和卡顿问题。

通过这些技术手段的相互配合,直播内容能够被高质量、实时且稳定地呈现给观众,使他们能够享受到更好的直播观看体验。

7.3.3 最简直播系统构成

(1) 使用电脑直播

在构建最简直播系统时,核心设备之一是一台可靠的电脑。这台电脑需要具备强大的处理能力和充足的存储空间,以便处理和存储直播所需的视频和音频数据。在这个系统中,摄像机通过连接采集卡将采集到的信号传输到电脑上。在直播过程中,为了实现视频的传输,需要对视频进行编码处理。对于最简直播系统来说,用户可以选择使用一些免费的视频编码软件,例如 OBS,通过它直接进行推流。

（2）使用手机直播

一部智能手机即可实现直播。手机直播已成为一种广泛应用的媒体传播方式。它能够直观展示现场事件,并与观众进行互动。为了确保直播的视听质量,首先需要选购一部配置较好的智能手机,具备优质摄像头和麦克风功能。其次,在众多直播平台和应用程序中选择适合的直播平台或应用程序。常用的直播平台有视频号、bilibili、抖音、快手、虎牙等。在正式直播之前,需进行一次测试直播,确保摄像头和麦克风正常工作,并在测试过程中检查视频和音频质量。一切准备就绪后,打开所选择的直播应用程序,登录账户,并选择开始直播的选项。在直播过程中,要保持手机稳定,避免画面抖动。

7.3.4　全媒体直播系统的组成和搭建

一个完整网络直播应该包含以下环节:推流端(采集、前处理、编码、推流)、服务端处理(转码、录制、截图)、直播 CDN(直播流分发加速)、播放器(拉流、解码、渲染)、互动系统(聊天室、礼物系统、赞)。

信号采集:采集网络直播所需的视音频信号,除了传统的基带 SDI 信号外,还可以是 IP 流。SDI 信号可以来自摄像机,也可以来自无线传输的服务器。IP 流来自包括手机、USB 摄像头、云端服务器、计算机网络等数据包。

编码:编码的核心思想就是为减少图像信息的冗余度而进行压缩,解码后仍能获得满意的图像质量。视频压缩编码方式有 MPEG、H.264、H.265 等,主要是在码流、编码质量、延时和算法复杂度之间进行最优化设置。通过压缩编码,减少传输视音频数据量,从而降低成本,提高网络传输的效率。

推流:推流就是将直播内容通过流传输协议推送至服务器的过程。使用传输协议对视音频数据进行封装,变成流数据,目前主要使用的是 RTMP 协议。应用层协议有HLS、RTMP 、RTSP 等,传输层协议有 RTP、RTCP 等,网络层协议有 RSVP。

服务器处理:推流到服务器后,服务器会对音视频数据进行处理。这包括数据的封装、重组、质量控制等。服务器还可以对数据进行转码、分辨率调整等操作,以适应不同终端设备的需求。

数据 CDN 分发:CDN(Content Delivery Network)内容分发网络,将网站的内容发布到最接近用户的边缘服务器,边缘服务器部署在全国各地,用户可以就近取得所需的内容,解决 Internet 网络拥挤的状况,提高用户访问网站的响应速度,目前的 CDN 都是基于 RTMP 协议的。

拉流:拉流就是用指定地址从流媒体服务器获取视音频数据的过程。拉流端主要支持 RTMP、HLS、HTTP-FLV 等协议,根据协议类型与服务器建立连接并接收数据,将视频预先加载到就近的边缘节点,这样客户端就能通过边缘节点拉取视频,降低服务器的压力。

解码:从 TS、FLV 等封装的视频流、音频流、字幕流合成的文件中,分解出视频、音频或字幕,分别进行解码。

播放:播放端包括 HTML5(简称 H5)、手机 App、Flash、VLC 等形式,负责拉取流媒体服务器的视音频数据到本地解码播放。

全媒体直播系统可以实现直播与内容制作的同时进行。下图展示了一个全媒体直播系统的架构,它包括两个主要模块:直播模块和多平台内容制作模块。这两个模块相互协作,使直播和内容制作可以同时进行。

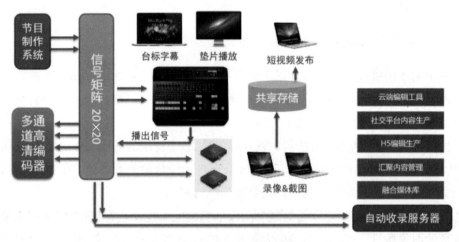

图 7-4　全媒体直播系统

一方面,在直播模块中,我们可以看到一个直播源,它可以是摄像头、麦克风、屏幕录制等设备,用于获取实时的音视频数据。这些数据会经过编码、传输和解码等处理,最终通过直播服务器进行分发和播放。另一方面,多平台内容制作模块允许用户在直播过程中进行内容制作和编辑。用户可以通过该模块进行素材的剪辑、特效的添加、字幕的制作等操作,以提升直播的质量和观赏性。此外,多平台内容制作模块还支持多种输出格式和分辨率,以适应不同平台和设备的需求。

全媒体直播系统的设计使直播和内容制作能够同时进行,为用户提供了更加灵活和高效的直播体验。

7.3.5　直播编码器的设置方法

码率与分辨率设置建议:在选择视频输出参数时,我们常常困惑于如何搭配合适的码率和分辨率。过去,码率的确定通常仅依靠简单的测试和基于经验的主观判断,然而,在不断的编码参数优化过程中,我们发现码率的差异对于视频质量的影响远比我们预想的还要大。举例来说,对于低码率需求的动画片内容,仅 1Mbps 的码率就足以满足 1080P 高清画质,但是对于画面变化频繁的动作电影而言,由于存在大量的运动场景和对纹理细节的要求,即使在 4Mbps 的码率下也只能勉强观看 720P 的内容。经过多次测试和实验,我们为读者提供了一份码率与分辨率对应关系设置表格,以供在配置编码器参数时作为参考。

表 7-1　码率与分辨率对应关系设置

码率(Kbps)	分辨率	码率(Kbps)	分辨率
235	320×240	1750	720×480
375	384×288	2350	1280×720
560	512×384	3000	1280×720
750	512×384	4300	1920×1080
1050	640×480	5800	1920×1080

7.3.6　网络视频直播技术要求与未来趋势

随着科技的快速发展,媒介生态环境和媒介形态也在不断变化。这种变化围绕着媒介、社会和人类欲望之间的相互作用而展开。视频和直播在整个媒介演变的历程中并不是新鲜事物,然而,媒介技术的进步为网络视频直播的崛起和发展奠定了基础,而人们对更好媒介体验的需求推动了网络视频直播的创新和变革。作为传统电视直播在互联网上的延伸,网络视频直播经历了 PC 端直播、移动端直播以及结合 VR 技术的 VR 直播等不同的发展阶段。

随着媒介技术的不断推陈出新,网络视频直播已经成为人们获取信息、娱乐和互动的重要途径之一。相比于传统的电视直播,网络视频直播具有更高的自由度和互动性。观众不再被动地接受内容,而是可以实时与主播进行互动、参与讨论,并且能够根据个人喜好自由选择感兴趣的内容。这种互动性和个性化体验使网络视频直播成为一种全新的媒介形态。

另外,移动设备的普及和网络速度的提高也为网络视频直播的发展提供了便利。如今,人们可以随时随地通过手机或平板电脑观看直播内容,无论是在公共场所、工作岗位,还是在家中。这种便捷性为直播平台提供了更广阔的受众群体,也为主播们创造了更多的机会。

而随着 VR 技术的不断成熟和普及,VR 直播也逐渐崭露头角。VR 直播通过虚拟现实技术,使观众能够身临其境地参与到直播内容中。观众可以通过 VR 设备,如头戴式显示器,实时感受到全景画面,获得逼真的视听体验。这种沉浸式的体验为观众带来身临其境的感受,进一步提升了直播的吸引力。

　　总的来说,随着科技的迅猛发展,媒介形态也在不断演变。网络视频直播作为一种新兴的媒介形态,通过不断的创新和变革,满足了人们对更高质量媒介体验的需求,成为媒介生态中不可或缺的一部分。

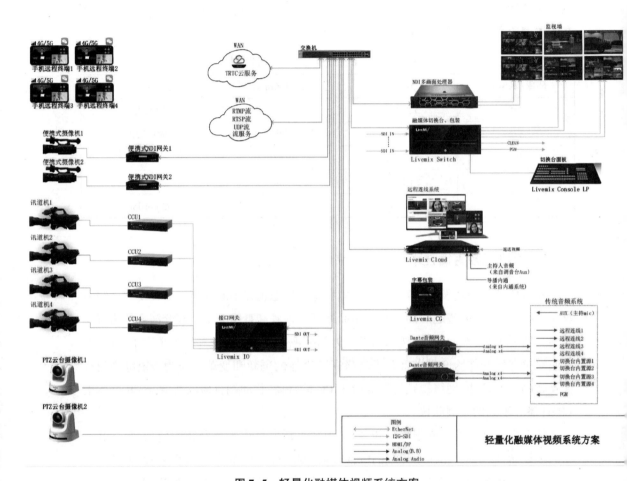

图 7-5　轻量化融媒体视频系统方案

7.4　视音频流媒体发布

7.4.1　什么是流媒体

　　在网络上传输音频、视频和其他多媒体信息时,有两种主要方案可供选择:下载和流式传输。对于文本和图片等较小的媒体内容,我们通常采用下载浏览的方式。然而,由于视频文件通常较大,下载过程往往需要数分钟甚至数小时,因此这种处理方法会导致较高的延迟。

而采用流式传输方式的媒体内容浏览方式则被称为流媒体。在流式传输中,音频、影像或动画等时基媒体会连续、实时地从音视频服务器传送到用户计算机,用户无须等待整个文件的下载完成,只需经过几秒或十数秒的启动延时即可进行观看。流式传输的优势在于避免了用户必须等待整个文件从互联网上下载完成才能观看的问题。

7.4.2 流媒体协议

(1) RTMP

RTMP(Real Time Messaging Protocol)是由 Adobe Systems 公司开发的开放协议,用于实时传输音频、视频和数据的通信协议,主要应用于 Flash 播放器和服务器之间的数据传输。该协议使用网络服务器的 1935 通信端口进行通信。

(2) HLS

HLS(HTTP Live Streaming)是由苹果公司开发的一种动态码率自适应技术,主要用于提供 PC 和 Apple 终端的音视频服务。它包括一个 m3u8 的索引文件,用于指示媒体资源的地址和参数信息,以及 TS 媒体分片文件和 key 加密串文件。TS 流(Transport Stream)是一种传输流协议,它使用服务器的 80 通信端口进行数据传输。

(3) WebRTC

网页即时通信(Web Real-Time Communication,WebRTC)是一个支持网页浏览器进行实时语音对话或视频对话的 API。

WebRTC 使用安全实时传输协议(Secure Real-time Transport Protocol,SRTP)对 RTP 数据进行加密、消息认证和完整性以及重播攻击保护。它是一个安全框架,通过加密 RTP 负载和支持原始认证来提供机密性。WebRTC 的安全特性是其可靠性的重要组成部分,其基础全部围绕实时传输协议(Real-time Transport Protocol,RTP)进行。实时传输协议是专为多媒体电话(VoIP、视频会议、远程呈现系统)、多媒体流(视频点播、直播)和多媒体广播而设计的网络协议。

(4) SRT

安全可靠传输协议(Secure Reliable Transport,SRT)是一种安全可靠的传输协议,基于 UDT 协议而开发,它在互联网传输领域具有广泛的应用。Haivision 和 Wowza 联合成立了 SRT 联盟,这个组织致力于管理和支持 SRT 协议的开源应用,旨在推动视频流解决方案的互通性,促进视频产业的合作与发展,实现低延时网络视频传输。

SRT 协议作为一种开源低延迟视频传输协议,受到了广泛的欢迎。它解决了传输时序问题,能够减少传输延迟,消除中心瓶颈,降低网络成本。相较于 RTMP 协议,

SRT 具有更好的性能和稳定性。

目前市场上已经有许多支持 SRT 协议的产品上市,包括 IP 摄像机、编码器、解码器、视频网关、OTT 平台和 CDNs 等。全球范围内数千个组织在各种应用程序和市场中使用 SRT 协议,这标志着 SRT 协议已经成为广泛采用的视频传输标准。

（5）MMS

微软媒体服务器协议（Microsoft Media Server Protocol, MMS）是一种用于访问和流式接收 Windows Media 服务器中".asf"文件的协议。它主要用于访问 Windows Media 发布点上的单播内容。目前 MMS 协议的使用量逐渐减少。

7.4.3　流媒体服务

经过加工合成的视音频文件被编码器转换为网络传输的流格式,然后编码后的视音频流直接推送给流媒体服务器。流媒体服务器提供流媒体数据传输接口,包括 HT-TP、RTSP、RTMP 等协议。播放器通过流媒体协议与媒体服务器通信,以获取视音频数据,并播放视音频节目内容。

一般的流媒体服务器在视频流的带宽和并发数量方面,只能支持 500—1000 人同时观看流内容。为了让大量用户同时观看视音频直播内容,CDN 技术应运而生。

图 7-6　流媒体服务

内容分发网络（CDN）是一种通过缓存内容在不同地点的方式来提高用户访问网站的响应速度的技术。CDN 利用负载平衡技术,将用户的请求定向到最近的缓存服务器上,从而使用户能够更快地获取网站内容。简单来说,CDN 就是将远程的内容复制一份,并放置在离用户最近的地方。通过使用 CDN,用户能够更快地访问网站,得到更好的用户体验。

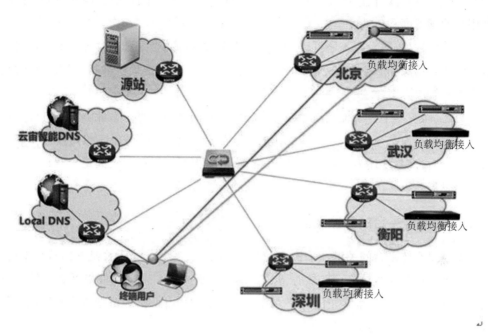

图 7-7　CDN 网络

7.5　融媒体平台

　　随着互联网技术的不断发展,媒体行业正面临着一场前所未有的变革。从传统的报纸、广播和电视,到现在的互联网和社交媒体,媒体行业正在经历着翻天覆地的改变。为了适应这一新趋势,各大传媒机构纷纷采用了融媒体平台系统,以更好地适应新媒体时代的需求。

　　融媒体平台系统是一种集多种功能于一体的综合性媒体运营管理工具,能够将各种媒体形式有机地结合起来,实现内容的生产、传播和营销等多种功能。融媒体平台系统的核心特点在于其编辑、发行和交互功能,同时还具备着跨平台、跨媒体和多终端等特征。通过这个系统,传媒机构能够整合自身的媒体资源,实现信息的共享,从而提高传播效率和覆盖面,满足用户对多样化信息的需求。

　　融媒体平台系统的应用范围非常广泛,从新闻、电视、电影、音乐,到文学和艺术等领域都可以得到应用。对于新闻媒体来说,该系统能够将文字、图片、音频和视频等不同媒体形式有机地结合起来,呈现更加生动、直观的新闻内容。同时,融合社交媒体的交互功能,使用户可以与新闻内容互动,提升用户的体验,增强传播效果。

　　对于视频媒体而言,融媒体平台系统也具有着重要的价值。通过融合不同的视频平台和设备,可以实现视频内容的多渠道分发和播放,提高视频的传播率和播放量。

同时,该系统还可以根据用户的兴趣爱好和观看习惯,提供个性化的视频推荐服务,增加用户的满意度和忠诚度。

此外,融媒体平台系统还可以广泛应用于游戏、电商、金融和教育等领域。通过融合不同的数据源和服务,实现全面的数据分析和处理,为企业提供准确、实时和个性化的服务和解决方案。

总之,融媒体平台系统是新媒体时代媒体运营的必备工具。它能够将各种媒体形式和资源有机地结合起来,实现多元化的内容生产和传播,提高媒体的传播效率和覆盖面。同时,该系统还为企业提供全面、准确和个性化的数据支持,满足企业在新媒体时代的发展需求。

7.5.1 融媒体平台的总体架构

实现融媒体平台的关键在于构建一个完善的总体架构。下面详细介绍这个架构。

业务架构是融媒体平台的核心,包括所有的业务流程、业务功能以及数据流动方式。在融媒体平台中,业务的本质是对用户需求的回应,因此,业务架构应基于用户需求,构建用户中心的业务逻辑和流程。

为了覆盖多样化的媒体形式和渠道,融媒体平台需要开发、集成或购买各种技术

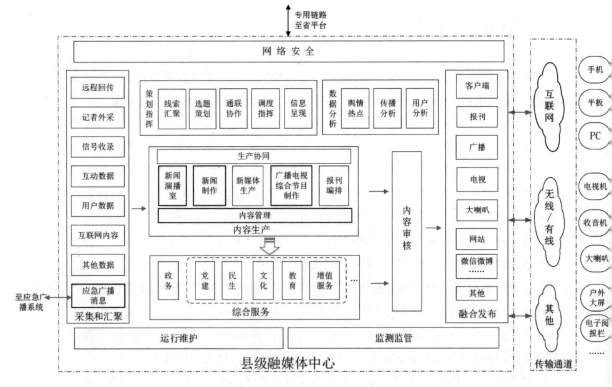

图 7-8 融媒体平台架构

平台。技术架构是这些技术平台构成的整体,包括不同媒体格式的内容创建和编辑、整合多渠道的内容发布和传播,以及各种数据处理和分析。

融媒体平台需要处理大量的数据,包括用户信息、内容数据、渠道数据等,因此数据架构是不可或缺的一部分。数据架构需要建立强大的数据管理、存储、同步和应用规则,从而实现不同媒体平台上的实时数据传输和分析。

在融媒体平台中,安全是一个重要问题。安全架构需要对平台进行全方位的安全管理、攻击预防和数据保护,保障用户和平台的安全和顺畅使用。

运营架构是融媒体平台的最后一环,包括内容策划、用户运营、广告营销、数据分析等方面,旨在保证平台的规范运行和健康发展。运营架构需要建立有效的管理团队、规范的流程和良好的运营方案,以推动平台用户体验和商业价值的提升。

融媒体平台的总体架构由业务架构、技术架构、数据架构、安全架构和运营架构五大部分构成。这是一个高度复杂的系统,需要具备较强的整合能力与灵敏度。同时,它也需要依托于大数据和人工智能等先进技术,不断进行优化和升级。

7.5.2　融媒体平台的功能设计

融媒体平台是一种综合性工具,旨在满足新闻机构和新闻从业人员在信息传播和新闻生产过程中的需求。其功能设计主要包括新闻通联模块、量化考核模块、线索汇聚模块、指挥调度模块和采集回传模块。

新闻通联模块是融媒体平台的核心功能之一,旨在促进新闻机构内部各部门之间的沟通协作。通过该模块,用户可以方便地发布和共享新闻信息、根据不同角色设定权限、实现消息推送和即时通信等功能,从而提高新闻生产效率和协同工作能力。

量化考核模块是为新闻机构提供数据分析和绩效评估的工具。该模块可以自动收集和统计相关数据,比如新闻稿件的阅读量、点击量、转发量等,为新闻从业人员提供数据支持和参考,帮助他们评估和改进自己的工作表现。

线索汇聚模块旨在帮助新闻机构从多个渠道获取新闻线索并进行处理。该模块可以自动从网络、社交媒体等平台收集和整理相关信息,并将其呈现给用户。用户可以通过该模块进行线索筛选、分类管理以及跟踪报道进展,提高新闻敏感度和报道质量。

指挥调度模块是为新闻机构提供管理和协调工作流程的工具。该模块可以帮助用户对新闻任务进行分配和监控,设置优先级和截止日期,提供工作进度和报告,从而实现任务的合理安排和高效执行。

采集回传模块是为新闻从业人员提供实时采集和回传新闻素材的工具。该模块可以支持多种媒体形式,如文字、图片、音频和视频等,方便用户进行新闻采集和现场报道,同时提供实时传输和存储功能,确保信息的安全和高效传输。

融媒体平台的功能设计包括新闻通联、量化考核、线索汇聚、指挥调度和采集回传等模块,旨在提高新闻机构的协同工作能力、数据分析能力、新闻敏感度和报道质量,从而满足新闻机构和从业人员在信息传播和新闻生产过程中的需求。

7.5.3 系统安全保障

(1)安全审计管理

安全审计管理是指利用信息系统审计方法对信息系统的运行状态进行详细审计,并保存审计记录和审计日志。通过安全审计,可以及时发现问题并通知安全管理员调整安全策略,从而降低安全风险。安全审计的主要功能包括记录和跟踪信息系统的状态变化,监控用户活动、程序和文件的使用情况,以及文件处理过程。信息系统审计的工作内容包括制定明确的系统安全审计策略,确保策略的正确实施,确定审计范围,提供足够的信息进行安全事件的事后追查,并与身份鉴别、访问控制、信息完整性等安全功能进行紧密结合,产生审计记录。

(2)备份与恢复管理

网络管理员在备份与恢复工作中需要遵循以下策略和要求。首先是备份策略,根据系统业务特点确定备份周期,并对关键数据进行适当的备份。其次是数据恢复策略,根据系统和数据受损情况选择全盘恢复或个别文件恢复。权限控制也很重要,只有经过授权的人员可以进行备份、恢复和转存等操作。此外,每月需要检查备份数据的可用性和完整性,并对需要刻录光盘的数据进行检验。每年还需要测试备份和恢复策略,确保其有效性。不同类型的数据需要采用不同的备份方法,包括文件数据、数据库和系统的备份与恢复。备份周期应根据数据的重要性和使用频率确定,并在系统和数据受损时及时报告并按照恢复策略进行操作。制定系统恢复预案,并进行测试、演练、培训和评审修订,解决环境保护和信息泄露问题。最后,需要随时监测服务器的磁盘容量变化,避免容量不足导致备份失败。

(3)病毒防治与软件补丁分发管理

系统管理员在网络安全方面扮演着重要的角色,负责跟进安全漏洞信息和安全补丁的发布。他们会从正式渠道获取补丁,并进行测试以确保其适用性。在安装补丁之前,他们还会提供紧急措施建议,以应对潜在的安全风险。在安装补丁后,系统管理员会验证系统的有效性,以确保补丁的成功部署。除此之外,他们还负责计算机和网络的防病毒和安全漏洞检测管理,以及采取一系列措施来预防网络攻击。这些措施包括网络入侵检测和防火墙设置等。系统管理员通过这些工作流程来保障网络的安全性和稳定性,确保系统的正常运行。

(4)密码口令管理

为了保障密码和网络的安全性,需要遵守一系列密码设定规则和管理要求。首先,密码设定规则要求不能使用与用户名相关、简单组合或具有特殊意义的代码作为密码。其次,密码使用管理要求不得共享账号,不得传输和分发密码,并定期更改密码以增强安全性。在密码遗忘处理方面,应及时通知管理员进行密码更改,以确保账号安全。对于 CKEY 令牌管理,需遵守领取、使用期限和丢失处理等规定。同样,对于CKEY 静态密码管理,需按规定使用密码,并定期更改以确保安全性。最后,网络服务器密码口令的管理要求定期更换密码,并妥善处理泄密事件。遵守这些规定和注意事项,可以有效提高密码和网络的安全性,保护用户的个人信息和系统的安全。

(5)系统存储介质管理

避免将数据存储介质暴露于强电磁场、过热或过冷的环境中。根据不同类型和保密要求的信息数据,需要采取不同的保管方式来存放数据存储介质。特别是对于内网移动存储介质和涉密移动存储介质,必须采取严格的防护措施和管理措施。所有移动存储介质都需要登记造册和编号管理,以确保可以随时确认其存放位置和责任人等相关信息。涉密移动存储介质需要明确的密级标识,并且在维修或销毁时必须按照相关保密规定执行。

对于保存有敏感信息的移动存储介质,必须进行加密处理。在非办公场合使用移动存储介质时,必须特别注意对敏感数据进行保护。备份的数据存储介质必须存放于安全存储区域。当设备需要送修时,应取出存储信息的硬盘或其他可移动存储介质,以避免信息泄露。特别是涉及敏感信息时,修理硬盘或其他电脑所使用的移动存储介质必须有专人陪同。在硬盘或其他移动存储介质报废时,必须进行物理破坏处理,以防止信息泄露。

(6)应急预案管理

网络与信息安全事件涵盖了系统数据遭到破坏、硬件和软件遭到破坏性攻击、系统受到计算机病毒侵害、物理设备遭到破坏、系统受到自然灾害和意外停电的影响。这些事件按照一般等级、重要等级和严重等级进行分类,根据事件的严重性和损失程度采取不同的报告和处理措施。为了能够迅速响应和处理网络与信息安全事件,需要建立应急响应机制并制订应急计划,以确保系统的正常运行。应急计划应具备逻辑结构清晰、语言简练、步骤明确的特点,其中包括多种备选方案,并明确责任人的职责。此外,培训和演练也是保证应急计划有效性的重要环节。

7.5.4　融媒体平台业务模式升级

(1)建设一体化生产平台或"一云多厨房"

电视台的融媒改革和技术系统建设过程通常需要在原有频道制的基础上组建新闻中心,进而在新闻中心基础上组建融媒新闻中心,由融媒新闻中心统一经营传统媒体和新媒体。然而,不同电视台当前所处的发展阶段存在差异,一些电视台在融合策划、采编发机制、资源共享等方面仍然存在不足,从而客观上影响了融媒生产效率和融合成效。

为了适应新的融媒新闻策划、采编发方式,主流趋势是通过新建或对原有新闻制作系统进行升级改造,建设真正一体化的融媒生产平台。一体化融媒生产平台通过统一策划指挥、统一稿件生产、统一资源管理、统一绩效考核等方面的融合,打破了传统的新媒体生产和电视新闻生产的"两张皮",实现了新旧媒体的融合互通,激发了融媒生产效能和活力。

对于报台合并等融媒改革场景,在体制机制融合的基础上,技术平台和生产流程通常也需要进行融合。除了可以采用一体化融媒生产平台的建设方式外,针对报社、电视台双方各自已经建设了融媒平台的情况,可以选择"一云多厨房"的建设模式。这种模式通过新建"云平台"的方式将多套已经建成在用的策划、采编发系统融合对接起来。在业务流程上,选题策划和采访可以统一,通过"云平台"实现采编数据资源的充分共享,然后在各自的"中央厨房"进行深度加工。

(2)轻量化、低门槛的短视频生产平台

目前,融媒体的主要发展方向是短视频。然而,各级广电媒体在生产优质短视频方面仍然存在产能不足的问题。为了解决这个问题,我们可以按照"开门办台"和"省市县乡村协同"的思路,建设区域内的通联协作平台,引入更多的 UGC/PGC 内容生产者,丰富短视频题材,提高内容产能。

鉴于大量分支机构和通讯员的内容制作经验,以及 UGC/PGC 内容"上传→审核→修改"的流程效率问题,我们可以使用轻量化、模板化的短视频生产工具,降低生产门槛,并支持通讯员、编辑人员和审核人员在同一平台上进行合作生产,同时支持工程文件级别的提交和审核/打回,从而提高各级人员的协作和内容审核效率。

在扩大短视频产能的同时,传统的"中央厨房"主要面向图文类稿件的生产。因此,我们需要同时升级和适配"中央厨房",提升其在短视频策划、采编发和追评方面的能力,特别是大数据服务方面也需要进行升级,例如提供针对短视频的大数据策划服务,以及短视频传播数据采集和运营分析服务等。

(3)前后期一体化的新型融合新闻报道

随着互联网和移动互联网的发展,各类网络直播已经进入了普通人的生活。目前,电视台的网络直播主要是会议、活动等非新闻内容,而突发新闻类的网络直播较少。然而,部分媒体已经开始尝试对突发新闻进行直播,以最直观的方式呈现新闻现场,并且同时进行短视频、图文直播和观众互动。在必要的时候,他们还会邀请多个记者通过视频连线或者在前后方演播室进行协同深度报道。

从新闻时效性和传播影响力来看,未来会有越来越多的媒体尝试这种前后期一体化的新型融合新闻报道模式。借助云直播、云连线、云通话、云制作、云稿件、云发布等云端工具和服务能力,以视频直播为主导,以图文+短视频报道为两翼,以智能化工具为辅助,以移动端作为主要的生产和传播方式,实现了多种形式内容的一体化生产、审核和发布。这样的模式可以满足单独记者采访、多记者/多地联合报道、演播室前后方联动、直播与运营团队协同等不同场景下的新闻和活动报道需求。

7.6　超高清电视与大屏幕显示技术

7.6.1　超高清电视机

随着科技的进步,我们的生活变得越来越现代化和有趣,电视机也不例外。从最初的黑白电视到彩色电视,再到高清电视,如今的超高清电视机以其卓越的画质和用户体验,成为人们喜爱的电视机类型之一。而其中最令人瞩目的是 OLED(有机发光二极管)技术的应用。

OLED 在屏幕上的应用越来越广泛。它的制作方式是将薄膜材料分层压制后黏合在一起,可以自发发出光。与传统的液晶显示技术相比,OLED 有更深沉的黑色和更鲜明的色彩,这是因为每个像素都可以单独点亮或关闭。这种制造方式使得 OLED 的应用更广泛,不仅可以用于电视机,还可以用于智能手机、平板电脑和其他数码设备。

在电视机的应用中,OLED 提供了更出色的图像展示效果。它可以传达细节,提供更真实的色彩和更明亮的画面,当观看震撼的场景或者运动比赛时,OLED 显示屏会让你感觉仿佛身临其境。与传统的电视机相比,OLED 提供更流畅、更清晰的视觉体验,能够更好地满足观众的需求。而且它的角度更广,确保任何位置都能够充分地享受高清畅快的视觉效果。

同时,由于 OLED 的材料相比其他面板材料更薄且更节能,使得电视机更加轻薄、节能。它们消耗的能源比其他显示器更少,而且使用寿命更长。OLED 的应用减少了光转换和过滤,比传统的液晶显示器更环保。其棱角分明的设计和薄型的机身使它成为家居的优雅组成部分,也可以挂在家庭或工作环境的任何角落。

总之,OLED 作为一种新的电视机技术,被广泛认可并受到高度赞扬。无论是为家庭娱乐带来色彩斑斓的体验、为工作提供更高品质的显示,还是为各种数码设备提供良好的显示效果,OLED 都展现出了其独特的优势。作为消费者,我们可以预见到未来 OLED 在很多领域的应用,为我们带来更清晰的图像,带来更多乐趣。

7.6.2 小间距 LED 大屏

小间距 LED 大屏是指像素间距较小的 LED 显示屏产品。通常,其像素间距小于 2 毫米,可以提供更高的分辨率和更清晰的图像效果。小间距 LED 大屏广泛运用于商业和娱乐领域。

在商业领域,小间距 LED 大屏常用于展示广告、产品信息和企业形象等,常见于商场、广场和地铁站等公共场所。高分辨率和高亮度的小间距屏幕可以呈现更鲜艳生动、清晰明了的画面,吸引人们的注意力,有效传递宣传信息。

在娱乐领域,小间距 LED 大屏也发挥着重要作用。结合丰富的音效,高端的显示效果让观众在体验娱乐内容时更加尽兴。小间距 LED 大屏在演唱会、体育比赛和电影院等娱乐场所的应用也越来越广泛。

此外,小间距 LED 大屏的应用也具有环保效益。LED 屏幕功耗低,使用寿命长,不仅可以有效节约能源,还可以减少因屏幕使用结束而产生的垃圾并降低碳排放。

小间距 LED 大屏因其高端的显示效果和环保特点,不仅适用于商业和娱乐领域,还广泛应用于会议、教育等其他领域。随着技术的发展,小间距 LED 大屏的应用场景将变得更加广泛,它在带来经济效益的同时,也会带来更多社会效益。小间距 LED 大屏成为市场上最具竞争优势的 LED 显示屏产品,以下是其关键技术参数的简要介绍。

(1)像素间距

像素间距是小间距 LED 大屏最重要的技术指标之一,通常以毫米为单位表示,例如 1.2 毫米、1.5 毫米、1.8 毫米等。像素间距越小,显示效果越细腻,图像越清晰,而且可以更加接近观众,提供更近距离的观赏体验。

(2)亮度和灰度

亮度和灰度是另外两个重要的技术指标。亮度通常以 cd/m^2 为单位表示,灰度则用位深度(bit)描述。在室内应用,通常需要较高亮度来应对日常光线的干扰,而对于灰度,我们所说的"灰度一致性"通常指小间距 LED 大屏在不同亮度下能提供相似的图像表现。

(3)刷新率

刷新率是指屏幕每秒刷新的次数,通常以赫兹(Hz)为单位表示。小间距 LED 大屏需要较高的刷新率,能够组合出更加自然的图像运动,防止出现画面撕裂、重影等不良影响。

(4)色彩还原能力

小间距 LED 大屏的色彩还原能力通常由调色板色域描述,这种描述方式可以控制 LED 大屏的颜色范围,针对不同应用场景提供更逼真的颜色表现。

7.7 裸眼 3D 与全息投影

7.7.1 裸眼 3D 技术

随着科技的飞速发展,立体影像技术也不断进步。从最早的使用红蓝眼镜到如今的虚拟现实头盔,立体影像技术呈现出了多样化的趋势。近年来,一种被称为裸眼 3D 技术的新一代立体影像技术逐渐兴起,并被认为是该领域的革命性突破。

裸眼 3D 技术是一种在不需要额外设备的情况下观看立体影像效果的技术。与过去使用的红蓝眼镜、偏光眼镜和虚拟现实头盔等技术不同,裸眼 3D 技术通过一系列复杂的算法模拟光线在人眼中的折射和聚焦,以实现裸眼观看立体影像的效果。

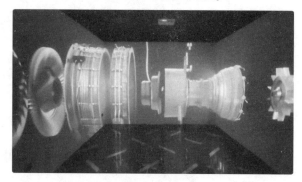

图 7-9 裸眼 3D 效果展示(擎动科技)

裸眼 3D 技术代表了立体影像技术领域的新一步发展,具有广阔的前景。尽管它还存在局限性和挑战,但随着技术和应用的不断改进,裸眼 3D 技术将为观众带来更优质、更健康、更环保的立体影像体验。

7.7.2 全息投影

近年来,全息投影技术在科技领域引起了广泛的关注和兴趣。全息投影可以将虚拟的三维物体以全息图的形式呈现出来,给人们带来了沉浸式的视觉体验。

全息投影的原理是基于光波的干涉和衍射效应。通过激光光源产生的相干光束,与记录介质上的参考光束进行干涉,形成了记录物体的全息图。当再次使用激光光源照射记录介质时,光束经过衍射后会重建出原始物体的全息图,从而实现了真实感十足的三维影像。

图 7-10 全息投影效果展示

全息投影在多个领域有着广泛的应用。在教育领域,全息投影可以为学生提供更直观、生动的教学内容,使抽象的概念和知识更易于理解和记忆。在医学领域,全息投影可以帮助医生进行手术模拟和解剖展示,提高手术的精确性和安全性。在娱乐产业中,全息投影可以用于演出和展览,为观众带来身临其境的视觉享受。此外,全息投影还可以应用于虚拟现实、增强现实等领域,为用户创造更加沉浸式的虚拟体验。

全息投影技术目前还存在一些挑战和限制。首先是成本问题。目前的全息投影设备价格昂贵,限制了其在大众市场的普及程度。其次是投影效果的限制。由于光学和计算技术的限制,现有的全息投影技术在色彩还原、透明度等方面仍有待提升。此外,对于全息投影的内容制作和编辑也需要更加高效和便捷的工具和软件。尽管存在一些挑战,全息投影技术的发展前景依然广阔。随着技术的不断进步和成本的降低,全息投影设备将会越来越便宜和普及化,同时,随着硬件和软件的升级,全息投影的投影效果也将得到显著提升。未来,可以预见到全息投影技术在教育、医疗、娱乐等领域的广泛应用。全息投影将成为人们与虚拟世界交互的重要方式,为人们带来更加丰富、真实的视觉体验。

7.8 实践指导:融媒体直播——用 OBS 进行快速直播

打开 OBS,点击创建场景 → 输入名称 → 确定,然后点击添加来源,选择显示器采集(也可以添加别的来源),在弹出的窗口选择自己直播的屏幕并确定。

图 7-11　OBS 画面采集界面

完成设置:从设置页面进入,点击红框中的输出按钮,编码器选择软件,若编码器不选择软件,则无法在一台电脑上打开多个 OBS 窗口。

图 7-12　OBS 输出设置界面

还有一点需要设置的内容就是推流码率。

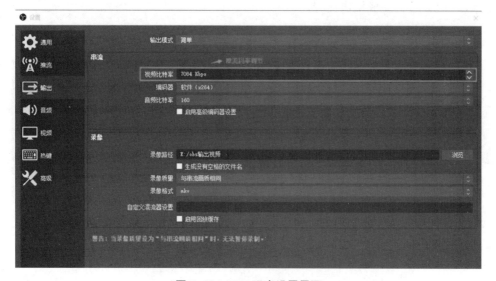

图 7-13　OBS 码率设置界面

如果需要对输出的画面进行大小和显示比例的调节,则需要打开图中方框所示的视频选项,对显示分辨率等进行设置。

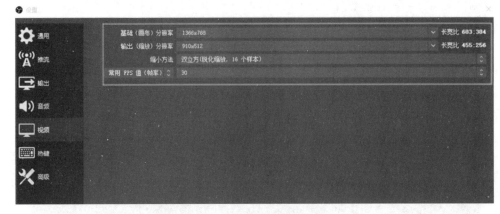

图 7-14　OBS 视频设置界面

至此,OBS 推流设置已经完成,一台电脑可以根据配置情况进行一推多的推流。

①OBS 默认打开的之后页面中,首先需点击红框中的设置按钮,进入设置页面。

②进入设置页面,将播放流地址和直播推流码对应复制到图中相应位置,主播的流地址(服务器),完成推流设置。

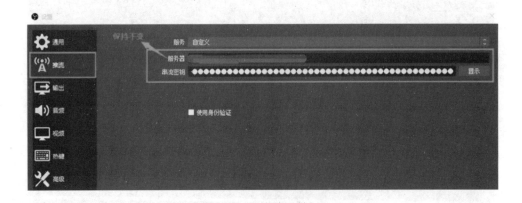

图 7-15　OBS 密钥获取界面

③接下来只要点击开始推流就开始直播啦。

第8章 媒体行业的大数据与云计算

8.1 什么是大数据和云计算

8.1.1 什么是大数据

大数据,是指物理世界到数字世界的映射和提炼,通过发现其中的数据特征,从而做出提升效率的决策行为,通过获取、存储、分析,从大容量数据中挖掘价值的一种全新的技术架构。

图 8-1 大数据时代①

① 舍恩伯格,库克耶.大数据时代:生活、工作与思维的大变革[M].盛杨燕,周涛,译.杭州:浙江人民出版社,2003.

（1）大数据到底有多大

我们传统的个人电脑处理的数据，是 GB/TB 级别。例如，我们的硬盘，现在通常是 1TB/2TB/4TB 的容量。而大数据是什么级别呢？PB/EB 级别。

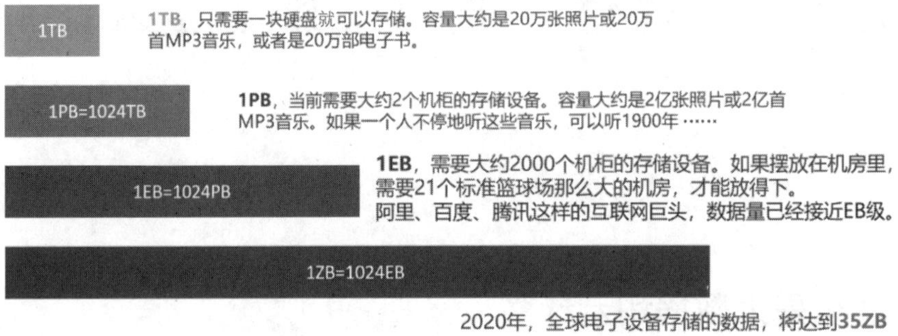

1TB，只需要一块硬盘就可以存储。容量大约是20万张照片或20万首MP3音乐，或者是20万部电子书。

1TB

1PB，当前需要大约2个机柜的存储设备。容量大约是2亿张照片或2亿首MP3音乐。如果一个人不停地听这些音乐，可以听1900年……

1PB=1024TB

1EB，需要大约2000个机柜的存储设备。如果摆放在机房里，需要21个标准篮球场那么大的机房，才能放得下。
阿里、百度、腾讯这样的互联网巨头，数据量已经接近EB级。

1EB=1024PB

1ZB=1024EB

2020年，全球电子设备存储的数据，将达到**35ZB**

图 8-2　数据量对比

1 KB = 1024 B　（KB - kilobyte）；1 MB = 1024 KB（MB - megabyte）；

1 GB = 1024 MB（GB - gigabyte）；1 TB = 1024 GB（TB - terabyte）；

1 PB = 1024 TB（PB - petabyte）；1 EB = 1024 PB（EB - exabyte）；

1 ZB = 1024 EB（ZB - zettabyte）。

图 8-3　数据中心机房①

---

① 阿里云开发者.如何"神还原"数据中心？阿里联合 NTU 打造了工业级精度的仿真沙盘！［EB/OL］.（2019-01-11）［2019-01-30］.https://mp.weixin.qq.com/s/pcQZecEQosah1xSRtIb-PQ.

(2)这些数据从何而来

数据的产生可分为三个阶段。

第一阶段:计算机被发明之后的阶段。尤其是数据库被发明之后,使数据管理的复杂度大大降低。各行各业开始产生了数据,从而被记录在数据库中。数据的产生方式,也是被动的。

图 8-4　发明数据库

第二阶段:伴随着互联网 2.0 时代的出现,加入用户原创内容。随着互联网和移动通信设备的普及,人们开始使用博客、Facebook、YouTube 这样的社交网络,从而主动产生了大量的数据。

图 8-5　社交网络数据

第三阶段:感知式系统阶段。随着物联网的发展,各种各样的感知层节点开始自动产生大量的数据,例如遍布各个角落的传感器、摄像头。

图 8-6　角落里的摄像头

这里推荐一部相关影片——《社交网络》。影片的故事灵感源自 Facebook 的创始人马克·扎克伯格和埃德华多·萨瓦林。他们是年轻而有才华的大学生，他们的努力和创意最终使他们取得成功。然而，在这个充满幻象和机遇的世界中，他们也面临着诸多挑战。这部影片以引人入胜的剧情和演员精彩的演技，讲述了一个关于友谊、嫉妒、背叛和成长的故事。它不仅是关于创业和成功的故事，更展现了人性的复杂和欲望的冲突。这部影片引起了人们广泛的关注和讨论。

(3) 大数据的特点

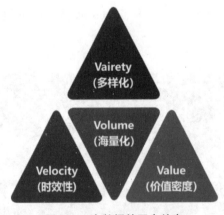

图 8-7　大数据的四个特点

1) 数据的多样化

数据形式各式各样，有各种数据和文件类型，包括视频、音频、文本、表格、网页、日志、邮件、聊天记录、位置信息等。有结构化数据、非结构化数据，其中规范且易管理的结构化数据仅占 20% 左右，大部分的数据是非结构化数据。

结构化数据样例：

序号	姓名	年龄	职位
1	高仙芝	45	安西节度使
2	李继业	33	北庭节度使

图 8-8　结构化数据表

2) 数据的时效性

大数据还有一个独特的特点,就是时效性。从数据的产生到消耗,时间窗口非常短,数据的变化速度以及处理过程越来越快。举个例子,变化速度从过去的按天变化,转变成了现在的按秒甚至是毫秒级的变化。就在刚刚过去的这一分钟,数据世界发生了哪些令人震惊的变化呢?

电子邮件:有 2.04 亿封电子邮件被发送出去,这个数量不可思议。

谷歌搜索:有 200 万次搜索请求被提交,人们对信息的需求在不断增长。

YouTube:有 2880 分钟的视频被上传至平台,这意味着巨大的视觉内容被创造和分享。

Facebook:有 69.5 万条状态被更新,人们在分享自己的生活和思考。

Twitter:有 98000 条推文被发送出去,人们通过简短的文字表达思想和想法。

12306 火车票网站:有 1840 张车票被售出,人们在忙着规划和安排旅行。

这只是一分钟的数据,展示了大数据时代的繁忙和快速变化。大数据的时效性使我们需要时刻跟上数据的节奏,以便准确地获取和利用信息。

3) 数据的海量化

数据的规模之大令人难以置信。以交通监控摄像头为例,每周所产生的数据量高达 2PB(1PB = 1024TB)。这么庞大的数据规模意味着我们需要强大的存储和处理能力来应对数据的挑战。

4) 数据的价值密度

大数据的最后一个特点是价值密度。尽管大数据具有庞大的数据量,但随之而来的问题是价值密度很低。在大数据中,真正具有价值的数据只占其中的一小部分,利用率非常低。举个例子,通过监控视频寻找犯罪嫌疑人的相貌,可能需要处理几TB 的视频文件,但真正有价值的信息可能只有几秒钟。

图 8-9　警察在调取监控

(4) 大数据的价值

1) 帮助企业了解用户

借助大数据的相关性分析能力,企业能够将用户与产品、服务之间的关系进行串联,准确把握用户偏好,从而提供更加精准、有针对性的产品和服务,为企业的销售业绩提升注入新的动力。

一个典型的例子就是电商领域。像阿里巴巴旗下的淘宝平台,积累了大量用户的购买数据。在初期,这些数据可能被视为累赘和负担,储存这些数据也需要投入大量的硬件成本,然而如今,这些数据却成为阿里巴巴最宝贵的财富。

通过分析这些数据,企业可以深入了解用户行为,准确洞察目标客群的消费特点、品牌偏好和地域分布情况,进而引导商家的运营管理、品牌定位以及推广营销等方面的决策。

2) 帮助企业了解自身

大数据不仅能够帮助企业了解用户,还能助力企业更好地了解自身。

企业的生产经营离不开大量的资源投入,而大数据则可以对这些资源进行详细的分析和定位,比如资源的储量分布和需求趋势。通过可视化这些资源数据,企业管理者能够直观地了解企业的运作状况,更快地发现问题,并及时调整运营策略,降低经营风险。正如古人所云,"知己知彼,百战百胜"。

可以说,大数据就是为企业的决策服务的强大工具。通过深入挖掘和应用大数据,企业能够更全面地了解用户和自身,从而制定更加科学、有效的决策,使企业在激烈的市场竞争中立于不败之地。

8.1.2　什么是云计算

云计算最初的目标是对资源的管理,管理的主要是计算资源、网络资源、存储资源三个方面。云计算是一种基于互联网的计算模式,通过将计算资源(如服务器、存储空间和数据中心)提供给用户,使其能够随时随地通过互联网来获取和使用这些资源。云计算以其高效、灵活和可扩展的特性,已经成为现代信息技术领域的重要支撑和发展方向。

云计算提供了一种按需使用计算资源的方式,用户无须购买昂贵的硬件设备,也不需要关注设备的维护和升级问题。用户可以根据自己的需求,灵活地调整计算资源的规模,而且只需支付实际使用的资源,极大地降低了成本。同时,云计算还提供了高可靠性和高可用性的服务,确保用户的数据和应用始终可用。

云计算作为一种高效、灵活和可扩展的计算模式,正在改变着我们的生活和工作方式。它为用户提供了更好的计算资源管理方式,也为企业创造了更多的商业机会。

随着技术的不断发展,云计算将继续发挥重要的作用,并推动数字化时代的进步和创新。

云计算的本质：资源到架构的全面弹性

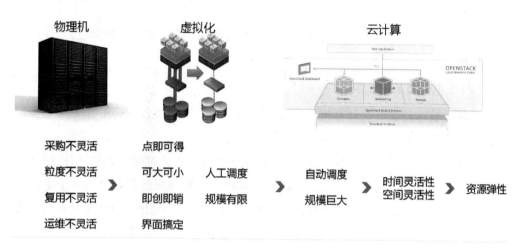

图 8-10　云计算的本质

管理数据中心就像配电脑一样,计算、网络和存储资源是数据中心管理人员必须高效管理和优化利用的重要概念。

在数据中心中,每个服务器都具有自己的计算资源,包括 CPU 和内存。CPU 的类型和内存的大小决定了服务器的计算能力和处理速度。因此,数据中心管理人员需要根据不同的需求和任务,合理配置和分配服务器的计算资源,以确保数据中心的高效运行和响应能力。

此外,数据中心还需要考虑网络资源的管理。就像配电脑需要有一个可以连接网络的接口一样,数据中心也需要通过网络设备,如交换机和路由器,连接服务器和其他设备,以实现数据的传输和通信。数据中心管理人员需要根据业务需求,规划和配置网络资源,确保数据中心内的设备能够无缝连接和通信,实现高速、稳定的数据传输。

存储资源也是数据中心管理的重要方面。像配电脑一样,数据中心中的服务器也有自己的硬盘,用于存储和管理数据。随着数据的增长,数据中心管理人员需要合理规划和管理存储资源,选择合适的存储设备和技术,以满足数据中心的存储需求,并确保数据的安全性和可靠性。

(1) 云资源的灵活性

管理的目标是达到两个方面的灵活性:时间灵活性和空间灵活性。以一个小型电脑的例子来说明,假如有个人需要一台配置很低的电脑,只有一个 CPU、1G 内存、10G 硬盘、1Mbps 带宽,传统的笔记本电脑和家里的宽带都远超过这个配置,但是,如果通过云计算平台,他可以随时获取到这样的资源。

在这种情况下,云计算提供了两个方面的灵活性:

① 时间灵活性:用户可以在需要时立即获取所需资源,无须等待。

②空间灵活性:用户可以根据需求获取所需容量,无论是小型的电脑还是大型的存储空间,都可以满足。

时间灵活性和空间灵活性又被称为云计算的弹性。为了实现这种弹性,云计算的发展历程经过了漫长的时间。

(2) 虚拟化技术的发展

虚拟化技术的发展在计算机领域起到了革命性的作用,而 VMware 作为早期实现虚拟化技术的公司,在这个领域扮演了重要的角色。

VMware 是一家专注于虚拟化解决方案的公司,他们的产品能够提供计算、网络和存储的虚拟化技术。通过虚拟化,VMware 能够将一台物理服务器划分为多个虚拟服务器,每个虚拟服务器能够独立运行不同的操作系统和应用程序。这种虚拟化的方式大大提高了服务器的利用率和灵活性,同时减少了硬件成本和能源消耗。

VMware 的虚拟化软件具有卓越的性能和可靠性,成为市场上最受欢迎的虚拟化解决方案之一。他们的产品可以轻松地在不同的硬件环境中进行部署,并提供全面的管理和监控功能。此外,VMware 的虚拟化技术还支持虚拟网络和存储,使得数据中心的管理更加灵活和高效。

由于其卓越的产品和技术,VMware 取得了巨大的商业成功。他们的虚拟化软件被广泛应用于企业和云计算领域,为用户提供了高效、可靠的虚拟化解决方案。最终,VMware 被全球领先的存储厂商 EMC 收购,进一步巩固了其在虚拟化领域的地位。

总而言之,虚拟化技术的发展在计算机领域产生了深远的影响,而 VMware 作为早期实现虚拟化技术的公司,通过其卓越的产品和技术在虚拟化领域取得了巨大的成功。他们的虚拟化解决方案不仅提高了服务器的利用率和灵活性,还为用户提供了高效、可靠的管理和监控功能,为数据中心的运营和管理带来了巨大的便利。

(3) 开源与闭源

在这个世界上,仍然有许多充满热情的人,尤其是程序员群体。这些有情怀的人喜欢做什么呢? 他们喜欢开源。

在软件领域,存在着闭源和开源两种模式,源指的是源代码。也就是说,某个软件非常出色,广大用户都喜欢使用它,但其源代码被封闭起来,只有该公司知道,其他人无从得知。如果其他人想使用该软件,就必须向该公司付费,这就是闭源模式。

但是,世界上总有一些人不喜欢一个公司独占所有利润的情况。这些人认为,如果你能开发出一种技术,那我也能开发出来,我开发出来的技术将会免费分享给大家使用,任何人都可以受益。这就是所谓的开源。

一个很好的例子就是蒂姆·伯纳斯·李。他因为发明了万维网、第一个浏览器以及使万维网扩展的基本协议和算法而获得了图灵奖,这是计算机界的诺贝尔奖。然而最令人敬佩的是,他将万维网技术无偿贡献给全世界免费使用。我们现在在网上的一切活动都应该感谢他,如果他选择收费使用这项技术,他可能会成为下一个比尔·盖茨。

还有很多其他开源和闭源的例子。例如,在闭源的世界里有 Windows 操作系统,每个人都需要为使用 Windows 付费;而在开源的世界中,出现了 Linux 操作系统。比尔·盖茨通过 Windows 和 Office 等闭源软件赚了大钱,因此成为世界首富,但也有"大牛"开发了另一种操作系统——Linux。虽然很多人可能没有听说过 Linux,但实际上很多后台服务器都是运行在 Linux 系统上的。比如,在双十一这样的购物狂欢节,无论是淘宝、京东还是考拉,所有支撑抢购的系统都是运行在 Linux 上的。

再举一个例子是苹果和安卓。苹果是一个市值很高的公司,但我们无法看到苹果操作系统的代码。于是,有人开发了安卓手机操作系统。因此,几乎所有其他手机厂商都选择使用安卓系统。原因很简单,苹果系统不是开源的,而安卓系统则对所有人开放。

同样的情况也出现在虚拟化软件领域。VMware 是一款非常昂贵的软件,但也有大牛开发了两个开源的虚拟化软件,一个叫 Xen,一个叫 KVM。如果不从事技术工作,对这两个名字可以不用太关心。

8.1.3　云的分类

云计算主要分为两种形式:私有云和公有云。还有一种称为混合云,将私有云和公有云连接起来使用。

私有云是将虚拟化和云化软件部署在他人的数据中心,使用私有云的用户通常是自行购买地产建立机房和服务器,然后由云厂商在该地部署。VMware 除了提供虚拟化技术外,也推出了私有云产品,并在该市场取得了丰厚的收益。

公有云是将虚拟化和云化软件部署在云厂商自己的数据中心,用户无须大量投入,只需注册一个账号,通过网页即可轻松创建虚拟电脑。例如,AWS 是亚马逊提供的公有云服务,国内还有阿里云、腾讯云、网易云等提供类似服务。

(1)基础设施即服务(IaaS)

随着云计算的兴起,基础设施即服务(IaaS)成为一种越来越流行的云计算服务模式。IaaS 提供了全面的 IT 基础设施解决方案,包括虚拟机、存储空间和网络连接等。用户可以根据需求选择所需服务,并根据使用情况付费。应用 IaaS 技术,使各行各业可以获得便捷、高效和可靠的 IT 基础设施服务,从而受到广泛认可和欢迎。

在实践中,IaaS 技术已广泛应用。例如,一家小型企业需要快速搭建一个推广网站,传统方式需要购买服务器、安装操作系统、配置网络连接等,时间和资源成本高,但通过 IaaS 技术,该企业只需订购虚拟机、存储空间和带宽,选择操作系统和应用程序,快速创建一个稳定可靠的网站。这些服务由云服务提供商维护和管理,企业无须花费时间和精力管理基础设施,专注于业务发展和快速推出新产品和服务。

在教育领域,IaaS 技术也广泛应用。例如,教育机构进行在线课程教学时,需要大量计算资源支持学生学习。过去,机构需部署服务器、网络等设备,维护和管理成本高,但通过 IaaS 技术,机构只需租用云服务商提供的服务,快速获取所需计算资源,并根据学生需求调整和分配。既降低成本和管理负担,又提高学生学习体验和效果。

总之,IaaS 技术已成为各行各业的重要工具,为企业和机构提供了便利和高效性。IaaS 技术将继续助力企业和机构创新、发展和成长。

(2)平台即服务(PaaS)

有了 IaaS,就可以实现资源层面的弹性,但这并不足够。在应用层面上,也需要具备弹性。举个例子来说,假设我们要开发一个电商应用,平时只需要十台机器,但在双十一这一天需要一百台。有了 IaaS,只需要新建九十台机器就可以了。但是,这九十台机器创建出来是空的,电商应用并没有安装在上面,所以只能让公司的运维人员一台一台地安装,需要很长时间才能完成。

尽管在资源层面上实现了弹性,但缺乏应用层面的弹性,依然不够灵活。那么有没有方法来解决这个问题呢?

人们在 IaaS 平台之上引入了一层,用于管理资源以上的应用弹性问题,这一层通常被称为 PaaS(平台即服务)。PaaS 通常较为复杂,大致可以分为两部分:一部分是指"你自己的应用自动安装",另一部分是指"通用的应用无须安装"。

(3)软件即服务(SaaS)

第三层是 SaaS(Software as a Service),这是与我们日常生活密切相关的一层。我们通过网页浏览器访问 SaaS 应用,这些应用可以在远程服务器上通过网络运行。这种方式让我们无须在个人电脑上安装软件,只需要一个可靠的网络连接,就能随时随地使用各种应用。

你使用的服务完全通过网页访问,比如 Netflix、MOG、Google Apps、Box.net、Dropbox 或苹果的 iCloud。这些服务不仅可以帮助我们进行商务活动,还可以提供娱乐和个人数据存储的功能,使我们的生活更加便捷。

举例来说,腾讯会议是一款常见的商务 SaaS 应用,它可以帮助我们进行在线会议和远程办公。而 WPS 是另一种常用的商务 SaaS 应用,它提供了办公软件的在线版本,让我们可以通过网页编辑文档、制作表格和演示文稿。

　　SaaS 的出现使软件的购买和安装变得更加简单和灵活。我们不再需要购买和维护昂贵的软件许可证,只需根据实际需求选择合适的 SaaS 应用,并根据使用情况付费。这种模式不仅降低了成本,还提供了更快速、更便捷的软件体验。

　　SaaS 作为云技术的一部分,已经成为我们生活中不可或缺的一部分。它给我们带来了更多的方便和选择,使我们能够更加高效地工作和娱乐。

　　大数据和云计算之间,到底有什么关系? 数据本身可以被视为一种有价值的资源,而云计算则提供了适用于挖掘这一资源价值的工具。从技术角度来看,大数据是依赖于云计算的。云计算所涵盖的大量数据存储技术、数据管理技术以及分布式计算模型等,构成了大数据技术的基础。可以说,云计算就像是一台挖掘机,而大数据则是待开发的矿山。如果没有云计算的支持,大数据的价值无法得以实现。反过来,大数据的处理需求也推动了云计算相关技术的发展与应用。换句话说,如果没有这座大数据矿山,云计算这台挖掘机将无法发挥出其强大的功能。正如人们常说的,云计算与大数据是相互促进、相辅相成的关系。

8.2　媒体云平台的架构与功能

8.2.1　云平台的技术架构

　　为了最大化利用上层广播电视智能融媒应用平台的效益,提高能力,实现快速响应、安全管理和一致运行,可以利用私有云、公有云、专属云和边缘计算等基础资源,并通过统一的技术平台实现不同云之间数据和应用程序的可移植性。这种融合的 IT 架构能够无缝连接不同环境下的资源,实现应用的移植、编排和管理。在底层的框架设计图中,可以使用云原生的 Kubernetes、Istio 和 Knative 等技术来构建管理集群、基础架构和应用的混合云环境,从而实现技术架构统一,提供一致性的使用体验。

　　上层框架设计,主要包括 CMADF 融合媒体敏捷开发框架、各种中台业务平台和元数据、前台、云平台统一注册登录、开放生态、智能运维运营以及贯穿底层上层的安全体系。

　　所谓"中台",是因为它在前台和后台之间,通过分层解构,将业务的一些公共能力抽取出来,实现了这些能力的共享和复用。中台最大的优势就是避免重复造轮子,视频中台专门处理视频共性业务。

　　传输中台主要包括信号汇聚系统、信号集成调度系统、信号传输监测系统等。

　　播出分发中台主要包括播出质量控制系统、格式转码系统、内容编排系统、数字水印系统、智能分发系统、集成播出系统、安全监测系统等。

　　数据中台是指通过数据技术,对天量数据进行采集、计算、存储、加工,同时形成标准数据,再进行标准化数据存储,形成大数据资产,进而为企业、用户提供高效服务的平台。智能化的业务中台通过统一的数据模型、统一的 ID、统一的数据服务方案,可以精准实现用户画像,标定版权地图,精简数据查询复杂度,高效实现数据业务服务。数据中台主要包括数据汇聚系统、数据仓库、数据处理系统、数据服务、数据管理系统、数据可视化等。

AI 中台是将基础、复用的人工智能模型如深度学习、计算机视觉、知识图谱、自然语言处理等作用在中台,集约硬件的计算能力、算法的训练能力、模型的部署能力、基础业务的展现能力等人工智能能力,密切结合中台的数据资源,封装成整体中台系统。AI 中台是用来构建大规模智能服务的基础设施,是一套完整的人工智能模型全生命周期管理平台和服务体系。

数字媒资库是融合媒体机构的核心数字内容资产。为了保证数据资产的有效使用和安全,所有内容的成品都以最高码率视频进行归档存储和管理,包括视频文件和元数据,并且媒体机构基本都将此放在私有云上(不包括备份、容灾)进行集中统一管理、调度、使用。数字媒资库主要包括素材接收与存储系统、资源调用隔离池、内容管理平台、安全管理与监测等。

前台包括各种和用户直接交互的界面,如网站、手机 App、客户端;也包括服务端各种实时响应用户请求的业务逻辑,如播放器、点播台等等。前台一般使用公有云资源,主要有新闻资讯、Web 发布、网络直播、资讯汇聚、客户端、智能推荐、云编辑、素材上传、精准运营、协同工作等。

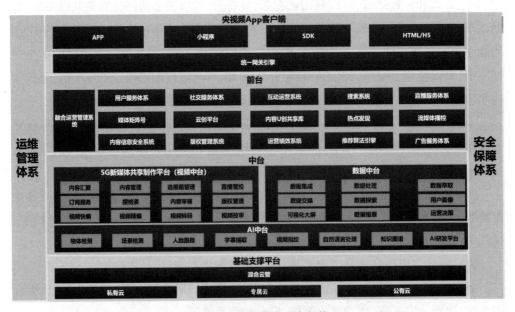

图 8-11 央视频云平台架构

8.2.2　全媒体内容制作生产云平台

全媒体内容制作生产云平台是一种基于云计算、人工智能和大数据等尖端技术的综合性平台,旨在满足多媒体内容制作和生产的需求。全媒体内容制作生产云平台通过集成各种工具、资源和服务,为广播电视、影视、新闻、娱乐等行业的内容制作团队提供高效、便捷、协同的工作环境。

通过全媒体内容制作生产云平台,内容制作团队可以更加高效地进行多媒体内容的创作、编辑、制作和发布。该平台的引入不仅提升了制作效率和质量,还推动了内容生产方式的创新和转型。未来,随着云计算和人工智能技术的不断发展,全媒体内容制作生产云平台将扮演越来越重要的角色,会为广播电视、新闻、娱乐等行业的内容创作和传播带来更大的便利和发展空间。

随着科技的不断进步和数字媒体产业的蓬勃发展,超高清后期制作在影视制作领域扮演着越来越重要的角色,而在这一领域中,混合多云架构正在逐渐得到广泛应用。超高清后期制作是指在影视作品的后期制作过程中,对原有素材进行编辑、特效处理、颜色校正等工作,以提升画面质量和观赏体验。而混合多云架构则是将传统的本地服务器架构与云计算相结合,实现更高效、更灵活的后期制作流程。

混合多云架构的应用使得超高清后期制作的数据存储和计算能力大大提升。传统的本地服务器往往受限于硬件设备和存储容量,无法满足大规模超高清素材的处理需求。而借助多云架构,可以通过云平台提供的弹性计算和存储资源,实现对大规模素材的高效处理和存储管理。这样一来,制作团队可以更轻松地处理更复杂的后期制作工作,同时也能够更好地应对突发的项目需求。同时,混合多云架构的应用改善了超高清后期制作的协同工作环境。在传统的本地服务器架构下,协同工作往往受限于时间和空间的限制,制作团队成员需要同时位于同一地点进行合作,而借助云平台,制作团队可以实现分布式的协同工作,通过云端存储和在线编辑工具,实时共享和协同处理素材,大大提高了团队的工作效率和沟通效果。此外,混合多云架构还提供了更强大的安全性和可靠性保障。云计算平台通常具备高级的安全措施和备份机制,能够保护存储在云端的素材免受未经授权的访问和数据丢失的风险。同时,云平台还能够提供灵活的容灾和备份方案,确保素材的安全性和可靠性,减少不必要的风险和损失。

高清视频生产经历了单机化制作和网络化制作两个阶段后,正进入"5G+超高清云制作平台"的新阶段。中央广播电视总台以及部分省级、地市级广电机构在近年来陆续开展了 4K/8K 超高清制播的实践,并总结了超高清视频生产的业务流程和规范。随着 5G 通信技术、云计算技术和人工智能技术的日趋成熟,超高清云平台视频生产系统集成了 5G、超高清、人工智能和云计算等多种尖端技术,成为各级广电媒体在建设新的视频生产系统时的首选方式。随着国家新基建和消费升级政策的推进,广电行业的技术基础将迎来一次巨大的飞跃。

随着 5G 通信和云计算技术的发展,超高清云平台的建设正从私有云数据中心逐步演进为"公有云+私有云+边缘云"的混合多云架构。这种架构实现了超高清视频远程制作的接入方式,不再局限于媒体机构的生产机房。特别是在很多中心城市,由于城市区域不断扩大,通过云平台的视频生产系统建设,可以保证宣传采访的覆盖率。2021 年,部分广电媒体已经成功在混合多云的新架构中进行了实践。超高清后期制作走向混合多云架构是数字媒体产业发展的必然趋势。混合多云架构不仅能够提升后期制作的数据处理能力和协同工作环境,还能够提供更强大的安全性和可靠性保障。然而,我们也需要面对网络带宽和依赖云平台的挑战,以确保后期制作工作的顺利进行。相信在不久的将来,混合多云架构将成为超高清后期制作领域的关键技术,为数字媒体产业带来更加灵活、高效和创新的发展空间。

8.2.3　几种主流云技术基础平台

随着云计算技术的不断发展,越来越多的企业开始借助云平台来支持他们的业务服务。目前市面上主流的云技术平台包括 Amazon Web Services(AWS)、Microsoft Azure、谷歌云(Google Cloud)以及阿里云(Alibaba Cloud)等。下面简要介绍一下这些主流云技术平台。

(1)Amazon Web Services(AWS)

作为全球最大的云服务商,AWS 提供了一系列的云计算产品和服务,包括计算、存储、数据库、人工智能、物联网、安全性和开发工具等。AWS 不仅拥有庞大的全球基础设施网络,还有成熟的技术生态系统,这使它在企业业务方面具有显著的优势。

(2)Microsoft Azure

Microsoft Azure 提供了一系列的服务,包括计算、存储、数据库、分析、人工智能、物联网和开发工具等。Azure 还可以与已有的 Microsoft 软件进行集成,采用兼容多种操作系统的方式,增强其开放性。此外,Azure 还提供了与其他流行的开源平台(如 Docker、Kubernetes 等)的集成能力。

(3)谷歌云(Google Cloud)

谷歌云是由谷歌公司提供的一整套云服务集合,包括计算、存储、人工智能、区块链、安全等产品和服务。谷歌云技术成熟度高,并且与其他谷歌服务兼容性好,对于需要在云上开发谷歌软件的企业来说,是一个较好的选择。

(4)阿里云(Alibaba Cloud)

阿里云是阿里巴巴集团旗下的云计算品牌,提供计算、数据库、存储、人工智能、安全等云服务产品及行业解决方案。阿里云凭借丰富的云计算经验,以及高性价比和良好的性能,在国内企业市场上表现突出。它以点对点的目标用户定位,提供高弹性和高可用性的产品和服务。

综上所述,这些主流云技术平台各有优劣,企业在选择时需要综合考虑自身的业务需求、技术实力、云平台的成本和性能等因素,以选择最适合自己的云平台。

8.3　大数据平台在媒体行业的应用

8.3.1　大数据舆情分析

(1)大数据舆情分析系统应用场景

大数据舆情分析系统是一种通过收集、分析和挖掘大量社会媒体和网络信息来获取公众舆情的技术系统。它可以帮助企业、政府和组织了解公众对特定话题、事件或产品的态度和情感,从而指导决策和制定相应的应对策略。下面是一些大数据舆情分析系统的常见应用场景。

1)市场调研与竞争分析

通过分析社交媒体、论坛、新闻等渠道上公众的讨论和评论,企业可以了解到公众对于某一产品或服务的态度和需求。这样的信息可以用来评估市场潜力、了解竞争对手的优势和劣势,从而制定更有效的营销策略。

2)品牌声誉管理

大数据舆情分析系统可以帮助企业监测和分析网络上关于自己品牌的言论和评价,及时发现和解决潜在的危机和负面舆情。通过主动回应和积极参与讨论,企业可以有效地维护品牌的声誉,提升公众对其的信任度和好感度。

3)政府舆情监测

政府部门可以利用大数据舆情分析系统来监测和分析公众对政府政策和决策的反应和意见,这样可以及时了解民意和社会热点,为政府决策提供参考。此外,还可以用于公众事件的预警和危机管理,及时回应和应对突发事件。

4)新闻媒体监测

媒体机构可以通过大数据舆情分析系统跟踪和分析社交媒体、新闻网站等渠道上的新闻话题和评论。这样可以了解公众对新闻事件的关注度和态度,为新闻采编工作提供参考和指导。

5)社会舆情分析

大数据舆情分析系统也可以用于分析和预测社会舆情的发展趋势,如选举、疫情、自然灾害等。通过对大数据的挖掘和分析,可以揭示公众的关注点、情感倾向和行为模式,为社会治理和公共事务管理提供科学依据。

大数据舆情分析系统的应用场景非常广泛,可以帮助各类组织和机构更好地了解公众的态度和需求,做出更明智的决策和行动。

(2)舆情分析系统技术实现路径

舆情监测分析大脑系统,是通过云端服务和私有化端应用混合云的系统架构模式。云端服务主要完成互联网全网范围内大数据的数据采集、数据分析、数据处理、数据分类等各环节处理,最终将用户关心的舆情数据沉淀下来,并归类成舆情新闻库和舆情视频库两大类数据库。然后,将舆情数据远程同步到政务内网环境下的服务器,再通过舆情监测分析应用系统进行舆情预警、联动分析、专项舆情、舆情检索、舆情报告、视频舆情等。整体数据流程如下图所示。

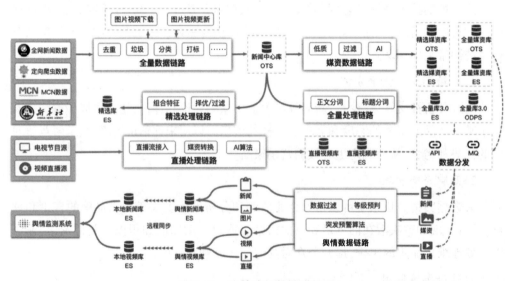

图 8-12　舆情分析数据流程图

数据来源:我们将尽可能全面地涵盖全网各站点的数据,主要来源包括全网神马新闻数据、MCN 各大新媒渠道数据、新华社供稿以及站点定向抓取等。

直播数据源:我们接入电视直播信号或实时采集直播视频流,将其作为后续直播视频舆情分析的原始数据信息。

全量数据链路:我们接入全网新闻数据,进行去重、垃圾过滤、分类、打标签以及各种人工智能 AI 算法处理,将数据归整处理后存入新闻中心库。同时,我们也将新闻中的图片和视频媒资数据进行下载并存入库中。

媒资数据链路:通过新闻中心库,我们将媒资数据流入媒资数据链路进行处理,处理后的数据存入媒资库。

精选处理链路:我们通过择优、过滤等链路处理新闻中心库的数据,将优质内容的数据存入精选库。

全量处理链路:我们对新闻中心库中的全量新闻进行分词处理,存入全量新闻库,以便于基于全量数据的搜索、数据分析和数据加工等使用场景。

直播处理链路:我们接入电视直播节目或视频直播数据流,对视频数据进行实时的转存、分析以及各种人工智能 AI 算法处理,处理后的数据存入视频库。

新闻中心库:存储经过处理后的全量新闻数据,作为后续媒资库、精选库和全量库等数据库的数据来源。

精选库:将新闻中心库的数据精选出优质内容的新闻存入当前库,作为特定业务场景下的新闻搜索服务的数据源。

媒资库:过滤出新闻中的图片、视频等媒体数据存储在当前库中。

直播视频库:存储经过处理后的电视直播节目或直播会议等视频数据。

数据分发:通过数据分发中心将全量库、媒资库、视频库等数据分发到后续的业务处理链路中。

舆情数据链路:我们接入分发中心的三路数据源数据,进行舆情预警等级的算法分析、突发事件分析等相关环节的数据处理。

舆情新闻库/视频库:将处理后的舆情数据按照新闻和视频的数据类型分别存储,作为舆情监测分析的数据源。

数据同步:将经过云端层层处理后的有价值的舆情数据进行同步,将数据同步到政务云私有化环境中。

舆情监测系统:基于舆情新闻库和舆情视频库的数据,实现舆情预警、联动分析、专项舆情、舆情检索、舆情报告、视频舆情等各种应用模块和业务使用场景。

舆情监测分析大脑在功能上支持舆情态势感知分析、舆情预警、舆情联动分析、专项舆情分析、舆情检索、舆情报告、视频舆情等功能,充分应用大数据与人工智能技术实时自动监测与识别全网与业务场景相关的关键内容(人物、机构、地域),实现全网业务相关舆情的及时预警、分析研判与高效处置。

1)舆情风险等级

①舆情风险等级管理

对网络新闻和各类媒体的负面报道进行舆情判断,并根据舆情程度进行等级预警。主要做法是基于上述对新闻的类别、标签和结构化的解析,建立合适的舆情标签体系,然后利用语义解析模型输出新闻的舆情等级标签,最终根据不同的舆情等级进行预警。

②舆情风险模型构建

利用自然语言信息提取技术,依据预设的评级标准,对输入的舆情信息自动进行预警等级评级。具体流程包括:

舆情标签识别:将舆情事件分为社会安全、事故灾难、自然灾害和公共卫生四类,并针对每一类细分二级和三级标签。基于非实体词图谱和深度学习模型对舆情事件领域标签进行识别和提取。

舆情关键要素提取:对影响舆情等级的字段进行定义,如死亡人数、失踪人数、受伤人数等,然后利用命名实体识别模型对新闻内容中的已经定义的关键要素进行提取。

舆情等级预警:基于舆情事件的类型标签和关键要素抽取结果,根据预先定义的数据指标和影响程度进行舆情等级判断,分为红、橙、黄三级,如针对台风事件,死亡 3 人以上为黄色,死亡 5 人以上为橙色,死亡 10 人以上为红色。最终根据不同的舆情等级进行预警。

舆情风险预警效果展示:按照业务需求支持构建预置风险等级模型,如按照红橙黄等分类及各自关联舆情数量。

图 8-13　舆情风险等级

③舆情预警筛选

图 8-14　舆情预警筛选选项

近 24 小时:当前时间往前回溯 24 小时。近一周:以当日时间算起前 7 天,不含当天。近一月:以当日时间算起前 30 天,不含当天。自定义:按天选择起止时间,精确到日。

④舆情预警来源过滤

☐ 网站　　☐ 微信　　☐ 微博　　☐ 快手　　☐ 抖音　　☐ 哔哩哔哩　　☐ 头条　　☐ 电视频道

图 8-15　舆情预警过滤选项

⑤舆情预警列表

☐	标题名称		风险等级 ▽⬍	情感 ▽	来源 ▽	发布时间 ⬍	正倒序排列
			按风险等级筛选及正倒序排列				
☐	杭州富阳跳车事件：是舆论过度渲染的后果吗？	⤢	一级	负向	℮ AKI-JIANG酱	2020-01-04 09:41:00	
☐	浙江省杭州市又发生严重车祸，位于富阳区，事故…	⤢	三级	负向	℮ AKI-JIANG酱	2020-01-04 09:41:00	
☐	杭州富阳警方对"金钱豹外逃事件"立案调查 5人被…	⤢	四级	负向	℮ AKI-JIANG酱	2020-01-04 09:41:00	
☐	浙江富阳被捕获豹子并未死亡	⤢	四级	负向	℮ AKI-JIANG酱	2020-01-04 09:41:00	
☐	富阳网友爆料，林生斌捐的井被连夜拆了	⤢	三级	负向	℮ AKI-JIANG酱	2020-01-04 09:41:00	
☐	杭州富阳跳车事件：是舆论过度渲染的后果吗？	⤢	四级	负向	℮ AKI-JIANG酱	2020-01-04 09:41:00	
☐	浙江省杭州市又发生严重车祸，位于富阳区，事故…	⤢	四级	负向	℮ AKI-JIANG酱	2020-01-04 09:41:00	

图 8-16　舆情预警列表

2）专项舆情分析

专项舆情分析是指通过支持基于网信重点舆情处置机制及方案，以及形成专题分析报告的方式，对舆情进行深入分析和研究。这种分析方法涵盖了热度趋势分析、舆情关键词分析、情感分布分析、传播平台分析以及舆情报告导出等多个方面。

热度趋势分析是通过监测和分析舆情的热度变化趋势，来了解舆情的发展动向和演变过程。舆情关键词分析则通过对关键词的梳理和分析，了解舆情中涉及的关键信息和主题。情感分布分析则通过情感识别技术，对舆情中表达的情感进行分析和分类，以了解公众对该话题的情感态度。传播平台分析是通过对舆情信息的来源和传播渠道进行分析，了解舆情信息的传播途径和受众群体。

此外，舆情分析报告的导出功能也是非常重要的，它可以将分析结果以直观的方式展示出来，方便用户查看和使用。因此，在专项舆情分析中，舆情报告的导出功能是不可或缺的。

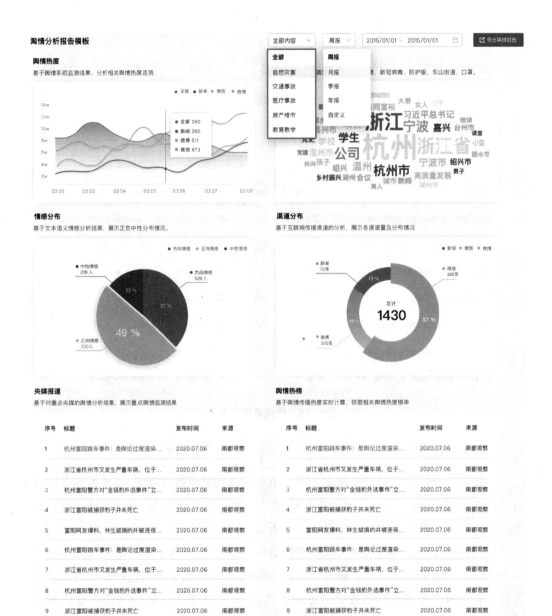

图 8-17 舆情报告

热度趋势分析:提供业务相关专题相关文章数随时间多渠道变化趋势分析。

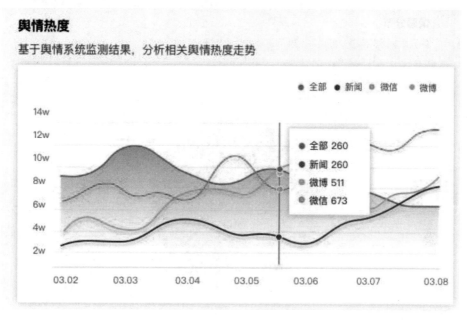

图 8-18　舆情热度分析功能

舆情关键词分析:提供关键词热度算法结果展示业务相关专题热门关键词云。

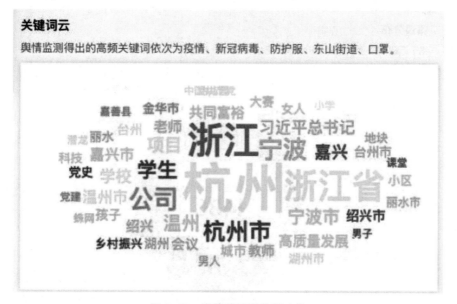

图 8-19　舆情关键词分析功能

　　情感分布分析:基于情感分布展示正负中性业务相关专题舆情数量及占比。

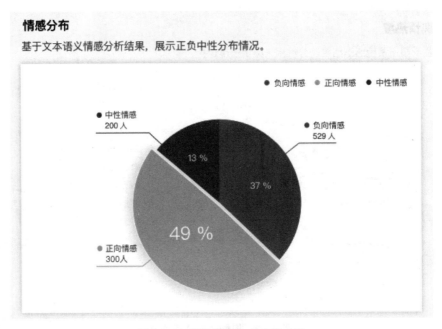

图 8-20　舆情情感分布分析功能

　　传播平台分析:支持业务相关专题舆情跨渠道分析。

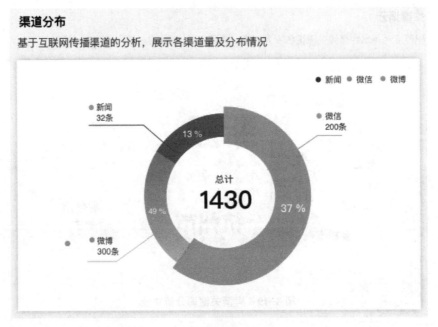

图 8-21　舆情传播平台分析功能

报告导出:以自然周、月、季、年为预置周期,周期结束后自动生成舆情分析报告,并支持手动方式下载图文报告。

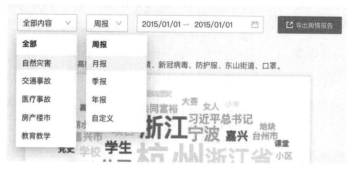

图 8-22　舆情报告导出界面

3) 舆情检索

舆情检索功能如图 8-23 所示。

图 8-23　舆情检索功能

8.3.2　大数据的可视化

大数据可视化是指通过图表、图形、地图等可视化工具将大数据转化为可视化形式,以便更直观、更易理解地呈现数据的模式、关系和趋势。它将复杂的大数据集合转化为易于解释和分享的可视化图像,帮助人们从海量数据中快速获取有价值的信息。大数据可视化具有以下几个优势和功能。

(1) 简化复杂性

大数据通常非常庞大和复杂,难以直接理解和分析。可视化通过将数据转化为可视图形,使人们能够一目了然地看到数据的整体结构和特征,简化了复杂性。

（2）发现趋势和关联

可视化可以帮助我们识别数据中的趋势和关联,揭示隐藏在数据背后的模式。通过可视化,我们可以更加直观地看到数据的变化和相互关系,从而做出更准确的决策和预测。

（3）提高沟通效果

大数据可视化不仅可以帮助数据分析专家更好地理解数据,还可以帮助非专业人士更轻松地理解数据。通过图表和图形的形式,数据可以更加生动、直观地呈现,使沟通更加清晰和有效。

（4）探索数据洞察

大数据可视化还可以帮助我们发现以往未曾发现的数据洞察。通过对数据的可视化分析,我们可以从不同的角度和维度来观察数据,发现其中的规律和趋势,为业务决策提供更深入的洞察。

综上所述,大数据可视化是一种强大的工具,能够帮助我们更好地理解和利用大数据。无论是对于数据分析专家还是非专业人士,它都能提供直观、可理解的数据展示,帮助我们做出更好的决策和判断。

8.4 云制作平台操作指导:基于互联网的智能视频生产平台——以新华智云产品为例

在互联网技术快速演进的驱动下,受众需求和市场需求都发生了革命性变化。全世界范围内的传统媒体先后陷入困境,互联网等新技术的出现彻底动摇了传统媒体的"垄断"地位。传统传播秩序被打破,传播机制改变,从点对面的传播转变为互联网媒体的多点对多点、全立体的传播形态。

媒体融合发展可以划分为三个主要阶段。首先是从传统媒体向融媒体的转变,这一阶段主要特征在于传统媒体和新媒体的整合,通过多种渠道传播内容。其次是融媒体阶段,这一阶段的特点是各类媒体形式进一步融合,信息传播更加高效和多样化。最后是智媒体阶段,智媒体利用人工智能和大数据技术,实现了内容生产、分发和用户互动的智能化和精准化,从而极大地提升了媒体的影响力和用户体验。

现在已进入以人工智能、移动互联网、大数据、虚拟现实等新技术应用赋能媒体传播的智媒体阶段。加大新技术运用,是建设新型主流媒体的应有之义。面向未来,用人工智能赋能传播已成为行业共识。

Magic 短视频智能生产平台由新华社和阿里巴巴合资成立的媒体人工智能公司新华智云独立研发,其命名来源于"MGC"(机器生产内容)和"AI"(人工智能)的组合。Magic 智能短视频生产平台是媒体人智慧和工程师智慧的完美融合,是新技术和传统行业的完美融合,会最大程度释放媒体人的精力,让媒体人的智慧能够用到更有价值的地方、更多机器做不到的地方,这也是 AI 技术未来真正的核心价值。

(1)系统概述

新华智云独立研发了国内首个运用于媒体领域的人工智能平台——媒体大脑,并于 2018 年年底正式发布了 Magic 短视频智能生产平台。40 余款 AI 机器人组成了一条短视频的内容生产流水线,赋能用户完成从素材采集到视频编辑、内容分发的全链路业务流程。运用多种智能能力,减轻传统内容制作中的繁重流程,大大提高内容的质量和产量,重新定义大数据、云传播时代内容生产者的核心竞争力。

围绕内容的智能生产,Magic 短视频智能生产平台将会通过人工智能技术,针对音视频、图片、实时数据流等内容进行存储、管理、生产和发布。智能内容生产平台还能根据数据情况、素材内容,自动分配所需智能生产模板,更快捷、更灵活地调用新闻资源、实时素材数据流的数据进行快速生产,围绕设置新闻主题真正做到机器生产新闻内容。基于新闻业务经验沉淀,围绕所设置的新闻主题,使用紧密贴合实战的智能主题生产模板,平台可以实现视频数据的实时流转和应用。

系统将提供丰富的组件化内容主题模板及工具箱,包含素材、可视化组件、字幕、音频等,借助视频剪接、素材标注、实体档案,对原始视频、基础数据进行全自动、高智能的处理加工,通过智能调度系统进行任务的触发、监控和管理,将结构化新闻数据自动灌入智能内容生产平台,高效产出符合业务需求的新闻内容、视频素材。

(2)应用场景

Magic 短视频智能生产平台,适用于短视频快速生产发布、新闻数据自动化采集、媒资智能管理等视频内容业务相关应用场景。

1)适用于短视频快速生产发布的需求场景

如何利用 AI 技术快速地生产短视频,大幅提升短视频的产量和质量,成为当下新时代媒体业务的重要需求场景。Magic 短视频智能生产平台,能够通过人工智能技术赋能视频内容生产及渠道传播,实现智能分析、机器创作、快速剪辑、云端操作、无缝对接多种传播渠道,赋能资源管理、编辑加工、内容分发等多个关键环节,显著提升生产效率。

2)适用于新闻数据自动化采集的需求场景

在互联网不断加速重构媒体格局和舆论生态的背景下,社交媒体、自媒体成为舆论传播的重要源头。如何利用大数据技术快速地生产短视频自动采集新闻数据,为媒体提供更多新闻资源,也是当下一个重要的媒体业务需求场景。Magic 短视频智能生产平台,能够通过大数据技术自动进行新闻数据采集,并利用智能识别、智能分析、智能标注、智能生产等技术,实现新闻数据采集后的自动化标注和处理。

3)适用于媒资智能管理的需求场景

随着传播形态多元化,信息载体、传播渠道更新迭代越来越快。用户面临着历史媒资无法灵活调用、新增媒资素材激增的问题。如何利用 AI 及大数据技术赋能媒资素材智能化管理,实现精准、快速媒资检索,是媒体宣传行业的一个重要需求场景。Magic 短视频智能生产平台,能够通过智能识别标引,实现内容资源的结构化,产出高质量结构化媒资数据,为媒资搜索、选题辅助提供强大支撑。

(3)亮点能力

Magic 短视频智能生产平台集成了 40 多款新闻机器人能力,让视频生产更智能,40 多款 AI 机器人主要分为新闻资源采集和新闻资源处理两大类。

新闻资源采集类:包括文字识别机器人、数据标引机器人、突发识别机器人、人脸追踪机器人、内容搬运机器人、热点追踪机器人、智能选题机器人、智能推荐机器人、舆情监控机器人、智能拍摄机器人等。

新闻资源处理类:包括数据洞察机器人、自动拆条机器人、自动化生产机器人、直播剪辑机器人、极速渲染机器人、字幕生成机器人、视频包装机器人、虚拟主播机器人、数据新闻机器人、智能配音机器人、用户画像机器人、AR 互动机器人、视频防抖机器人、一键转视频机器人、视频转 GIF 机器人、智能裁剪机器人、新闻日历机器人、全息机器人、语音快剪机器人、智能去水印机器人、台风机器人、地震机器人、一键发布机器人、传播力分析机器人、数据金融机器人、会议报道机器人、智能文旅机器人、活动报道机器人、“两会”机器人、智能模板机器人等。

(4)产品系统架构

1)平台系统架构

Magic 短视频智能生产平台通过机器深度学习和人工智能等 AI 技术赋能短视频创作生产全流程,降低视频加工制作专业技术门槛,同时将音视频资源进行结构化处理,实现更快捷、更灵活地选取媒资、视频直播流进行快速加工、高效产出。平台总体技术架构如图 8-24 所示。

平台总体逻辑架构分为 5 个层级,具体为业务层、基础层、数据层、云计算资源层、接口层。

业务层:主要包括智能素材库、智能视频编辑器、直播拆条中心、智能生产工具集、辅助生产工具集、我的草稿、作品管理、作品审批、平台管理等业务应用。

基础层:主要包括各种媒体内容生产相关的人工智能云服务,其中包括计算机视觉类智能算法能力,如图片 OCR、视频 OCR、图片人物识别、视频人物识别等;智能语音交互类智能算法能力,如视频语音识别、文本转语音等;自然语言处理类智能算法能

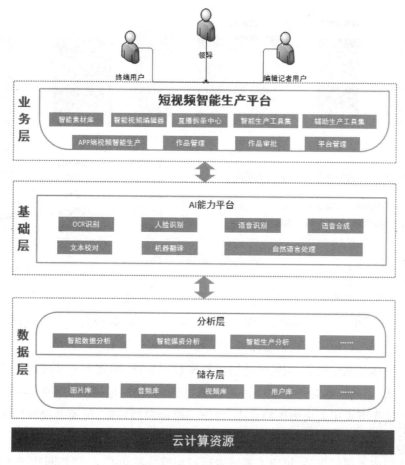

图 8-24　平台系统架构

力,如文本内容结构化、实体识别、文本去重等。

数据层:对内提供平台运行所需的各类结构化数据存储及数据分析服务能力、数据实时/离线处理计算能力,以及数据清洗、融合、治理相关的各类算法模型调用。

云计算资源层:主要包括基础的计算、存储、安全、中间件、网络资源等,为业务层、基础层以及数据服务层提供基础支撑。

接口层:提供平台的各类服务接口与第三方系统互联互通,提供开放性服务接口如单点登录等,可方便其他系统针对性地调用,实现能力定制扩展。

2)操作使用流程

Magic 短视频智能生产平台,在整体系统运行方面建立形成了一系列规范化机制,包括信息化管理控制规范、信息化标准规范、信息化运维与安全保障管理规范。平台总体数据流程图如下:

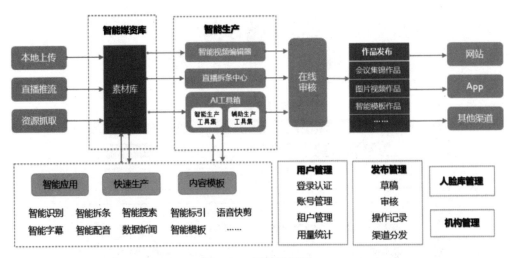

图 8-25　操作流程图

用户编辑采访的素材通过本地上传、API 接口对接或者接入视频流的方式上载到 Magic 的素材库中。通过数据中台提供的 AI 服务,Magic 系统会对入库的素材进行内容理解、内容萃取,最终形成智能标签,便于进一步编辑加工。

在视频作品制作环节,编辑可通过标签来检索素材,相比于通过元数据信息检索的传统方式,通过标签对媒资文件进行检索,可以更快速地得到所需要的内容素材。短视频的制作可采用人机协作的方式,对于一些特定的场景,可通过视频模板的形式自动生成视频作品。

制作完成的视频作品,可以下载或者通过渠道分发功能,发送到网站或 App。

(5)实践操作步骤

1)申请使用账号

通过课程微信公众号向中国传媒大学"视听融媒体技术"课程团队申请使用账号,联系邮箱:wangbo@ cuc.edu.cn。

2)完成智能视频生产平台实践任务

①素材上传

通过 Web 页面上传、移动 App 回传、PC 客户端上传、微信小程序上传、浏览器插件回传等多样、灵活的内容采集、入库方式。

②智能识别

利用语音识别、人脸识别、图像 OCR、文字识别、场景识别等多种人工智能算法,将存储到智能素材库中的非结构化的多媒体数据进行自动识别,将识别结果转化为文本内容,再利用自然语言处理技术,将核心内容抽取并自动打标到原本非结构化数据中,使其成为结构化数据。

a.语音识别

可以将音频转成文字,支持将录音、实时语音、视频、直播视频流等格式的素材进行转写。

b.OCR 识别

识别图片/视频中的文字,比如视频字幕、赛事的比赛时间。

c.人脸识别

对图片/视频中的指定人物进行识别(如明星、政要、足球球员、敏感人物),支持建立专门的人脸库,来进行特定人物的识别。

d.实体识别

识别文字中的人物、机构、组织等实体,目前拥有百万量级别的实体库。

e.标签识别

◆地点标签

◆人物标签

图 8-26 地点标签

图 8-27 人物标签

◆机构标签

◆其他标签

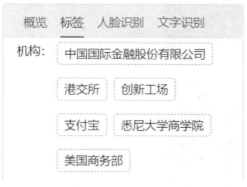

图 8-28 机构标签

图 8-29 其他标签

f.智能拆条

智能素材库分析处理后的结构化视频数据,可以将语音识别、人脸识别、文字识别等智能分析后的结果与视频中发生相应场景的起始、结束视频帧进行关联,形成标注片段。通过系统提供的剪辑工具可对这些片段自动剪辑,实现智能拆条。智能拆条有如下几种形式。

　　◆基于语音识别结果的拆条

图 8-30　基于语音识别结果的拆条

　　◆基于人脸识别结果的拆条

图 8-31　基于人脸识别结果的拆条

◆基于字幕识别结果的拆条

图 8-32　基于字幕识别结果的拆条

◆《新闻联播》自动拆条

图 8-33　《新闻联播》自动拆条

③素材详情

在智能素材库中,可以查看素材详情,包括素材本身基础信息和通过智能打标、内容萃取提取出的内容。视频详情中支持编辑视频素材的标题,如图8-34所示。

图8-34 视频详情

　　素材的标题,可进行修改;素材选框,选取素材片段执行拆条或合成操作;视频轴的比例尺,伸缩比例尺能帮助更精准地选取片段。设入点,设置当前时间点为拆条入点;设出点,设置当前时间点为拆条出点;预览,预览拆条结果;转存素材,转存当前拆条结果为一个新的素材。生成作品,合成当前素材为作品,用于发布;选用素材,将当前素材加入视频编辑器素材背包,用于后续编辑生产;删除素材,删除当前素材。素材的详细信息,通过智能算法,可对素材中的人脸、语音等元素进行识别,主要有:标签识别、语音识别、字幕识别、人脸识别。

　　a.共享专题

　　◆内部共享

　　对于子账号素材隔离的机构,提供机构内素材共享的途径。共享者可以在机构范围内选择被共享者,创建共享专题,分享素材。

图 8-35　内部共享界面

◆跨机构共享

向指定机构分享指定素材的共享方式,可将本机构内容分享给其他合作机构。应用于跨媒体、跨区域共享协同的场景。

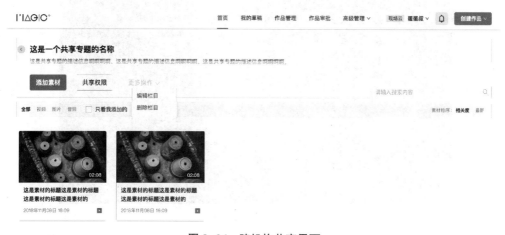

图 8-36　跨机构共享界面

b.智能搜索

智能搜索能力,通过关键词搜索不局限于素材的元标签信息,可搜索定位至音视频内容中的片段。

如图 8-37,使用智能素材库中的关键词搜索,搜索出一些元标签信息中不含关键词的素材。

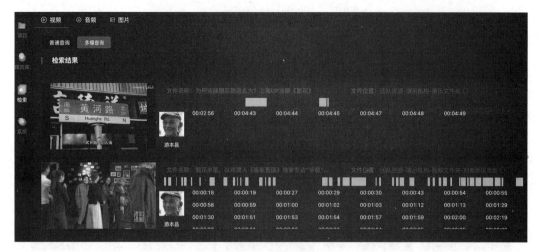

图 8-37 智能搜索

点击视频素材详情,可以看到视频内容中的一些带有关键词人物的图像片段被准确地定位出来,并自动完成了剪辑。详见图 8-38。

图 8-38 剪辑效果

c.素材分类管理

用户登录素材平台,可以自动展示最新上传的支持通过筛选项,选择查看的素材类型——图片/视频/专题。

图 8-39　素材分类管理

支持通过搜索关键词、通用筛选项(时间、素材类型)、素材专用筛选项(格式、时长、构图等)对素材进行查找和筛选。查看素材的搜索结果,会对命中的关键词进行高亮展示。

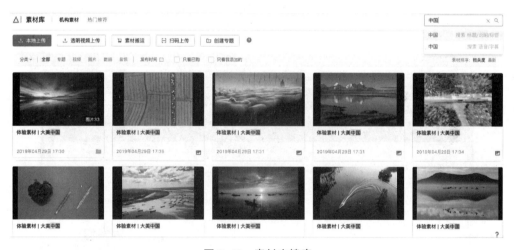

图 8-40　素材库搜索

d.全网热门推荐

自动搜索全网热点新闻及突发事件新闻,通过公共素材即可看到实时热点资讯,了解全网热点事件,素材实时随手选用,对突发事件做及时报道。

全网热点:提供每日的全网热点话题排行榜,并根据每一条热点推荐与热点相关的全网视频素材,助力选题和内容快速生产。

素材订阅:支持订阅微信、微博、抖音、头条等各大主流新媒体平台的账号,自动获取订阅账号发布的视频内容。

内容推荐:精心挑选时事、热点、优质内容进行日常内容推荐。助力编辑人员剪辑和生产。

图 8-41　全网热门内容推荐

e.素材搬运

支持通过网页链接搬运微博、秒拍、西瓜视频、好看视频、梨视频、酷燃视频等网站的视频。

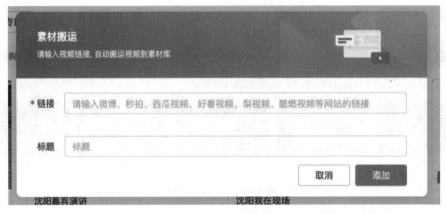

图 8-42　素材搬运界面

f.智能视频编辑器

智能生产平台支持强大的视频编辑(剪辑、字幕、转场、特效、贴图、背景)功能,支持字幕批量修改;支持视频极速渲染合成;支持版权字体、字幕;支持版权音乐库管理;支持自定义片头片尾,支持机构水印管理;支持作品管理及多渠道一键发布,支持作品审核及导出审核链接。本系统创新性地在生产过程中融入了智能字幕、概要提取、语音提取、智能配音、画面智能裁剪等功能,通过智能工具的辅助帮助编辑提高视频剪辑生产效率,降低操作难度。

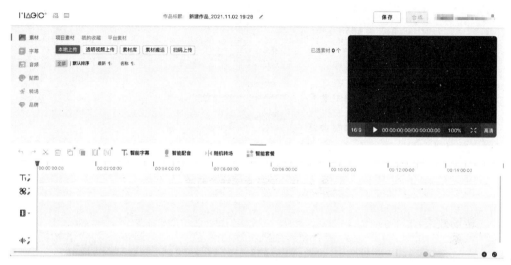

图 8-43 智能视频编辑界面

g.可视化组件

用户可以选择多种字幕样式拖拽上轴,编辑字幕内容,调整字幕显示时长、文字颜色、背景颜色,调整字幕播放出现位置。

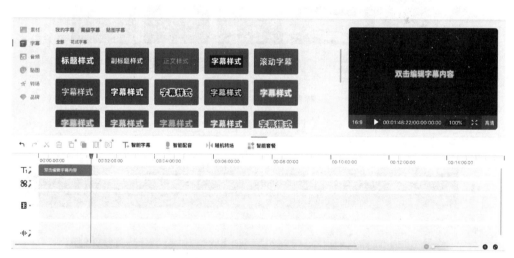

图 8-44 字幕模板

可以选择文字样式调整字幕文字颜色、背景颜色、文字大小等内容。

图 8-45　字幕文字样式调整

转场效果：

图 8-46　转场效果

用户可以选择多种滤镜样式拖拽上轴编辑、加工,放置于某视频素材之上,将会为其添加滤镜效果。

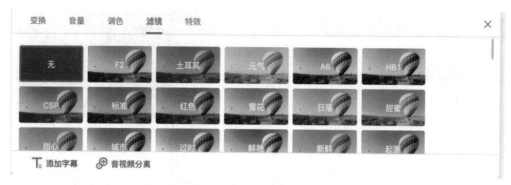

图 8-47 滤镜效果

用户可以选择多段背景音乐拖拽上轴,支持用户调整背景音乐出现时间和持续时间。系统默认提供超过 200 个版权背景音乐。

图 8-48 背景音乐选择

h.视频加工工具

◆视频播放器

基于用户视频编辑轴上内容,播放窗口能够预览作品产出效果,视频播放器与视频编辑轴实时对应,做到编辑操作所见即所得。

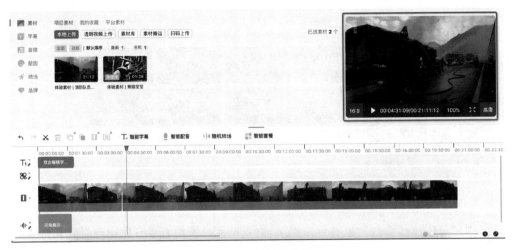

图 8-49　视频播放器

◆视频编辑

短视频编辑以视频编辑轴为容器,基于常用工具支持效果,实现对上轴内容进行编辑操作,具体包括删除操作、撤销操作、还原操作、查看视频素材详情、手工视频切割、时间轴放大和缩小、调整上轴内容位置、调整上轴内容作用时长等效果。

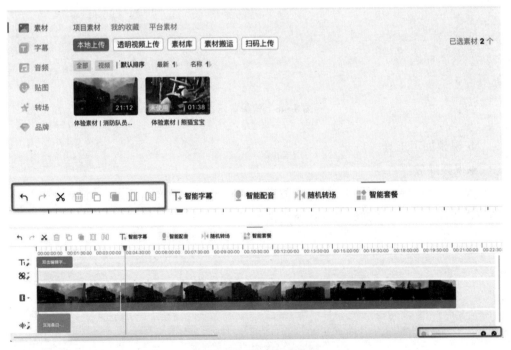

图 8-50　视频编辑界面

◆合成

经过编辑的视频可以进行合成操作,合成之前可以对视频成片进行预览,并且调整标题、背景设置、片头片尾以及合成分辨率。目前分辨率支持 540P、720P、1080P、4K。

图 8-51　视频合成界面

i.智能字幕

智能字幕的功能是指提取视频中的音频信息并对得到的音频信息进行语音转文本、结构化标签、meta 信息的提取,从而给视频媒体资源自动加上字幕。

智能字幕的功能主要分为以下四种。

概要提取:为主轴素材一键提取概要字幕,即一句话总结主题内容,可作为视频标题。

语音提取:为主轴素材一键提取语音字幕,即视频中语音识别结果内容,可用作视频的逐帧字幕。

字幕分段:大段文本自动拆分字幕,即根据语义理解自动分解文本内容,可用作人工添加字幕场景。

文本修改:批量修改文本,即对机器识别的字幕内容进行批量修改。

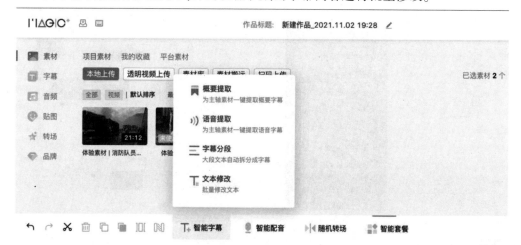

图 8-52　智能字幕

j.智能模板

系统提供模板化视频生产能力。系统预设 20 余种专业新闻场景、200+模板、1000+转场及各类特效、1000+卡片,灵活组合万千变化。

用户无须具备专业视频剪辑技能,可以像做 PPT 一样做视频。只需通过为媒资素材选择合适的视频模板,填写标题、文字说明等就可快速合成精美视频。搭配上百款滤镜、特效、效果动画,支持素材、文本、贴图的编辑与调整,提供适配各平台参考线,在线合成输出高质量视频。

图 8-53　智能模板

在使用智能模板时,能够快速调用智能配音、智能字幕、智能抠像、智能画面裁切、智能去水印等人工智能图像处理能力。

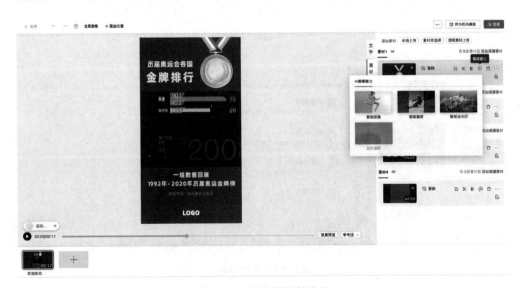

图 8-54　智能模板的使用

k.智能直播中心

智能直播中心依托于智能生产中心的智能模板能力,辅助以直播中心视频直播流接入管理能力,可实现会议、展览过程中根据特定人物或者特定物体进行视频高速拆条、生产,形成基于特定人物或者特定物体的完整视频集锦。

l.直播拆条

直播拆条依托于智能生产模型能力,辅助以视频直播流接入管理能力,可实现根据特定人物或者特定讲话内容进行高速拆条、生产,实现直播场景边播边剪,快速分发。

图 8-55　直播拆条

m.直播中心功能

直播流接入:支持接入以 RTMP 开头或以 m3u8 结尾的直播流地址。

智能识别功能:在直播流播放过程中,能够智能识别人脸、语音和字幕。

快速拆条功能:通过 AI 识别算法的辅助,能够快速完成直播拆条工作。

n.会议报道

会议报道提供基于会议/展会场景下的拆条、集锦自动合成能力。支持会议类型:政府会议、发布会、人物专访会议、商务发布会等。主要功能包括人物会议发言、人脸的自动识别。通过多主题集锦快速合成,时效性高,用户等待时间短。

图 8-56 会议报道

系统可依据用户定义的会议场景如"主旨演讲""记者问答"及"圆桌论坛"等进行自动化内容拆条。

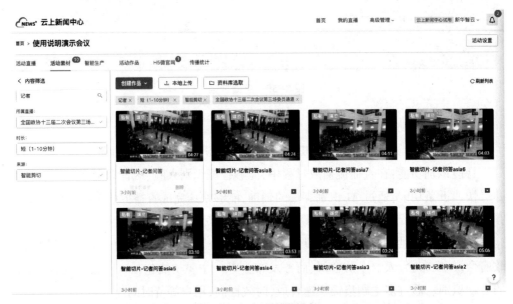

图 8-57 会议内容拆条

第 9 章　虚拟影像制作

9.1　虚拟拍摄

9.1.1　什么是虚拟拍摄

"虚拟拍摄"(Virtual Production),是一种把真实的被拍摄对象和虚拟空间背景融合在一起进行拍摄影像的技术。虚拟拍摄能够让人们身临其境,享受真实且令人惊叹的视觉效果。

图 9-1　传统的绿幕拍摄

图 9-2　虚拟拍摄

在过去的三十年里,电影制作越来越倚赖计算机生成的图像。这种技术的不断更新创造了惊人的电影奇观,同时也带来了令人几乎无法辨认的虚拟布景。对于过度依赖绿幕制作的影片来说,很难预想到最终的效果,这增加了取景和照明等工作的困难,整个制作团队在沟通中也容易出现偏差。与传统的绿幕电影制作不同,虚拟制作不再需要依靠想象力来构思最终的呈现画面,可以使演员和工作人员能够实时看到最终镜头的效果,很大程度上节约了人力、时间及金钱成本。

电影视觉效果制作人玛丽莎·戈麦斯(Marissa Gomez)指出,在制作过程中,我们可以同一天内在冰岛和沙漠两个地点之间切换,而且旋转舞台的使用可以更快地搭建场景。这种高效的制作过程只需要更改背景或者进行转身的操作,而不需要实际移动相机或演员。在某种程度上,这也带来了一些技术上的限制。虚拟制作虽然无法完美替代真实位置的照明效果,但它可以完成类似于"环球旅行"的项目。

虚拟拍摄在电影、游戏、广告等领域应用广泛。虚拟拍摄的发展为我们带来了前所未有的视觉体验和创作空间。它的未来发展潜力巨大,将继续推动各个领域的创新与发展。

9.1.2 虚拟拍摄的发展脉络

虚拟拍摄的发展存在着一条完整的技术发展路径。虚拟拍摄最初来源于背景投射技术,即图像从后面投射到屏幕上,无须现场复杂工作。正面投影也可在一些布景上使用,如《2001 太空漫游》的某些场景。正面投影比背投的替代方案更清晰、更饱和。然而,背景投射技术在处理透视问题方面存在一些限制,导致画面呈现时显得有些不自然。

然而,在过去的十年中,一种被称为键控的过程开始成为主导技术,通过数字化去除主题背后的绿屏或蓝屏,创造更身临其境的人工环境。《阿凡达》几乎完全依赖数字环境,詹姆斯·卡梅隆和他的团队创造了一种叫作 Simulcam 的设备,可以实时将现场镜头与计算机图形结合,演员和工作人员能够更好地了解场景。通过键控技术,虚拟制作能够在电影、电视、游戏等领域创造更逼真的虚拟世界,不仅可以创造想象中的场景和角色,还可以通过数字化特效使其与现实世界无异。这种技术不仅节省制作成本,还提高了制作效率,提供更大创意自由度。

之后虚拟拍摄引入了摄像机追踪与实时图像渲染技术,形成了 XR 虚拟拍摄体系。XR 虚拟拍摄系统主要由 LED 显示系统、摄影机跟踪捕捉系统、虚拟场景的渲染系统、虚拟制作系统、灯光照明系统等构成,其中 LED 显示系统是整个 XR 虚拟拍摄系统的重要组成部分。根据 IMARC 调查数据,2021 年 XR 市场的价值为 428.6 亿美元,而到 2027 年,这一数值将以惊人的速度增长到 4652.6 亿美元。随着沉浸式内容的发展和方案的完善,虚拟拍摄技术将逐渐普及,而 LED 显示屏结合 XR 技术是虚拟制作的趋势所在。

虚拟拍摄的发展也为电影制作带来更多可能性。通过虚拟摄影棚和虚拟摄像机,制片人可以在虚拟环境中拍摄场景。这能够节省时间和成本,使制作更灵活和可控。同时,虚拟拍摄解决了实际拍摄中的困难,如危险或无法到达的地方,或需要大规模特效的场景。

虚拟拍摄技术的发展为电影制作带来了革命性变化。从手工绘景到数字绘景,虚拟拍摄带来的创作可视化,不仅改变了传统的拍摄方式,为创作者提供更多创作可能性,还很大程度地提高了拍摄和制作的效率。随着技术进步,我们可以期待未来看到更多令人惊叹的虚拟制作作品。

9.2 扩展现实技术(XR)

9.2.1 扩展现实的定义

扩展现实(Extended Reality,XR)是虚拟现实(VR)、增强现实(AR)和混合现实(MR)等各种新沉浸式技术的统称。

增强现实技术(AR)能够将渲染的图像与真实世界相叠加,使用户能够在现实环境中获得全新的体验。手机游戏《精灵宝可梦 GO》(Pokemon GO)利用 AR 技术,让玩家在社区漫游的同时,可以在草坪和人行道上"看到"计算机渲染的宝可梦。这款游戏的火爆使 AR 技术逐渐成为主流。AR 技术可以通过手机、平板电脑和其他设备来显示,为用户带来全新的互动体验。举例来说,AR 技术可以改进导航功能。相较于传统的 2D 地图,增强现实技术可以将导航方向叠加在驾驶员透过挡风玻璃所看到的道路上,使驾驶员可以根据模拟箭头准确地转向。这样一来,驾驶员在驾驶过程中可以更加安全和方便地获取导航信息。

混合现实(MR)技术的出现,使用户可以在真实世界中体验到前所未有的沉浸感。一种类型的 MR 是将虚拟事物融入真实世界。用户可以通过头显看到自己所在的真实环境,但同样也能看到虚拟世界中的元素。另一种类型的 MR 是将真实世界中的事物融入虚拟世界。这意味着通过摄像头捕捉到的真实世界画面可以融入虚拟世界中。一个很好的例子是在虚拟世界游戏中参与者的视图。通过摄像头拍摄参与者的视图,将其融入虚拟世界中,使玩家可以在虚拟世界中与其他玩家进行互动。MR技术的出现为用户创造了一种更加真实且交互性强的体验,使用户可以在数字和物理世界之间自由穿梭,并且能够在这两个世界中进行互动。

虚拟现实(VR)技术最初在飞行模拟器中用于人员训练,并且在能源和汽车设计行业也有早期的应用。当时的这些模拟和可视化的 VR 用例需要大型超级计算机以及特殊的空间环境,比如由超高分辨率显示器组成的 powerwall 立体投影显示系统,以及洞穴式自动虚拟环境(Cave Automatic Virtual Environment,VR CAVE)可以将 VR 环境投射到房间墙壁和天花板等各个表面。然而,近年来推出的一体式(AIO)头盔引发了一轮新的 VR 创新。与以往完全沉浸式的 VR 体验需要与强大的个人电脑进行物理连接不同,AIO 头盔是一种设置简单且随时随地提供完整 VR 体验的专用设备。再加上VR 流式传输技术的创新,现在用户即便在旅途中也能体验到令人震撼的 VR 环境。

XR 技术的应用不仅限于游戏和娱乐领域,在教育、医疗、军事、艺术等领域都有广泛的应用。例如,在教育领域,XR 技术可以帮助学生更加直观地理解科学原理和历史事件,使学习变得更加有趣。在医疗领域,医生可以利用 XR 技术进行手术和康复指导,并与患者进行沉浸式交流。在军事领域,XR 技术可以用于模拟训练和实战指挥。此外,XR 技术在商业领域也具有巨大潜力。在营销和广告领域,XR 技术可以帮助企业创造更加生动和参与感强的品牌体验,提高消费者的互动和留存率。在旅游、房地产和零售行业中,XR 技术也被广泛应用,可以提供更加个性化和全面的服务。

XR 技术将进一步改变我们的工作、生活和娱乐方式,为我们创造更加丰富、生动和互动的体验。然而,我们也需要更加关注人机交互的安全和隐私等问题,以确保 XR 技术能够在人类社会中发挥最大的价值。XR 技术是现实世界与虚拟世界的接口。可以期待,未来的 XR 技术将为我们的生活和工作带来更多的便利和乐趣,推动人们对于虚拟世界和真实世界的边界进一步扩展。

9.2.2 XR 技术在影视领域中的应用

广播电视传统的虚拟化制作主要采用绿箱 +色键抠像 + 虚拟包装系统实现。在电影《曼达洛人》的制作中,GolemCreations 公司和工业光魔合作,共同研发了端到端的实时虚拟拍摄解决方案,以 LED 幕墙代替绿幕,综合摄像机追踪、实时渲染和协同工作等技术,将游戏实时引擎图像输出与摄像机追踪相结合,实时生成最终的节目信号,将虚拟制作技术带到了一个新的高度,从而打开了 XR 扩展现实虚拟制作的大门。XR 技术在拍摄应用中具有重要的价值。第一,它能够避免传统绿幕抠像带来的问题,使画面更加真实自然。第二,在现场拍摄中,主持人、嘉宾和演员可以通过 XR 技术产生身临其境的沉浸感,提升表演的逼真度。第三,利用 LED 屏幕的打光功能,可以模拟环境光、白光以及进行肤色补光,例如盔甲上的反光、摩托车漆面的反光等效果,让画面更加细腻生动。第四,通过视频反复模拟日出等场景,无须受制于自然条件的限制,有利于更好地掌控重要演员的时间。第五,拍摄过程中场景转换自由,大大缩短了拍摄周期。XR 技术在拍摄应用中的价值体现在提高画面真实性、提升表演效果、精细化的灯光处理、灵活的场景转换以及节约后期制作成本等方面。

9.2.3 XR 的技术系统解析——以 Disguise 产品为例

在内容制作领域,XR 是一套虚实结合的视频制作系统,主要包括一套精细的 LED 显示屏(实)、一套强大的 3D 图形渲染引擎(虚)以及一套摄像机跟踪系统。在 XR 虚拟制作过程中,摄像机在 LED 屏幕构成空间环境中实际拍摄,虚拟引擎根据预设的 3D 场景模型和摄像机空间位置参数,将 3D 场景画面输出到现场 LED 屏幕,并实时将摄像机拍摄内容与 3D 场景无缝扩展合成和输出,形成虚实结合、更具沉浸感、画面更逼真的视频内容。XR 虚拟制作技术目前可广泛应用于影视拍摄、演唱会、商业发布会、电视演播和视频直播等领域,增强观众的视觉冲击感和艺术创意感,在有限空间创造出无限可能。

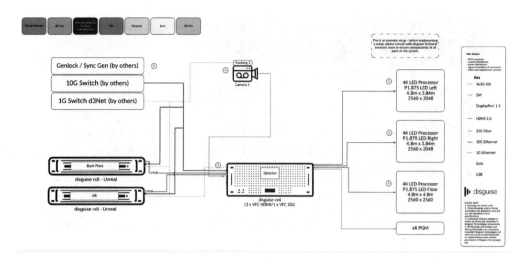

图 9-3　XR 技术系统

Disguise 为 XR 虚拟制作提供了一整套解决方案，包括媒体服务器、实时渲染引擎服务器、光纤网络交换机等。其媒体服务器相当于真实世界与虚拟世界的桥梁，将虚拟摄影机与真实摄影机运动信息进行匹配并将图像信息映射到 LED 屏幕上，在范围外进行拓展，其功能还包括摄影机及镜头校正、空间映射、颜色校正，支持 Unreal、Unity、Notch 等渲染引擎。

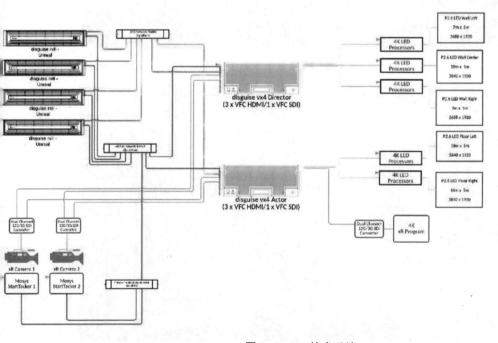

图 9-4　XR 技术系统

图 9-5 LED 显示屏 1

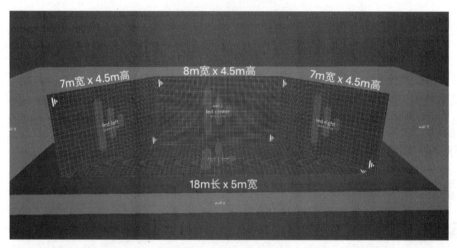

图 9-6 LED 显示屏 2

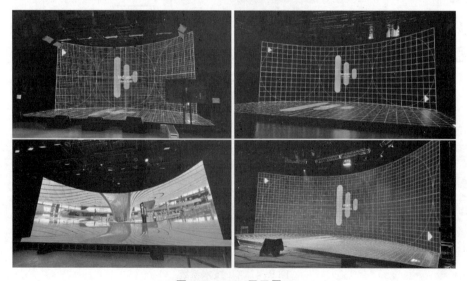

图 9-7 LED 显示屏 3

9.2.4　XR 虚拟制作工作流程

（1）虚拟渲染系统

虚拟渲染系统制作流程包括虚拟元素和场景的设计、现场跟踪系统的调节、现场虚拟元素的微调、虚拟场景与模板的编单与播出。

（2）虚拟元素和场景的设计

要将包装效果发挥得完美，虚拟元素和场景的设计十分关键，这个环节主要是采用软件 UE，根据节目的包装需求进行图形元素的创作，也是发挥虚拟系统优势的重要阶段。通过插件可设定虚拟场景的引出项，生成模板描述，便于在之后进行编单操作。

图 9-8　控制软件中的场景转换

（3）现场跟踪系统的调节

为了实现虚拟物体与实景的完美结合，需要将跟踪数据传输到渲染系统中。在这之前，首先要进行摄像机定位，并由跟踪软件接收每个机位的跟踪数据，使实景空间的坐标与虚拟空间坐标统一起来。定位结束后可以在软件中进行摄像机镜头参数的校正，使系统的定位和跟踪达到完美。

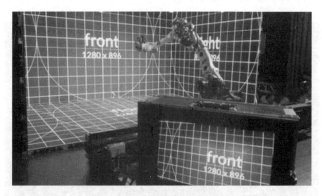

图 9-9　摄像机跟踪系统

（4）现场虚拟元素的微调

将 UE 设计好的虚拟场景同时传送到演播室的播出控制工作站和图形工作站上，随后通过播出控制工作站上的软件调整每个机位的跟踪。通过监视器查看虚拟物体在实景中的大小、位置，以及与主持人的位置关系，进行微调直到达到最满意的效果。

图 9-10 现场调整

（5）虚拟场景与模板的编单

UE 软件制作完成的虚拟场景，经过 3DProducer 的设定，便能使用模板编辑软件 3DEdit 进行编单。3DEdit 编辑好的模板，使播出能够采用电视制作流程常用的串联单形式，同时能让播出人员更方便地进行播出前的各种属性修改，实现方便灵活的播出控制。

（6）整合播出

进入播出准备阶段，播出控制软件将场景加载到图形工作站中，进行场景的动画播出控制。带跟踪的摄像机在演播现场进行运动拍摄，摄像机的跟踪数据传输到已经加载场景的图形工作站，场景也会随之进行同步运动。内置软色键将蓝色区域抠掉，填充上实时场景，并最终生成合成信号输出。

图 9-11 实时渲染引擎即时合成输出视频

9.2.5 实时虚拟制片

实时虚拟制片是一项具有重要价值的技术。第一，它促进了制片过程的迭代化、协作化和非线性，使制片人能够以协作方式实时对视觉细节进行迭代。这意味着在制片的早期阶段就可以开始迭代过程，从而更早地制作出高质量的画面。第二，实时虚拟制片的另一个优势是让资源能够相互兼容，在视效预览到最终输出的过程中都可以使用。这使整个制片过程更加高效和顺畅，为制片团队提供了更多的灵活性和便利性。总的来说，实时虚拟制片技术的出现为电影制作带来了许多好处，包括加快迭代过程、提高画面质量和提供资源兼容性等方面。

(1) 实时绿幕合成

通过实时绿幕抠像技术和摄像机定位技术，实现实拍的绿幕画面和实时生成的虚拟环境进行实时合成，同时同步记录所有影像素材，做到即看即所得，大大提高拍摄效率。

图 9-12 虚拟制片——实时绿幕实拍现场

(2) 实时虚拟场景

运用先进的实时成像技术，结合顶级的硬件设备，实时生成照片级的虚拟场景。在虚拟场景中可以实时调整里面的所有物体，包括灯光和不同的材质。

图 9-13　虚拟制片——实时虚拟场景

(3)实时动画特效

通过系统强大的粒子特效系统和实时动作捕捉、面部捕捉系统,实时生成影视级的动画粒子特效。

(4)实时灯光环境合成

LED 墙成像技术完全替代传统绿幕。演员在 LED 墙的环境中表演和拍摄,LED 墙不仅提供虚拟环境,同时提供环境的真实光照。这些虚拟环境和灯光都是可以实时调整的。

(5)实时 LED 墙镜头内虚拟制片

它将实时引擎的图像输出与摄影机跟踪相结合,生成完全位于镜头内的最终图像,这堪称虚拟制片中最先进的一项技术。在演员背后投射实时图像能带来巨大优势。从某种角度上说,这也代表了虚拟制片领域中此前所有开发工作的巅峰。

第 10 章　人工智能生成内容

10.1　人工智能的基础知识与理论

10.1.1　人工智能概述

人工智能(Artificial Intelligence,AI)是指利用计算机和机器模拟人类智能的理论、方法、技术和应用系统。它的目标是使计算机能够模拟和实现人类的思维、学习、推理、判断和决策等智能行为。

人工智能的发展历程可以追溯到 20 世纪 50 年代。起初,计算机科学家们开始研究构建能够像人类一样思考和解决问题的机器,并提出了"图灵测试"的概念来检验机器是否具备人类智能。20 世纪六七十年代,人工智能的研究重点转向了逻辑推理和专家系统。专家系统是基于知识库和规则的推理系统,能够模拟专家的决策过程。这一时期的研究在一定程度上成功地实现了某些特定领域的智能。进入 20 世纪八九十年代,人工智能研究进入了经验知识和机器学习的阶段。机器学习是一种让计算机从数据中学习和提取模式,自动改进和优化算法和模型的方法。在这个时期,出现了许多重要的机器学习算法,如决策树、神经网络和支持向量机等,为人工智能的发展提供了基础。

随着互联网和大数据的兴起,人工智能进入了新的发展阶段。2000 年至今,通过大规模的数据和强大的计算能力,人工智能在图像识别、语音识别、自然语言处理等领域取得了重大突破。深度学习作为机器学习的一个分支,通过构建深层神经网络模型来模拟人类的感知和认知能力,推动了人工智能的快速发展。

如今,人工智能已经渗透到各个行业和领域,影响着我们的生活和工作。它正在改变传统产业的商业模式,加速科学研究的进程,提升医疗诊断的准确性,改善交通运输的效率,甚至参与艺术和娱乐创作。人工智能的未来发展前景广阔,将持续推动科技进步和社会变革。

10.1.2　人工智能的分类和应用领域

人工智能技术在金融和银行业的应用非常广泛。例如,通过机器学习算法,可以对大量的金融数据进行分析和预测,帮助投资者做出更明智的决策。智能机器人和虚拟助手也可以用于客户服务和自动化流程。

人工智能在医疗保健领域发挥着重要的作用。它可以用于辅助医生进行诊断、治疗和药物研发。例如,通过图像识别技术,可以帮助医生检测肿瘤和病变;通过自然语言处理技术,可以分析大量的医学文献和病历,帮助医生做出准确的诊断和治疗方案。

人工智能在零售和电子商务领域的应用越来越多。通过分析顾客的购买历史和行为,人工智能可以预测顾客的偏好和需求,从而个性化推荐产品和服务。

人工智能在交通和物流领域的应用也很广泛。智能交通系统可以通过实时的交通数据和预测模型,优化交通流量、减少交通拥堵和提高交通安全性。智能机器人和自动化系统也可以用于仓储和物流管理。智能物流系统可以通过物流数据分析和优化算法,提高物流效率和准时率。

人工智能可以在教育和培训领域提供个性化的学习体验和辅助教学。智能教育系统可以根据学生的学习特点和需求,提供个性化的教学内容和反馈。虚拟教师和智能助手也可以用于在线教育和远程培训。

人工智能在自动驾驶和智能机器人领域的应用具有很大的潜力。自动驾驶技术可以通过感知、决策和控制来实现车辆的自主行驶。

智能机器人可以在工业、农业、服务和医疗等领域替代人力,提高效率和准确性。

除了上述领域,人工智能还在安全和网络、娱乐和游戏、能源和环境等许多领域有着重要的应用。随着技术的不断发展和创新,人工智能将为各行各业带来更多的机遇和挑战,推动社会的进步和创新。

10.1.3　机器学习

机器学习是一门涉及计算机科学和人工智能的学科,其主要目标是使计算机系统能够从数据中自动学习和改进,而无须显式编程。简而言之,机器学习是指通过算法和模型让计算机自动识别和学习数据的模式、规律,从而能够做出预测、分类和决策的方法。

机器学习的核心思想是让计算机通过数据来进行学习。与传统的程序设计不同,机器学习依赖于大量的数据样本,通过分析和学习这些数据的模式和规律,使计算机能够从中提取特征并做出预测或决策。这种学习过程通常包括训练和测试两个阶段。在训练阶段,计算机使用已知的数据样本来训练模型,调整其参数和权重以最大程度地拟合数据。而在测试阶段,计算机使用未知的数据样本来评估模型的性能和准确性。

机器学习可以应用于各种领域和问题,如自然语言处理、图像识别、语音识别、推荐系统、金融预测等。在这些领域中,机器学习算法可以根据大量的数据样本,自动发现和学习,从而提供准确的预测和决策。例如,在自然语言处理中,机器学习可以通过对大量文本数据的学习,自动识别语义、情感和语法规则,从而实现自动翻译、文本摘要和情感分析等任务。

机器学习模型训练过程可以分为以下四步。

①数据获取:为机器提供用于学习的数据。

②特征工程:提取出数据中的有效特征,并进行必要的转换。

③模型训练:学习数据,并根据算法生成模型。

④评估与应用:将训练好的模型应用在需要执行的任务上并评估其表现,如果取得了令人满意的效果便可以投入使用。

在机器学习领域,监督学习、无监督学习和强化学习是三种常见的学习范式。它们有着不同的概念和原理,适用于不同类型的问题。

(1)监督学习

监督学习是一种通过给定的输入和输出数据来训练模型的学习方式。在监督学习中,数据集包含有标签的样本,即每个样本都有对应的已知输出。监督学习算法根据这些输入输出来训练模型,以便在给定新的输入时能够预测相应的输出。常见的监督学习算法有线性回归、逻辑回归、决策树和支持向量机等。线性回归是一种用于预测连续变量的算法,逻辑回归则用于分类问题,决策树和支持向量机则可以解决分类和回归问题。

(2)无监督学习

无监督学习是机器学习领域的一种重要分支,与有监督学习和强化学习相对应。与有监督学习侧重于使用标记的训练数据进行预测不同,无监督学习则是通过分析未标记的数据来发现其中的隐藏模式、结构和关系。简而言之,无监督学习的目标是从数据中自动学习出有用的信息,而无须提供预先定义的目标变量。在无监督学习中,通常面对的是未经处理、未标记的数据。这些数据可能是一组图片、文本、音频等。无监督学习的主要任务包括聚类、降维和关联规则挖掘等。聚类是将数据划分为具有相似特征的群组,降维是将高维数据映射到低维空间以简化数据表示,而关联规则挖掘则是发现数据中的相关性和关联规律。

(3)强化学习

强化学习是一种通过智能体与环境的交互来学习最优策略的学习方式。在强化学习中,智能体通过观察环境的状态,采取行动,并根据环境的反馈获得奖励。强化学习算法的目标是通过试错学习,最大化长期累积奖励。Q-learning 是一种常见的强化学习算法,它基于价值函数的更新来进行学习。深度强化学习则结合深度神经网络和强化学习的思想,通过学习数据的高层次特征来解决复杂的控制问题。

(4)深度学习

深度学习是机器学习的一个分支,它通过使用多层神经网络模型来模拟人脑的工作原理,从而实现高级的模式识别和学习能力。与传统的机器学习方法相比,深度学习具有更强大的表达能力和更好的性能。

深度学习的核心思想是构建多层的神经网络模型,其中每一层都包含大量的神经元,并通过权重和参数的调整来学习输入数据的特征和关系。深度学习的关键之处在于使用多个隐藏层,这些隐藏层可以学习不同抽象级别的特征,从而能够更好地捕捉数据中的复杂模式。

与传统的机器学习方法相比,深度学习有以下几个优势。

①自动特征学习:深度学习网络可以通过反向传播算法自动学习输入数据的特征表示,而不需要手动设计特征提取器。

②高级模式识别:由于其多层结构,深度学习网络可以学习和表示更高级别的抽象特征,从而实现更准确的模式识别和分类。

③大规模数据处理:深度学习对大规模数据集的处理能力较强,可以处理复杂的现实世界问题。

④并行处理能力:深度学习模型可以通过并行计算来加速训练和推理过程,从而提高其效率和性能。

深度学习在许多领域都取得了显著的进展,如计算机视觉、自然语言处理、语音识别等。例如,在计算机视觉中,深度学习网络可以学习识别和分类图像中的物体、人脸等;在自然语言处理中,深度学习可以用于机器翻译、文本生成和情感分析等任务。

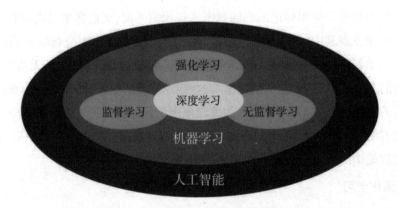

图 10-1 深度学习与无监督学习、监督学习及强化学习的关系

10.1.4　生成对抗网络

生成对抗网络(Generative Adversarial Networks,GAN)是一种由深度学习模型组成的算法框架,旨在生成逼真的、无法区分真实和虚假样本的数据。GAN 由两个主要的组件组成:生成器(Generator)和判别器(Discriminator)。这两个组件相互竞争、相互协作,通过对抗学习的方式不断提升模型的性能。

生成器是 GAN 的核心组件,它接收一个随机噪声向量作为输入,并生成与真实数据相似的虚假样本。生成器的目标是欺骗判别器,使其无法区分生成的样本和真实的样本。生成器通常使用深度神经网络,例如卷积神经网络(CNN)或递归神经网络(RNN),来捕捉数据的潜在分布,从而生成高质量的虚假样本。

判别器作为 GAN 的对手,它的任务是鉴别给定样本是真实样本还是生成器生成的虚假样本。判别器也使用深度神经网络,通过学习从给定样本中提取特征,并进行二分类判别。判别器的目标是尽可能准确地区分真实和虚假样本,以此来指导生成器生成更逼真的样本。

举个例子,我们可以将生成器比喻为货币造假者,它的目标是制造出足够以假乱真的假币。而判别器则可以被视为验钞机,负责辨别钞票是否为假币。判别器能够随着假币质量的提高而不断升级,以保持对假币的辨别能力。

GAN 的训练过程可以简单概括为生成器和判别器的交替训练。在每一次训练迭代中,生成器生成一批虚假样本,并将其与真实样本一同输入判别器进行评估。判别器通过计算损失函数来指导生成器的训练,并提供梯度信号以更新生成器的参数。随着训练的进行,生成器和判别器不断互相提升,最终达到一个动态平衡点,使生成器能够生成逼真的样本。

生成对抗网络在计算机视觉、自然语言处理、音频处理等领域都取得了显著的成果。它被广泛用于图像生成、图像修复、图像风格转换、文本生成、语音合成等任务。由于 GAN 能够生成高度逼真的数据,它为艺术创作、游戏开发、数据增强等领域提供了强大的工具和技术。然而,GAN 的训练过程相对复杂,存在训练不稳定、模式崩塌等问题,对于模型的设计和调参要求较高。

生成对抗网络是一种强大的算法框架,通过生成器和判别器的对抗学习,能够生成逼真的虚假样本。它在多个领域展示了巨大的潜力,并持续推动着人工智能领域的发展。

10.2　人工智能生产工具与技术

10.2.1　数据采集与清洗

数据是人工智能项目的基础,而数据采集与清洗是确保数据质量的重要步骤。首先,需要确定数据的来源和获取方式,包括数据库、传感器、社交媒体、网页爬虫等。不同的数据来源可能需要使用不同的获取方式。例如,从数据库中获取数据可以使用SQL查询语句,而从传感器中获取数据可以使用传感器接口。

在采集到的数据中,可能存在一些错误、噪声和异常值。数据清洗是指对数据进行预处理,以去除这些错误和噪声。清洗的过程包括数据去重、数据格式转换、数据类型转换等。去噪处理是指对数据中的噪声和异常值进行识别和修复,常用的方法包括统计方法、机器学习方法等。

数据质量评估是对采集到的数据进行评估,以确定数据的准确性、完整性、一致性等。常见的数据质量评估指标包括缺失值比例、异常值比例、数据重复率等。根据评估结果,可以采取相应的数据处理方法,如填充缺失值、删除异常值等。

在数据采集和清洗的过程中,还需要注意以下几个方面。

数据采集的频率:根据项目需求,确定数据采集的频率。有些数据可能需要实时采集,而有些数据则可以按照一定的时间间隔进行采集。

数据标准化:对于不同来源和格式的数据,需要将其进行标准化,使其具有一致的格式和结构,方便后续的处理和分析。

数据质量监控:采集到的数据需要进行实时的质量监控,及时发现数据质量问题,以便及时进行修复。

数据隐私和安全:在数据采集和处理过程中,需要确保数据的隐私和安全。采取适当的数据加密和权限控制措施,保护数据的机密性和完整性。

数据采集和清洗是人工智能生产工具中重要的环节,对于确保数据质量和准确性至关重要。合理选择数据来源和获取方式,进行数据清洗和去噪处理,并进行数据质量评估和处理,能够为后续的特征提取、模型训练和部署提供可靠的数据基础。

10.2.2　特征提取与选择

在进行机器学习模型训练之前,需要对数据进行特征提取与选择。特征选择是为了从原始数据中选择出最相关和具有代表性的特征,可以根据特征的相关性、重要性等准则进行选择。特征提取则是将原始数据转化为更有意义和可解释的特征表示,可以使用降维算法(如主成分分析、线性判别分析等)来实现。此外,还有一些常见的特征工程技巧,如多项式特征、交叉特征等。

(1)特征提取

特征提取是指从原始数据中提取出对问题建模有用的特征。特征提取的目的是将原始数据转化为机器学习算法能够理解和处理的形式。常见的特征提取方法包括以下几种。

数值特征提取:对于数值型数据,可以直接提取原始的数值作为特征,也可以通过数学函数进行转换,如取对数、开方等,以使其更符合模型的假设。

类别特征提取:对于类别型数据,可以使用独热编码(One-Hot Encoding)将其转换为二进制的特征向量表示,或者使用标签编码(Label Encoding)将其转换为整数型特征。

文本特征提取:对于文本数据,可以使用词袋模型(Bag-of-Words)将文本转换为向量表示,或者使用词嵌入(Word Embedding)模型将文本转换为低维稠密向量表示。

图像特征提取:对于图像数据,可以使用卷积神经网络(Convolutional Neural Network,CNN)提取图像的局部特征,或者使用预训练的 CNN 模型进行迁移学习。

(2)特征选择

特征选择是指从提取得到的特征中选择出对目标变量有重要影响的特征,以减少特征的维度和冗余性,提高模型的泛化能力。常见的特征选择方法包括以下几种。

过滤式特征选择:通过统计方法或相关性分析等指标,对特征进行评估和排序,选择对目标变量有显著影响的特征。常用的指标包括方差、互信息、卡方检验等。

包裹式特征选择:将特征选择问题转化为特征子集搜索问题,通过训练模型并评估模型性能,选择出最佳的特征子集。常用的算法包括递归特征消除(Recursive Feature Elimination,RFE)、遗传算法等。

嵌入式特征选择:在模型训练的过程中,通过正则化项或模型自身的特征选择机制,选择出对模型性能有重要影响的特征。常见的嵌入式特征选择方法包括 L1 正则化、决策树特征重要性等。

特征提取与选择是人工智能生产工具中重要的环节,对于构建有效的机器学习模型和提高预测性能至关重要。合理选择特征提取方法和特征选择算法,结合领域知识和问题需求,能够提取出对问题建模有用的特征,减少特征的维度和冗余性,提高模型的泛化能力。

10.2.3 模型训练与评估

模型训练是人工智能项目中的核心环节,它涉及选择合适的算法、准备训练数据集、设置模型参数等。在进行模型训练之前,需要将数据集划分为训练数据集和测试数据集,用于训练和评估模型的性能。模型训练的基本步骤包括初始化模型参数、计算损失函数、使用优化算法进行参数更新等。而模型的性能评估指标和方法,如准确率、精确率、召回率等,用于评估模型的性能和推断模型的泛化能力。

在进行模型训练之前,首先需要将原始数据集划分为训练集、验证集和测试集。训练集用于模型的参数估计和优化,验证集用于模型的超参数调优和选择,测试集用于对模型的性能进行最终评估。常见的划分方式有随机划分、时间序列划分等。

模型训练是指通过使用训练集对机器学习模型进行参数估计和优化的过程。常见的模型训练算法包括梯度下降法、随机梯度下降法、支持向量机、决策树、随机森林、深度学习等。在进行模型训练时,通常需要进行特征预处理、模型选择与配置、模型训练与优化。

模型评估是指对训练好的模型进行性能评估的过程,以评估模型的预测效果和泛化能力。常见的模型评估指标包括准确率、精确率、召回率、F1 值、ROC 曲线、AUC 等。

根据模型的评估结果,可以进行模型的优化和改进。常见的方法包括调整模型的超参数、引入正则化项、增加训练数据量、添加特征工程等。通过不断迭代优化,提升模型的性能和泛化能力。

在进行模型训练与评估时,还需要注意以下几个方面。

多模型比较:在模型训练和评估过程中,可以尝试多个不同的模型或算法,并比较它们在不同指标上的表现,选择最优的模型。

交叉验证:为了更准确地评估模型的性能,可以使用交叉验证的方法,将数据集分为多个子集,通过多次训练和评估来综合估计模型的性能。

模型可解释性:在一些应用场景中,模型的可解释性是非常重要的,需要选择能够提供可解释性的模型或方法,并对模型的预测结果进行解释和分析。

模型训练与评估是人工智能生产工具中重要的环节,它们用于构建和优化机器学习模型,以实现对数据的预测和决策。通过合理选择模型和算法,进行数据预处理、模型训练和参数调优,以及进行模型的评估和改进,能够提高模型的预测性能和泛化能力。

10.2.4　模型部署与优化

模型训练完成后,需要将模型部署到实际生产环境中。模型部署方式可以选择将模型集成到应用程序中,也可以使用云服务提供商的平台进行部署。同时,为了提高模型的性能和效率,还可以采用模型性能优化和加速技术,如模型剪枝、量化、并行计算等。此外,模型部署后还需要建立监控和更新策略,及时发现并修复模型中的问题,并根据实际情况进行模型的更新和调整。

常见的模型部署方式包括以下几种。

本地部署:将模型部署在本地服务器或计算机上,通过本地网络进行服务。

云端部署:将模型部署在云端服务器上,通过云服务提供商提供的 API 或云平台进行服务。

边缘部署:将模型部署在边缘设备上,如物联网设备、嵌入式系统等,以实现离线预测或实时响应的需求。

在进行模型部署时,需要考虑到实际环境的限制和要求,如计算资源、网络带宽、延迟等。

模型优化是指通过对模型进行改进和调整,以提高模型的性能和效果。常见的模型优化方式包括以下几种。

参数调优:对模型的参数进行调整,以改善模型的预测能力。可以通过网格搜索、随机搜索等方法来寻找最佳参数组合。

特征工程:对原始数据进行特征提取、特征变换和特征选择等操作,以提取更有用的特征信息,改善模型的学习能力。

集成学习:通过集成多个不同的模型或算法,以提高模型的泛化能力和稳定性。常见的集成学习方法包括投票法、Bagging、Boosting 等。

模型压缩:对模型进行压缩,减少模型的存储空间和计算资源的占用,并提高模型的运行效率。常见的模型压缩方法包括剪枝、量化、蒸馏等。

模型部署后,需要进行模型的监控和更新,以保证模型在实际应用中的持续性能和效果。模型部署与优化是人工智能生产工具中重要的环节,它们将训练好的模型应用到实际生产环境中,并通过参数调优、特征工程、集成学习等方式对模型进行优化,以提高模型的性能和效果。同时,需要进行模型的监控与更新,以保证模型在实际应用中的持续性能和效果。

10.3 人工智能生产实践与案例分析

10.3.1 模型介绍

(1) Diffusion 模型

Diffusion 模型是一类用于生成高质量细粒度图像的深度学习模型。这些模型的目标是根据给定的输入图像,生成具有更高分辨率和更多细节的图像。

Diffusion 模型的工作原理与传统的生成对抗网络(GAN)有所不同。它通过逐渐增加图像的细节和分辨率,从而生成高质量的细粒度图像。相比之下,传统的 GAN 模型通常是一次性生成整个图像。

Diffusion 模型的生成过程通常分为多个步骤。首先,模型从输入图像中提取低分辨率的特征表示。然后,它逐渐增加图像的分辨率并添加细节,直到生成目标分辨率的图像。这种逐步增强图像质量的方式可以提供更好的细节保留和图像生成效果。

Diffusion 模型在细粒度图像生成领域具有广泛的应用。例如,在医学图像处理中,Diffusion 模型可以用于生成高分辨率的医学图像,帮助医生更准确地进行诊断和治疗。在计算机视觉任务中,Diffusion 模型可以用于生成更真实的图像样本,提高目标检测和分类算法的性能。

(2)CLIP 模型与 AI 绘画

CLIP(Contrastive Language-Image Pretraining)是一种由 OpenAI 开发的深度学习模型,它结合了自然语言处理和计算机视觉的能力,可以理解图像和文本之间的关系。

CLIP 模型通过大规模的预训练来学习图像和文本之间的对应关系。它被训练成能够根据给定的描述或问题来理解图像,并且可以根据图像生成对应的描述或回答问题。这使得 CLIP 模型在图像搜索、图像分类、图像生成等任务上具有很大的潜力。

另一个人工智能应用是 AI 绘画。AI 绘画是指利用人工智能技术来生成艺术作品。使用 AI 绘画技术,艺术家和设计师可以从一个简单的草图或者一个概念开始,然后让 AI 模型自动完成绘画的过程。这使创作过程更加高效,并且可以获得独特的艺术作品。CLIP 模型和 AI 绘画是人工智能在图像处理和艺术创作领域的两个重要应用。它们展示了人工智能技术在创造力和视觉理解方面的潜力,为我们带来了新的机会和挑战。

例如,Disco Diffusion 是早期将 CLIP 模型和 Diffusion 模型变体结合起来应用于 AI 绘画业务的实例。Disco Diffusion 是由 Accomplice 公司于 2021 年 10 月上线的一款开源 AI 绘画工具,主要在 Google Colab 平台上发布。该工具的核心是 CLIP-Guided Dif-

图 10-2 Midjourney 根据提示词画出的作品

fusion Model,整体应用基于谷歌技术架构构建,但它需要在 Google Colab 平台上生成,用户界面不够友好,且运行成本较高,用户需要租用 Colab Pro 来提升模型性能。虽然 Disco Diffusion 存在一些局限性,但作为早期的成形开源 AI 绘画产品,它仍然引起了用户使用的热潮。

（3）GPT 系列模型与 ChatGPT

GPT(Generative Pre-trained Transformer) 系列模型是一类基于 Transformer 架构的语言生成模型。这些模型使用了无监督学习的方法,在大规模文本数据上进行预训练,然后可以用于各种下游任务,如文本生成、问答系统等。

GPT 模型的核心是 Transformer 架构,它由编码器—解码器结构组成。其中,编码器采用自注意力机制(self-attention)来建模输入序列中的上下文关系,解码器则利用自回归(autoregressive)的方式逐步生成输出序列。

GPT 系列模型通过预训练和微调的方式进行训练。首先,模型在大规模的无标签文本数据上进行预训练,通过自我预测任务来学习语言的统计特征和语义表示。然后,在具体的任务上进行微调,利用有标签数据来进一步优化模型。

ChatGPT 是 GPT 系列模型的一个特定应用,用于构建对话系统。它通过在大规模的对话数据上进行预训练,学习了对话的模式和语义表示。在微调阶段,ChatGPT 可以应用于各种对话任务,如智能助手、客服机器人等。

ChatGPT 在对话生成方面表现出色,能够生成连贯、有逻辑的回复,并且可以理解上下文并做出合理的响应。它可以被用于多轮对话,能够处理上下文长的对话,并且具备一定的灵活性和创造力。

到 2022 年,GPT 已经经历了三代的发展,GPT-4 即将发布。GPT-3 的衍生应用 InstructGPT 和 ChatGPT 取得了惊人的效果。人们期待 GPT-4 能够拥有与人脑突触一样多的参数,并通过无限制的图灵测试。在 GPT-4 发布之前,OpenAI 在 2022 年 11 月 30 日发布了聊天机器人 ChatGPT,它因为惊人的效果而在全网走红,能够自然流畅地与人对话,并且具备写诗、编码、编故事等能力。

虽然 GPT 模型取得了如此显著的成绩,但它的发展过程经历了一些困难。在 GPT-1 诞生之前,大部分自然语言处理模型都是通过有监督学习的方式进行训练,这要求大量高质量标注数据,而这些数据通常具有领域特定性,很难训练出具有通用性的模型。为了解决这个问题,GPT-1 的核心思想是将无监督学习应用于监督学习模型的预训练目标。首先,GPT-1 在无标签数据上学习一个通用的语言模型,然后通过特定的语言处理任务(如问答、推理、分类等)微调模型,以构建大规模通用语言模型。这可以看作半监督学习的形式。此外,GPT-1 在训练时使用了 BooksCorpus 数据集,其中包含大约 7000 本未出版的书籍,这种更长的文本形式可以更好地让模型学习上下文之间的潜在关系。尽管 GPT-1 在大多数任务中取得了更好的结果,但仍存在一些问题:一是基于未发表书籍数据训练的局限性,二是在某些任务上的泛化能力不足。这使得 AI 只能成为领域专家,而无法成为通用模型。

为了增强 GPT 模型的泛化能力,GPT-2 在 GPT-1 的基础上进行了技术上的优化。GPT-2 的核心思想是将所有监督学习看作无监督学习的子集。例如,将"小明是 A 省 2022 年高考状元"作为无监督学习的输入,它也能学会回答"A 省 2022 年高考状元是谁?""小明是 2022 年哪个省的高考状元?"等需要标注答案的监督学习任务。因此,当数据规模非常大且数据量足够丰富时,一个无监督学习的语言模型就可以覆盖所有监督学习的任务。在这样的指导下,GPT-2 的参数数量增加了近 10 倍,训练数据集也增加了约 800 倍。在测试中,GPT-2 在许多自然语言处理任务上展现出了普适而强大的能力,但仍有待进一步提升。

GPT-3 基本上延续了 GPT-2 的结构,但参数量和训练数据集都有了大幅增加。参数量增加了 100 倍以上,预训练数据集增加了 1000 倍以上。在这样巨大的增幅下,GPT-3 最终取得了令人惊讶的成果,在自动问答、语义推断、机器翻译等任务上表现出了强大的能力。GPT-3 是在 GPT-2 的基础上进行了优化。参数量和训练数据集大幅增加,参数量增加了百倍以上,预训练数据集增加了千倍以上。这样的增幅让 GPT-3 在自动问答、语义推断、机器翻译、文章生成等领域达到了前所未有的性能,实现了惊人的突破。这样的技术进步令人振奋,每个人都可以通过体验 ChatGPT 流畅的对话过程来感受技术的演进。ChatGPT 是在 InstructGPT 的基础上改进而来,InstructGPT 是 GPT-3 的一个经过微调的新版本,可以尽量避免一些攻击性和不真实的语言输出。

10.3.2 AIGC 的行业应用

(1)影视行业

AIGC 可以用于剧本创作。通过分析大量的电影和电视剧剧本数据,AIGC 可以生成剧本草稿、对话和情节,为编剧提供创作灵感和参考。它可以帮助编剧提高效率,快速生成剧本框架和初步的情节走向。

自 2016 年起,AI 在电影剧本创作方面的尝试已经开始出现。当年,纽约大学开发的一款 AI 学习了几十部科幻电影剧本后,成功创作了一部名为《阳春》的电影剧本,并创作了一段配乐歌词。尽管这部作品只有 8 分钟,内容有些稚嫩,但在视频网站上获得了数百万的播放量,这足以证明人们对这项先驱性实验的兴趣。到了 2020 年,GPT-3 发布后,查普曼大学的学生也使用 GPT-3 创作了一部短剧,其中结尾的突然反转给人留下了深刻的印象,再次引起了广泛关注。

通过这些小试牛刀,可以看到 AI 在剧本创作领域的潜力,但要想系统性地解放影视创作的生产力,AI 公司还需要根据具体应用场景,对模型进行高度针对性的训练,并结合实际业务需求进行定制功能开发。在国外,一些影视工作室已经开始使用一些更专业的工具,如 Final Write、Logline 等。而在国内,专注于中文剧本、小说和卫视剧本创作的海马轻帆公司已经吸引了超过百万用户。

AI 技术可以帮助影视工作者摆脱大量重复的琐碎工作,提高效率,将精力集中在创意表达上。AI 对影视行业的全流程赋能,可能带来与 20 世纪好莱坞工业化革命相媲美的影响。它通过精细的环节拆分和管理,模块化地产出作品,实现了成本降低和效率提高。在全新的生产方式下,好莱坞电影席卷全球。

(2)电商行业

随着互联网信息时代的蓬勃发展,淘宝、京东等互联网巨头纷纷涉足电商行业,迎来了物联网时代。作为互联网时代的受益者之一,电商行业扮演着重要的角色。2004—2013 年,电商行业经历了快速的发展,随着自媒体的兴起,线上直播、网红带货等新模式相继出现,为电商行业打下了稳固的发展基础。在新冠疫情暴发的几年里,国内各大小企业纷纷面临转型,从过去依赖线下广告和实体店的经营模式转向线上和平台化经营。在数字世界和实体世界快速融合的时代,人工智能生成内容(AIGC)走在内容和科技的前沿,为电商行业带来了深刻的变革。AIGC 可以在多个领域赋能电商,例如通过商品三维模型、电商广告应用、虚拟批发主播以及虚拟货场的构建等。

AIGC 可以通过分析用户的购买历史、浏览行为和兴趣偏好,自动生成个性化的推荐商品。这可以大大提高用户体验,并增加购买转化率。AIGC 可以用于构建智能客服系统,以回答用户的问题和解决问题。通过自然语言处理和机器学习技术,AIGC 能够理解和回应用户的查询,提供快速且准确的解决方案。AIGC 可以通过图像识别技术来辅助电商平台的商品管理和销售,可以自动识别和标记商品的属性,例如品牌、颜色和款式等。这有助于提高用户购买数据的准确性和可操作性。

随着元宇宙概念的推广和发展,虚拟主播成为许多电商直播间的选择。与真人直播相比,虚拟主播带来了全新的体验,而且可以突破时间和空间限制,实现 24 小时不间断直播带货。2022 年 2 月 28 日,京东美妆超级品类日活动开启,京东美妆的虚拟主播"小美"首次亮相,同时在兰蔻、欧莱雅、OLAY、科颜氏等 20 多个美妆大牌的直播间开展直播。虚拟主播不仅五官形象由人工智能合成,嘴型也可以精确地匹配产品介绍的词汇,动作灵活、流畅。在直播过程中,虚拟主播的每一帧画面都是由人工智能生成的,以真人语调进行产品介绍和模拟试用,为消费者呈现商品的展示方式。在一线城市雇用一名优秀主播的月薪大约为 1 万元,加上直播场地的租金和设备的成本,成本可能高达 20 万元,对商家来说是一大笔开支。而如果采用 AI 虚拟数字人来运营直播间,不仅可以自由更换妆发、服装和场景,给用户带来全新的观感,还能最大化地节约成本。

不过,目前大多数 AI 虚拟数字人的作用仍然是与真人相互补充,让真人获得休息时间,在真人休息时帮助直播,或者为原本没有电商直播能力的商家提供直播服务,还远未能代替真人。但随着 AIGC 技术的发展,AI 虚拟数字人将具备更强的交互能力,可以更自然地与直播间的观众互动,并根据直播间的评论情况提供更真实的实时反馈。这时候的虚拟数字人可能可以在许多领域替代真人工作,电商直播也将迎来一个全新的智能时代。

(3) 教育行业

教育行业参与者众多,时间跨度大,个体差异性也很大,且教育行业注重人与人的互动和联系,并没有统一的理论模型,这给 AI 的开发、训练和应用增加了难度。然而,AI 为教育行业带来的革命性潜力也是不可低估的。俞敏洪曾经坦言,AI 是新东方的最大竞争对手,他也开始积极思考人工智能时代的教育。《新一代人工智能发展规划》中明确提出,要利用智能技术加快推动人才培养模式和教学方法的改革,构建包括智能学习和交互式学习的新型教育体系。教育行业和科技行业正在合作推动 AI+教育的发展,希望通过技术手段推动行业进步,甚至重塑知识的生产和传承方式。在互联网时代,慕课模式通过数字化和公开分发部分内容的方式,促进了资源的流通。而随着图像/语音识别和自然语言处理等技术的成熟,由 AI 辅助或主导的学习资料编排和制作将大大降低成本,提高效率,并提高资源的丰富程度和获取性。随着学习媒介的数字化,学习行为变得更加灵活多样化。然而,由于教育者的指导和反馈能力的限制,学生的学习体验和效果仍然存在一定的局限性。相比之下,广泛部署的各种智能学习软硬件以及由 AI 驱动的文本答疑、指导和评测具有易得、全天候响应和高度个性化的优势。在"AI 教师"的帮助下,学习者可以形成持续的学习—评估—反馈闭环,从而提高学习效果。

(4) 金融行业

金融行业作为一个天然关联数据与信息处理的行业,各类公司需要从市场上收集各种信息,并利用这些信息创造财富。这种业务需求特点使得金融行业一直走在信息化的前列,其具备数据质量好、数据维度全和数据场景多等特点,使其成为传统 AI 技术最早应用的商业场景之一。

在金融行业中,最常见的应用人工智能的场景是通过 AI 模式识别和机器学习的方式捕捉市场的实时变化,并利用大量的实时数据进行分析,以提高金融公司的财务分析效率和能力。而随着 AIGC 技术的快速发展,越来越多的金融公司也意识到了这方面的潜力,积极尝试将最新的 AIGC 技术整合到公司的日常工作流程中,以提升公司其他方面的工作效率。

AI 系统还能够快速高效地完成一部分目前人工客服难以完成的工作。例如,AI 系统可以记住客户的喜好,侧写多维客户画像,构建预测式服务体系,进一步提升客户服务体验。AI 系统通过对客户标签、交易属性等多类数据进行分析和研究，借助算法建模等金融科技手段，主动迎合广大金融消费者的需求，对目标人群开展不同层次、不同手段的服务触点，提供"千人千面"专属特色顾问服务。

国内金融业的智慧客服和智慧顾问相关产业也较为成熟。无论是各类银行、基金公司，还是聚焦金融业务的互联网公司，都推出了自己的智慧客服和智慧顾问机器人业务，将 AIGC 的相关技术应用于客户服务和投顾咨询。例如，中国工商银行在 2022 年半年报中披露，其智能服务机器人"工小智"已拓展至 106 个，智能呼叫中心业务量达到了 3.1 亿次。上半年，该行的客户满意度为 93.9%，客户电话一次问题解决率达到了 93.3%。中国邮政储蓄银行 2022 年的半年度业绩报告显示，该行通过数字化转型升级迭代智能客户服务，积极拓展智能化服务场景，智能客服的占比提升至 79% 以上，智能识别准确率达到了 94.77%。这些都展示了 AIGC 相关技术在我国金融业具有巨大的潜力。

(5) 医疗行业

AIGC 在医疗行业的应用具有广泛的潜力，可以帮助医疗机构和医务人员提供更高效、准确和个性化的医疗服务。与心理咨询师相比，AIGC 聊天机器人拥有大量的交流数据和知识模型支持，可以持续更新并保持冷静和中立，提供可靠和可自主进化的心理咨询服务。此外，当患者在凌晨因压力大或焦虑难以入眠时，AIGC 聊天机器人可以提供聆听和陪伴服务。

对于医生而言，医疗科普也是日常工作的重要环节，而 AIGC 可以帮助医生更有效地完成医疗科普工作。万木健康公司借助 AIGC 相关技术，只需采集一段时间的人像和音频，就可以合成医生的数字分身，制作各种医疗科普视频。这样，医生不需要抽出时间出镜拍摄，也不需要进行视频剪辑，就能以低成本持续产出医疗科普视频，在节约精力和成本的同时，造福患者。

随着人工智能和机器学习技术的不断进步，AIGC 在各行业的应用潜力变得越发广阔。然而，AIGC 的广泛应用也带来了一系列的挑战和关切，如数据隐私、伦理道德等方面。因此，在推动 AIGC 的应用过程中，我们需要注重合规性和责任感，确保技术的安全和可持续发展。总的来说，AIGC 正逐渐改变我们的生活和工作方式，为各行各业带来了前所未有的机遇和挑战。通过充分利用 AIGC 的优势，我们可以迎接未来的挑战，创造更加智能、高效和可持续的社会。

参考文献

[1]朱明,贾观佑.融媒体生产背景下非编制播系统的改造方案及实现[J].广播与电视技术,2022,49(10):35-39.

[2]胡修宇,王丽乃,蔡国伟.基于媒体融合下的融媒体中心技术平台研究与探索[J].中国传媒科技,2021(1):53-55.

[3]薛文峰.融媒体演播室的技术发展趋势分析[J].中国传媒科技,2020(11):90-92.

[4]何志明.融媒体时代传统电视技术发展与应用面临的挑战与机遇分析[J].卫星电视与宽带多媒体,2020(3):253-254.

[5]刘晨.融媒体技术发展浅谈[J].广播电视网络,2020,27(12):97-98.

[6]王宝侠.融媒体环境下电视播控中心技术思考分析[J].电视技术,2022,46(6):4-6.